생각하는 군인

―― 열린 생각과 그 적들 ――

the Open Think and Its Enemies

생각하는 군인
열린 생각과 그 적들

2024년 1월 5일 초판 2쇄 발행

저　　자	전계청

편　　집	이열치매
마 케 팅	이수빈

발 행 인	원종우
발　　행	㈜블루픽
주　　소	(13814)경기도 과천시 뒷골로 26, 그레이스 2층
전　　화	02-6447-9000
팩　　스	02-6447-9009
이 메 일	edit@bluepic.kr

가　　격	20,000원
I S B N	979-11-6769-254-2　03390

생각하는 군인

열린 생각과 그 적들

The Open Think and
Its Enemies

전
계
청

지음

길찾기

목차

들어가며

Nothing really matters to me
나에게는 아무런 문제가 안 돼

퀸이 부른 보헤미안 랩소디의 노랫말 중 한 구절이다. 나는 이 문구를 정말 좋아한다. 왜 좋아하느냐고 묻는다면 한두 마디로 설명할 수가 없다. 다만, 그 앞의 문장들을 보면서 프레디 머큐리의 삶에 대한 처절함을 느낄 수 있었기 때문이랄까? 뭐 그런 종류의 느낌이다.

Mama, just killed a man
어머니 저는 사람을 죽였어요
Life had just begun
제 삶은 이제 시작되었는데
But now I've gone and throw it all away
뭘 해보기도 전에 다 망가져 버렸어요

당신은 뭔가를 해 보기도 전에 다 망쳐 버렸다는 느낌을 받은 적이 있는가? 나는 군인이 되기 전, 사관생도 시절에 이런 느낌을 많이 받았다. 내가 사관학교에 다닐 당시만 해도 학생운동이 매우 심했고, 대학생들이 '군부독재 타도'를 외치며 시위를 하는 바람에 오후 체육수업 시간에는 늘 고려대학교와 외대 쪽으로부터 불어오는 바람과 함께 최루탄 가스를 호흡하던 것이 일상이었다. 군인이 되기 위해 청운의 꿈을 품고 사관학교에 입학했는데, 나와 같은 또래의 대학생들이 외치는 구호는 나로 하여금 '뭘 해보지도 않았는데, 다 망쳐놓은 것' 같은, 그리고 나로서는 도저히 돌이킬 수 없는 커다란 파도 앞에서 나만 거꾸로 노를 젓고 있는 듯한, 그래서 노를 저으면 저을수록 내가 원하는 곳으로부터 멀어져만 가는 듯한 절망감을 안겨 주었다.

I sometimes wish I'd never been born at all
가끔씩 애초에 태어나지 않았기를 바라요

나도 그때는 가끔씩 애초에 군인이 되지 않았기를 바랐다. 아니, 가끔이 아니라 늘 그런 생각을 했다. 그래서 생도 1학년 말에 퇴교를 결심하고 의도적으로 외박 복귀 시 귀대 시간을 초과하는 사고를 쳐서 퇴교 심의에 회부되었다. 우여곡절 끝에 다시 사관학교에 다니기로 결심하여 지금껏 군 생활을 하고 있지만, 그 당시 나의 고민은 위 가사가 너무 잘 표현해 주고 있다. 졸업을 한 후 야전 생활을 하면서도 늘 고민해 왔다. 나는 어떤 군인이 되어야 하는가? 군인들은 왜 대학생들이 외치는 타도의 대상이 되어야 하는가? 국민들과 대학생들로부터 존경받는 군인은 어떤 군인인가?

보헤미안 랩소디의 마지막 가사는 이렇게 끝을 맺는다.

Nothing really matters to me, anyway the wind blows
나한테는 아무런 문제가 안 돼, 어디서 바람이 불어오든

프레디 머큐리는 다 망가져 버린 것 같은 자신의 삶을 극복한 것일까? 인간 프레디 머큐리가 노랫말처럼 문제를 극복했는지, 아니면 극복하겠다는 의지를 표현했는지는 모르겠지만, 나의 삶은 후자의 표현이라 말하고 싶다. 즉, 나는 어디서 바람이 불어오든 아무런 문제없이 군인의 삶을 살고 싶었다.

돌이켜 보면 군복을 입고 있었지만, 나의 영혼은 늘 자유로웠다. 내가 자유로운 영혼을 향유할 수 있었던 이유는 일상의 업무에서 누구의 간섭도 받지 않았기 때문이다. 대부분의 업무는 누가 시키기 전에 늘 내가 먼저 주도적으로 시행했다. 늘 뭔가에 바쁘게 몰두하고 있었고, 그것이 군에 '필요한 것'이라고 상급자도 인정했기에 내게 간섭하지 않았다. 군사적 용어로 말하면 늘 주도권을 행사했다. 그렇다면 내가 하급자임에도 불구하고 상급자들을 대상으로 주도권을 행사할 수 있었던 원동력은 무엇일까? 결론은 하나이다. 나는 책을 좋아한다. 나는 모든 것을 책에서 배웠다. 그리고 앞으로도 책에서 배울 것이다.

이 책은 군인을 위한 책이다. 특히, 대한민국이라는 자유 민주 국가에

살고 있는 군인을 위한 책이다. 민주 국가란 국민이 주인인 국가이다. 민주주의가 중우정衆愚政으로 타락하지 않기 위해서는 국민 개개인이 깨어 있어야 한다. 대한민국의 군軍도 마찬가지이다. 군인 한 사람 한 사람이 깨어 있어야 대한민국의 군이 발전한다. 그리고 그 깨어 있음의 출발은 군인의 생각이 넓어지고 많은 것을 포용함으로써 어느 한쪽으로 치우치지 않는 것에 있고, 이런 과정을 거친 후에는 자기만의 '관觀'을 갖고 이를 실천하는 것에 있다. 지금 나타나고 있는 현상, 제도, 체제 등은 다 나름의 이유가 있어서 등장했으며, 또한 그 나름의 장·단점이 있음을 강조하고 싶다. 이 책의 제목을 '생각하는 군인-열린 생각과 그 적들'이라고 한 것 또한 이를 염두에 둔 것이다. 부제는 칼 포퍼Karl Raimund Popper의 저서 『열린 사회와 그 적들』에서 착안한 것이다. 포퍼는 도덕과 법률, 정치 제도가 자연법칙과 같이 절대적이어서 비판이 불가능하다고 말하는 전체주의 사회를 통렬히 비판하면서 우리가 이를 극복하기 위해서는 비판이 허용되는 사회, 즉 '열린 사회'로 나아가야 한다고 주장했다.

이 책은 군인이 되고자 하는 젊은이(사관생도, 사관후보생, 부사관후보생 등) 또는 군인에 대해 알고 싶어 하는 독자들을 대상으로 썼다. 따라서 그들로 하여금 생각의 폭을 넓히고 다양한 생각의 가능성을 알려주는 데 그 목적이 있다. 즉, 내가 말하는 '열린 생각'은 독자들이 어느 한쪽의 생각에 매몰되는 게 아니라, 반대쪽의 입장도 헤아려 보는 것을 뜻한다. 그래서 이 책에는 질문만 있을 뿐, 정답은 없다. 정답은 이 책을 읽는 여러분 각자의 몫이다. 이 책을 통해서 더 많은 질문을 할 수 있게 된다면 저자로서 더할 나위 없는 기쁨이 될 것이다.

사실fact이란 무엇인가?

몇 년 전쯤인가 무열대 CC에 운동하러 갔다가 클럽하우스 게시판의 역대歷代 '이글eagle'[01] 대상자 명단에서 '김해석'이라는 이름을 보고 나는 내가 인사사령관님으로 모셨던 "김해석" 장군님이라고 생각하고는 반가운 마음에 바로 축하 전화를 드렸다. 그랬더니 사령관님께서는 "내가 아니고 동명이인이야!"라고 말씀하셨다. 무안하기도 했고, 내가 왜 동명이인이 계신다는 생각을 못했지? 싶기도 했지만 나는 이 통화를 통해 사령관님과 또 하나의 작은 추억을 만들 수 있었다. 이 일은 '김해석'이라는 이름을 내가 믿고 싶은 대로 해석한 전형적인 사례이다.

김해석 인사사령관님을 모시던 시절, 우리 과장들 사이에서는 어떤 사안을 사령관님의 의도와 다르게 생각해서 궁지에 몰렸을 때, "사령관님! 모든 것은 사령관님의 성함처럼 해석하기 나름 아닙니까?"라고 말해 위기를 모면하기도 했다. 우리는 이렇게 자기가 믿고 싶은 것 위주로 생각하는 데 익숙하다. 이러한 현상을 심리학 용어로는 확증편향

---

01 골프 경기에서 홀별로 정해진 기준 타수보다 2타 적게 친 것을 말함. 예) 파 4홀을 2타 만에 넣었을 경우.

confirmation이라고 한다. 즉, 나는 '김해석'이라는 이름을 내가 믿고 싶은 대로 해석한 것이다. 여기에서 우리는 두 가지를 생각해 볼 수 있다. 첫 번째는 클럽하우스 게시판에 게시된 이글 명단의 '김해석'은 내가 아는 인사사령관님이 아닌 다른 '김해석'이라는 사실이고, 두 번째는 내가 잘 못 알고 인사사령관님과 통화했다는 사실이다. 이 둘은 분명 모두 사실이다. 그리고 전자의 경우 내가 게시판의 그분을 내가 아는 '김해석 인사사령관님'이라고 해석했다고 해서 본래의 사실이 바뀌지는 않는다. 그런데 내가 게시판의 '김해석'을 '김해석 인사사령관님'이라고 생각한다면 어쨌거나 그것도 사실이라고 여기는 사람들이 20세기 이후 많이 나타나는데, 이것을 구성주의 사고방식이라고 한다. 즉 모든 사실이나 지식은 사회적 구성물이기에 객관적인 사실 또는 지식은 존재하지 않으며 모든 것은 해석하기 나름이라는 것이다. 이는 포스트모더니즘post-modernism[02]적 사조 속에서 더 빛을 발하고 있는데, 포스트모더니즘에서 바라보는 역사는 승자의 역사, 강자의 역사, 가진 자의 역사이기에 기존 권위를 벗어나는 다양한 시각에서 역사, 문화, 예술 등을 바라봐야 하며, 따라서 소외 계층을 비롯한 개개인의 시각과 해석이 중요함을 강조하는 경향이 있어서다. 이러한 포스트모더니즘의 영향으로 우리가 약자와 소외자, 가난한 자, 피억압자 등의 목소리에 귀를 기울임으로써 다양한 인간의 모습과 체취를 알고 이를 기록할 수 있다는 장점은 인정한다. 하지

---

02 포스트모더니즘은 탈근대주의라고도 하며, 근대주의로부터 벗어나고자 하는 서양의 사회, 문화, 예술의 총체적 운동을 일컫는다. 근대주의의 핵심인 이성理性 중심주의에 대한 근본적인 회의와 기존의 권위를 부정하는 사상적 토대를 내포한다.

만 다양한 해석과 구성이 본래 사실을 바꿀 수는 없으며, 사실이 인위적으로 만들어지는 것도 아니다. 다시 말해 게시판의 '김해석'은 '인사사령관 김해석' 님이 아닌 다른 '김해석' 님이라는 사실은 불변이다.

'퀴노아의 딜레마'라는 말이 있다. 퀴노아는 남미 안데스 산맥에서 자라는 식물로 고대 잉카족이 즐겨 먹었던 식재료이기도 하다. 퀴노아는 글루텐이 없는 씨앗 식품으로 철분과 마그네슘이 풍부하고, 우리 몸이 자체 합성할 수 없는 온갖 필수 아미노산을 포함해 어떤 곡물보다도 많은 단백질을 함유하고 있어 미국 항공우주국NASA은 이를 가장 균형 잡힌 식품으로 평가했다. 이후 이 식물은 국제 연합에서 '슈퍼 푸드'로 인정받아 2013년이 '세계 퀴노아의 해'로 정해지기도 했다. 그러나 퀴노아의 효력이 널리 알려지자 2006년부터 2013년 사이에 주요 산지인 볼리비아와 페루에서 가격이 3배 이상 폭등하기도 하였다. 처음에는 이러한 가격 상승이 축하할 일이었다. 안데스 산지에 사는 가난한 농부들의 소득 수준을 높여 주리라 기대해서였다. 그러다가 아이러니한 소문이 돌기 시작했다. 북미와 유럽에서의 수요가 걷잡을 수 없이 커지면서 지역 주민의 주식이었던 퀴노아의 가격이 급등해 정작 지역 주민들은 사 먹을 수 없는 사치품이 되어 버렸다는 것이다. 「뉴욕 타임스」는 '퀴노아 재배 지역에서 아동들의 영양실조가 증가하고 있다'고 보도했으며, 영국의 「가디언」은 '페루나 볼리비아 주민들이 퀴노아보다 수입 정크 푸드를 먹는 편이 더 저렴할 지경'이라고 보도했다. 「인디펜던트」의 표제는 '퀴노아, 당신에게는 좋고 볼리비아에게는 나쁘다'였다. 이 이야기는 전 세계로 퍼져 나갔고, 건강식품을 찾는 사람들에게 양심의 가책을 느끼게 했다.

국제적인 수요 증가로 인한 퀴노아 가격 급등이 볼리비아와 페루의 지역 주민들을 오히려 힘들게 만들고 있다는 주장은 당시 광범위하게 사실fact로 받아들여졌다. 그러나 여러 경제학자들의 조사에 따르면 퀴노아 재배 농민의 소득은 빠르게 늘어났고, 이러한 혜택은 주변 지역으로까지 퍼지고 있었다. 또한 생산지에서 주민들의 퀴노아 소비가 줄어든 이유도 가격이 비싸서가 아니라, 그동안은 어쩔 수 없이 퀴노아밖에 먹지 못했던 지역 농민들의 소득 수준이 높아짐에 따라 쌀, 면, 사탕, 콜라 등 다른 대체 상품을 소비했기 때문으로 연구되었다. 지역 주민들의 삶은 전체적으로 더 풍족해졌으며, 미국과 유럽 사람들이 퀴노아에 열광하다 보니 퀴노아가 세련된 식품으로 인정받아 이를 주식으로 먹고 있었던 사람들의 자부심도 크게 높아졌고, 대대로 입에 풀칠하기도 힘들었던 시골 농민들이 이제는 미래를 향해 더 큰 꿈을 꿀 수 있게 됐다고도 했다. 이 이야기는 언뜻 잘못 알려진 사실을 바로 잡은 사례처럼 들릴지도 모른다. 하지만 실제는 두 상반된 주장 모두 대부분 진실이었다. 지역 주민들의 소득 수준이 향상된 것도 사실이고, 가격이 3배 급등한 것도 사실이며, 주민들이 퀴노아 구매에 더 큰 돈을 써야 하는 것도 모두 맞는 말이었다. 하지만 서양의 건강식 소비자들이 페루나 볼리비아 사람들의 전통 식품을 빼앗아 가난한 사람들에게 피해를 주고 있다는 결론은 진실과 거리가 멀었다. 진실이 아닌 이것은 사실에서 이끌어 낸 결론이었다. 편집된 진실과 잘못 이해한 숫자들이 제대로 된 맥락 없이 연결되다 보니 멀쩡한 음식이 먹어서는 안 되는 것이 되고, 그런 음식을 먹는 것이 부도덕한 일이 되기도 한다.

우리는 과거 하루 종일 걸렸던 지식 찾기를 구글이나 네이버 등을 통해 단 몇 분 만에 해결 가능한 시대에 살고 있다. 편리함도 있으나 우리가 원하는 지식만 보도록 프로그램된 시스템 탓에 그 반대편 지식에 대한 우리의 접근이 제한된다는 사실을 심각하게 생각해 봐야 한다. 지식의 편식과 함께 더 중요한 것은 앞서 언급했던 포스트모더니즘의 영향으로 우리가 사실보다 해석의 중요성에 더 귀를 기울인다는 점이다. 그리고 이런 현상은 군인들, 특히 장교들의 경우에 더욱 심각하다. 장교의 보직에 있어서 총괄장교에 임명된다는 것은 개인적 영광인 동시에 다른 사람에게도 능력을 인정받고 있음을 의미한다. 그러나 총괄장교는 실무장교들의 업무를 단순히 종합하여 피상적인 원인과 결과만 파악하며 임무를 수행하지 않았는지 냉정하게 생각해 봐야 한다. 창군 70주년이 되어 가는 현재까지 한국적인 군사 사상, 전략, 전술이라 할 수 있는 것 없이 미군 교리를 번역하여 활용하고 있는 현 상황을 숙고해 보면, 수없이 배출된 총괄장교들이 과연 각개 실무자의 업무에 대한 사실에 접근했고, 사실의 중요성을 깊이 인식했는지 의구심이 든다. 창의성과 비판적 사고는 기본적으로 객관적 사실의 인식에서 출발한다. 비가 오면 비를 피할 수 있는 장소(동굴, 처마, 휴게실, 건물 등)를 인식하거나 우산이 어디 있는지를 알아야 비를 피할 수 있다. 동굴이나 처마에서 비를 피하면서 왜 그곳에는 비가 들이치지 않는지, 어떻게 하면 비를 피할 수 있는지를 생각하게 되고, 이 과정에서 비판적 사고 능력과 창의성이 향상되는 것이다. 따라서 창의성과 비판적 사고 능력은 타고난 것이 아니고, 특정인이 특정한 능력을 지녔다고 해서 모든 분야에서 발휘되지도 않는다. 특정한 분야의 개별적 사실에 대한 정확한 인식과 분석을 토대로 그 영역에 대한 많은 고민과 성찰이 있을 때, 그 분야에 한해서 창의성과 비판적 사고력이 제고되는 것이다. 즉, 열 가지를 대충 아는 것보다는 한 가지를 정확히 아는 것이 더 중요하다. 인터넷을 통한 정보 유통의 방식이 획기적으로 발달하고 있는 현대와 미래로 갈수록 '검색형 인간'보다는 '탐색형 인간'이 되어야 하며, 그래야만 자기만의 개념을 만들 수 있다. 자기만의 개념을 만들지 못하면 영원히 'First mover'가 아닌 'Fast follower'에 그칠 수밖에 없다. 그래서 우리 선배들은 늘 총괄장교들에게 '호치키스 장교'가 되지 말라고 충고했던 것이다.

한편, 우리가 대적해야 할 북한을 비롯한 공산권 국가에서 가장 두려워하고 싫어하는 것이 바로 사실fact임을 알 필요가 있다. 조지 오웰George Orwell의 소설 『1984』에서 주인공 윈스턴은 일기에 '자유란 2+2=4라고 주장하는 것'이라고 썼다. 자유 민주주의 국가에 살고 있는 우리는 '2+2=4라고 주장하는 것'이 당연하다고 생각할 수 있지만, 개인의 자유로운 의사 표현이 제한되는 폐쇄된 사회에서 '2+2=4라고 주장하는 것'은 때때로 죽음에 이르는 선택일 수도 있다. 소설에서 윈스턴은 계속된 고문의 고통 속에서 "넷, 다섯, 에이 마음대로 해! 더 이상 고통만 없게 해줘!"라고 소리쳤다. 결국 윈스턴은 더는 사실에 관심을 두지 않게 된 것이다. 독재 국가의 지도자들은 바로 이것을 노린다. 그들은 국민들이 더이상 사실fact을 알고 싶지 않게 하여 독재자들이 하는 말을 고분고분 듣게 하고 싶어 한다. 인류 문명 이래 모든 독재 국가의 지도자는 국민들이 알고 싶은 사실보다는 자신이 알리고 싶은 사실에 더 관심이 많았다.

만들어진 사실fact도 유용한가?

유발 하라리Yuval Harari는 『호모 데우스』에서 인간이 다른 종種들과는 달리 발달된 문명을 이루게 된 근본 원인을 '신화를 창조하는 능력'이라고 썼다. 다시 말해 인간은 다른 동물들이 할 수 없는 상상력을 발휘하여 사실에 없는 신화를 창조해 냈고, 이러한 신화 창조 능력이 인간을 세상의 지배자로 만들었다는 것이다. 신화는 상상의 세계이다. 그럼에도 인간은 이 신화를 바탕으로 공동의 상상 속에서만 존재하는 법, 제도, 의식, 규범 등으로 이루어진 그물망을 만들어 냄으로써 유연한 협력 체계를 구축했고,[03] 이를 통해 지구의 지배자가 되었다는 것이다. 그렇다면 다음과 같은 질문을 할 수도 있다. 인류 문명의 발달에 기여한 것이 상상력이라면, 있는 그대로의 사실보다는 만들어진 사실이 더 중요한 것 아닌가?

위 질문에 답하려면 사실fact과 지식knowledge에 대해서 정리할 필요가 있다. 수백 년 전까지도 영어에는 사실fact을 의미하는 단어가 없었다.[04]

---

03 유발 하라리에 의하면, 개미와 벌이 인간보다 더 먼저 강력한 협력 체계를 만들었지만, 인간과 같은 문명을 만들어 내지 못한 이유는 개미와 벌은 존재하지 않는 것을 상상하는 능력이 없었기 때문이라고 말한다.

04 데이비드 와인버거, 『지식의 미래』 리더스 북, p.57

영어 단어 'Fact'는 1500년대 초에 생겼지만 1600년대까지는 '그는 사실이 밝혀진 곳 근처에서 교수형을 당했다'처럼 좁은 범위의 행위를 나타내는 의미로만 쓰였다. 당시의 사실은 사악한 행위를 가리켰기에 살인은 사실이 될 수 있었지만, 피라미드가 이집트에 있다는 것은 사실이 될 수 없었다. 고대인들에게 지식은 우리가 단순 감각을 통해 배우는 것 이상의 무엇이어야 했다. 지식은 하느님이 주신, 하느님과 같은 영혼을 지닌 인간만의 고유 능력이라고 보아서다.[05] 사실이 지식의 기반으로 자리 잡은 것은 19세기 과학 혁명 이후이고, 이어서 사실의 위상은 크게 격상되었다. 또한 사실은 과학적 이론을 무너뜨리는 것에서 출발하여 사회적 현상을 무너뜨리는 것으로까지 바뀌어 갔다.[06] 이후 주요 산업 국가들에서는 정부가 정책을 추진할 근거로 광범위한 사회적 사실을 확인해야 했으며, 사실의 신뢰도를 뒷받침하기 위해 통계라는 도구가 동원되었다. 통계를 뜻하는 단어 'Statistics'는 1770년이 돼서야 영어로 편입되었으며, 그 어원은 '상태에 대한 정보'를 뜻하는 독일어 단어 'Stat'이다.

멘델레예프가 주기율표를 발표하기 전에도 원소들은 존재했고, 다윈이 자연 선택설을 발표하기 전에도 갈라파고스 제도에는 핀치새가 살았다. 한편, 누군가가 나의 일상생활을 관찰하여 내가 아침에는 밥보다는 빵을, 우유보다는 오렌지 주스를 좋아한다고 한다면, 이는 나에 대한 사

05　위 제목, p.58

06　영국에서 어린이들의 굴뚝 청소 금지 법안이 통과된 것이 대표적인 사례가 될 수 있다. 이 법안이 통과되었다는 의미는, 가난한 사람들은 가난하기 때문에 비참할 수밖에 없다는 당시까지만 해도 당연한 '믿음'을 굴뚝 청소는 즐겁지 않고 어린이들이 조로 증세를 보인다는 '사실'이 무너뜨린 것이라 볼 수 있다.

실이다. 이렇듯 아직까지 누군가에게 묻지 않았기에, 또는 관찰하지 않았기에 확인하기 전까지는 존재하지 않았던 사실은 무한대로 많다. 사실fact이란 무엇인가? 간략히 말한다면 세상의 실제 모습이다. 그리고 사실에는 내가 접하는 사소한 일상적 사실로부터 물리학적, 화학적, 생물학적, 역사적, 심리학적 사실에 이르기까지 그 종류가 무수히 많다.[07]

그런데 위와 같은 상상력을 자극한 것은 이런 단순한 사실보다는 사실들과 다양한 요소가 합쳐진 지식이다. 그렇다면 지식이란 무엇인가?

우리가 살면서 잃어버린 인생은 어디에 있는가
Where is the Life we have lost in living
우리가 지식에서 잃어버린 지혜는 어디에 있는가?
Where is the wisdom we have lost in knowledge
우리가 정보 속에서 잃어버린 지식은 어디에 있는가?
Where is the knowledge we have lost in information

위 글은 미국계 영국 시인 T. S. 엘리엇Thomas Stearns Eliot이 1934년에 쓴 '바위The Rock'라는 시에 나오는 구절이다. 이 시가 발표된 이후 DIKW(Data-Information-Knowledge-Wisdom)질서를 주제로 한 논문과 책들이 지속적으로 등장했고, 이것은 지식 관리(Knowledge - Management)를 위한 기본적 이론 체계를 뒷받침했다. 또한 스웨덴의 철

---

07   오사 빅포르스, 『진실의 조건』, 푸른숲, p. 20.

학자 오사 빅포르스Åsa Wikforss는 그의 저서 『진실의 조건』에서 지식이 란 '믿음을 가져야 하고, 그 믿음이 진실이어야 하며, 그 믿음을 뒷받침 할 만한 타당한 증거가 있어야 지식이다'라고 말했다. 지식에 있어 믿음 이 중요한 것은 믿음 없이는 행동도 없고 지식의 확산도 불가능해서이 며, 그 믿음이 진실이어야 함은 심리적 차원의 확신과 달리 실제 모습이 그래야만 하며, 타당한 근거가 있어야 함은 단순한 추측과 달리 이를 증 명할 수 있는 근거가 있어야 함을 의미한다. 예를 들어, 우리 집 냉장고에 맥주가 들어 있다는 객관적 사실이 지식이 되려면 내가 냉장고 안에 맥 주가 있다고 믿음으로써 나의 행동에 영향을 줄 수 있고,[08] 실제로 그 안 에 맥주가 있어야 하며, 누군가의 운 좋은 추측이 아니라 확인할 수 있는 근거가 있어야 비로소 지식이 된다는 것이다. 인간은 이러한 지식을 활 용함으로써 상상력을 늘렸고 신화를 창조하는 등 문명을 발전시켜 왔 다. 따라서 오사 빅포르스는 인류의 문명 발달에 중요하게 기여했고 앞 으로도 기여할 것은 만들어진 지식이지 만들어진 사실이 아니라고 말한 다. 사실은 지식을 이루는 사실로서의 역할에 충실할 때 그것이 지식으 로 이어져 인류 발전에 기여할 수 있다는 것이다.

다음 문장은 사실일까?

'내일은 태양이 뜬다.' '나는 언젠가는 죽는다.'

대부분의 사람들은 사실이라고 말할 것이다. 그러나 두 문장 모두 사 실fact은 아니다. 극단적 상황으로 내일 태양이 뜨기 전에 폭발할 수도 있

---

08 실제 행동을 하지 않더라도 나는 냉장고 안에 맥주가 있다는 것을 알기 때문에 편의점 에 가서 추가로 맥주를 더 사지 않을 수도 있고, 내일 먹으려고 남겨 놓을 수도 있다.

고, 과학의 발달로 내가 냉동인간이 되어 영원히 살 수도 있다. 그러나 우리가 위 문장을 진실로 받아들이는 이유는 경험상 태양은 매일 뜨고 인간은 모두 죽기 때문이다. 그러나 다음 문장은 어떨까?

'오늘 저녁에 서울역에서 출발하여 영동역으로 가는 기차는 8시 22분에 출발할 것이다.' '저 영화는 올 6월에 개봉할 것이다.' 이런 예측들은 실현될 가능성이 매우 높지만, 설혹 실현되지 않더라도 우리가 심하게 충격을 받지는 않는다. 이런 종류의 예측은 이전에도 어긋난 적이 종종 있어서다. 그럼에도 우리는 이런 예측을 충분히 믿으므로 여기에 맞춰 생활을 계획한다. 기차표를 예매하고 영화를 보기 위해 친구와 약속을 잡기도 하며, 시험 준비를 하고 저축을 하고 뭔가를 만들기도 한다. 농부는 농작물을 심고, 축산업자는 사료를 구입하며, 결혼을 약속한 커플은 예식장을 예약한다. 사람들은 사실이 아닐지도 모르지만 으레 그러리라는 믿음 속에서 예측하고 행동을 준비한다. 그렇다면 이것들은 오사 빅포르스의 정의에 따라 지식의 범주에 속한다고 볼 수 있다. 과거 사실들의 반복은 우리에게 믿음을 주고, 이는 하나의 지식으로 발전하여 우리에게 다가올 일을 예측할 수 있게 해 주어서다. 그리고 나아가서 예측을 통해 상대방을 설득하고, 제삼자에게 영향을 미치고, 누군가에는 동기와 활력을 불어넣기도 한다.

원숭이는 세 살 아이의 수준을 넘어설 수 없다고 한다. 왜 그럴까? 한마디로 원숭이는 성찰 능력이 없어서다. 인간은 세상에 대해 생각(밖에 눈이 온다)할 뿐만 아니라 세상에 대해 생각하는 나를 생각(밖에 눈이 온다고 나는 생각한다)한다. 그리고 세상에 대한 다른 사람의 생각(밖에 눈이 오고 있다고 그는 생각한다)을 생각한다. 그리고 이것은 내가 믿는 세상과 실제 세상 사이의 차이를 이해할 수 있음을 의미한다. 인간에게 이와 같은 능력은 네 살즈음 개화하며, 그 뒤 더욱 발달해 이를 언어로 표현할 때쯤이 되면 실재하는 것을 아니라고 또는 실재하지 않는 것을 그러하다고 말할 수 있게 된다고 한다. 즉 거짓말 하는 능력을 얻는 것이다. 아마도 인류 최초의 거짓말은 선의의 거짓말이었으리라 생각한다. 이러한 능력은 실재하지 않는 것을 실재한다고 생각하게 했으며, 이러한 행동이 상상력의 발달에 도움이 되었을 것이다. 나는 이러한 상상력, 즉 '만들어진 사실'이 인류 문명의 발전에 크게 기여해 왔음을 전혀 의심하지 않는다. 그러나 그러한 상상력 발전의 이면에는 아프리카 거주 흑인의 노예화, 아메리카 원주민에 대한 학살, 광란적 마녀사냥에 의한 무고한 시민의 희생 등 많은 어두운 면이 있음을 또한 잊지 말아야 한다. 그리고 인터넷과 SNS의 발달이 극에 달한 현대 과학 문명에서는 의도적 가짜 뉴스 또한 또 다른 어둠을 만들고 있지 않은지 눈여겨 봐야한다.

만들어진 사실이 때로는 건설적으로 활용될 때도 있다. 흩어지는 회사를 하나로 뭉치게 하기도 하고, 운동선수들에게 용기를 북돋아 주기도 하며, 신기술 개발을 앞당기기도 한다. 다만 군인들에게는 이렇게 말하고 싶다. 만들어진 사실을 통해서 다른 것을 창조하는 일은 정치가들의 몫으로 돌리라고 말이다. 군인은 사실로 소통해야 한다. 내 주장을 가장 효과적으로 전달할 사실은 무엇일까? 우리 조직에 의욕이 샘솟게 할 사실은 무엇일까? 사실을 호도하는 상대방에겐 어떻게 대처해야 할까? 사실fact은 진실truth로 가는 지름길이고, 진실은 최상의 리더십이다.

사실fact은 어떻게 알게認識 되는가?

우리가 사실을 안다는 것은 어떤 의미인가? 플라톤의 『테아이테토스 Θεαίτητος』이래 앎이란 '정당화된 참인 믿음Justified true belief'으로 받아들여졌다. 즉, A가 B를 안다는 것은 B가 참이고, A가 B를 믿으며, A가 B를 믿는 것이 정당화될 때라는 것이다. A가 B를 믿음이 정당화된다는 것은 '적합한 증거가 있다'는 정도로 이해하면 될 듯하다. '철수가 컨닝을 했음을 내가 안다'는 것은 실제로 철수가 컨닝을 했고, 철수가 컨닝을 했다는 사실을 내가 믿어야 하며, 철수가 컨닝을 했다는 사실을 정당화할 수 있는 증거가 있어야 한다는 의미이다. 우리는 이와 같이 인간의 '앎의 문제'를 연구하는 철학 분과를 인식론認識論 Epistemology이라 한다. 인식론은 인간이 어떤 대상 또는 사건 등 세계를 바라보는 시각인 반면, 자연의 입장에서 인간을 바라보는 시각은 존재론存在論 Ontology이다. 따라서 '나'가 없으면 인식론은 무의미하다. 내가 대상을 어떻게 인식하느냐가 중요해서다. 사실fact 또한 인간의 이러한 인식 능력에 기반한다.

플라톤은 감각적 경험에 의한 인식과 인간의 사고思考에 의한 인식을 엄격히 구별했다. 따라서 구분된 인식에 의해 나타난 세계를 둘로 나누어 정의했는데, 인간의 감각으로 인식된 세계는 지속적으로 변하기에 참된 세계가 아니었다. 그러므로 현상의 존재는 덧없고 우연적이며, 영속적인 세계가 아니었다. 반면, 인간의 정신적 사고로 인식하는 세계는 고정적이고 불변적이며 영원한 세계이므로 이를 '이데아'라고 했다. 바꿔 말하면 인간은 이데아를 감각으로 느낄 순 없지만, 사고를 통해 알 수는 있다는 것이었다. 이것은 대단히 획기적인 생각이었다. 눈에 보이지 않는 세계(이데아)에 대한 정의는 눈에 보이지 않는 것에 대한 개념을 정의할 수 있게 했고, 이것은 인류 문명의 발전에 엄청난 변화를 유발했다. 오죽했으면 현대 철학의 거장 화이트 헤드는 그의 저서 『과정과 실재 Process and Reality』에서 서양 철학은 플라톤의 각주에 불과하다고까지 표현했겠는가. 이러한 인식론은 근대 이후 프랑스의 합리론과 영국의 경험론을 중심으로 발전했으며, 칸트는 이를 종합해 선험적 관념론을 주장했다. 이렇듯, 인식론은 서양 철학의 기본 줄기에 속하는 중요한 개념이다. 그렇다면 중국을 중심으로 우리나라를 포함하여 일본 등 동양 철학에는 왜 이런 인식론이 없는 것일까?

독일 관념론을 완성했다는 헤겔은 사변철학思辨哲學[09] 없이 윤리적 교훈뿐인 공자孔子 사상은 진정한 철학이 아니라고 할 만큼 동양 철학을 열등하게 평가했다. 그러나 이것은 편견이다. 서양과 같은 인식론이 동양에 발달하지 않은 것은 지리적, 역사적, 생활 방식에 따른 차이일 뿐이지 어느 것이 더 우수하다고 평가할 수 있는 문제가 아니어서다. 이와 관

---

09 경험을 하지 않고도 순수한 사유를 통해 인식에 도달할 수 있다고 보는 철학.

련하여 현대 중국 철학계의 거장 펑유란馮友蘭은 서양 철학과 동양 철학의 가장 큰 차이점을 "서양 철학에는 인식론이 있는데 동양 철학에는 그렇지 않다"라고 말하면서 서양 철학은 가설에 의한 개념을 철학의 출발점으로 삼는 데 반해, 동양 철학은 직관에 의한 개념을 소중히 한다고 했다. 그리고 그 이유로 고대 중국은 농경 생활을 바탕으로 시작했기에 농부가 직접 눈으로 본 곡식의 상태, 또는 손에 만져진 흙의 상태 등을 중요시했으므로 자기가 직접 접한 감각적 경험을 의심하지 않았던 반면, 바다를 끼고 있던 해양 국가 그리스에서는 땅이 척박하여 농업 대신 상업을 바탕으로 생활했고, 무역에서 손해를 보지 않으려면 눈에 보이는 사물 자체보다는 보이지 않는 사물의 개수를 파악하고 가격을 흥정하기 위한 숫자의 개념이 발달할 수밖에 없었으며, 확실한 것은 눈에 보이는 것이 아니라 인간의 추상적 판단에 따라 얻은 결론이라는 생각이 강해져 이것이 인식론의 발달로 이어졌다고 말했다. 더 부연 설명하자면, 농경 사회에서는 눈에 보이는 자연을 신뢰의 대상으로 삼았던 반면, 무역을 했던 해양 문명에서는 눈에 보이는 것보다는 그렇지 않은 추상적 개념(이데아)을 통해 얻은 일반적 또는 보편적 결론을 신뢰할 수밖에 없었고, 이런 생각이 인식론의 발달로 이어졌다는 것이다.

나는 이렇게 설명하는 펑유란의 견해에 전적으로 동의한다. 플라톤 역시 그리스의 이러한 사회, 문화적 배경 속에서 성장하고 자랐다. 플라톤이 세운 학원 '아카데미아'의 입구에는 '기하학을 모르는 자는 이 문으로 들어오지 마라'라는 간판이 걸려 있었다고 전해진다. 그만큼 플라톤은 철학의 기초로 기하학을 중요시했다. 당시의 기하학이란 오늘날의

'수학'을 대변한다. 플라톤보다 앞서 살다 간 피타고라스(BC 570~495)는 "세계는 수적 질서로 이루어졌다"고 말하면서 우리가 너무나 잘 알고 있는 '피타고라스의 정리'를 발견했다.

수적 질서란 무엇인가? 그것은 우리가 손으로 만질 수 없고, 눈으로 볼 수 없는 추상적 개념의 세계이다. 세상의 본질을 알려면 눈에 보이지 않는 사물의 본질을 알아야 한다는 생각이 이미 그리스 세계에 널리 퍼져 있었다. 플라톤의 이데아 개념은 이렇게 탄생한 것이다. 그리고 이것은 그 유명한 동굴의 비유(우리가 보는 것은 동굴 속에 비친 그림자에 불과하며, 그 본래의 모습(형상)은 보이지 않는 이데아이다)로 우리에게 알려졌다. 그리고 이러한 생각은 서양 철학에 있어 끊임없이 본질을 추구하는 지적 호기심으로 작용했고, 특정한 생각 또는 사물을 개념화하는 것으로 발전했다. 즉, 철수, 영희, 길동이라는 개개인을 '인간'으로, 사과, 배, 포도라는 개별적 열매를 '과일'이라는 추상적 개념으로 만들어 이를 보지 않은 사람들도 같은 개념으로 소통할 수 있게 했고, 이는 우리의 생각을 확장하는 데 엄청난 기여를 하였다. 그래서 우리는 오늘날에도 내가 겪는 삶의 모습과 당신이 겪는 삶의 모습, 나아가 지구상에 살고 있는 모든 사람이 가진 개별적 삶의 모습이 각기 다름에도, 그 모든 것을 관통하는 '삶이란 무엇인가?'라는 질문을 하는 것이다. 이러한 질문은 열려 있기에 딱 떨어지는 답이 없다. 그럼에도 인간에게 이러한 질문이 없었다면 오늘날 우리가 누리는 문명의 발전은 불가능했을 터다. 후에 논하겠지만, 플라톤은 철인정치哲人政治 rule of philosophers를 주장하면서 유토피아적 이상세계를 꿈꾸었다. 그러한 생각은 중세 1,000년을 거쳐 20세기 전체주의의 기원이 되기에 이르렀다. 그럼에도 플라톤의 '이데아'론은 우리에게 본질을 추구하게 함으로써 생각과 삶에 지대한 영향을 미쳤다.

이것은 존재론存在論에서도 마찬가지이다. 존재론의 한자 '存在'는 본래 있던 말이 아니다. 1871년 일본에서 제작된 후쓰와지텐仏和辞典(프랑스어-일어 사전)에서 처음 등장하는데, 지속적으로 존재한다는 존存과 있음을 뜻하는 재在를 합성한 신조어였다. 즉, 동양 문화권에서는 애초부터 존재론이 없었던 것이다. 이것은 앞선 설명으로도 이해가 가능하다. 상업에 의존했던 그리스인들은 사물 자체보다는 사물의 배후에 있는 추상적 본질(수적 질서, 보편적 개념 등)에 주목할 수밖에 없었지만, 농경 생활을 하는 중국인들은 구체적 사물(기후, 토양, 작물의 형태 등)을 믿고 생활하면 불편함이 없었으므로 굳이 눈에 보이지 않는 사물의 본질에 관심을 갖지 않아도 되었던 것이다. 이러한 사유의 경향은 후대까지 영향을 미쳐 서양에서는 현상과 본질을 구분하려는 철학적 경향이 발달하면서 인간만이 갖는 본질을 추구했고, 마침내 '이성理性'이라는 개념이 등장하게 된다. 따라서 '이성'은 자연에서 분리된, 그리고 동물들은 갖지 않는 인간만의 고유한 성질이며, 인간이 분리된 자연은 이성을 지닌 인간이 탐구하고 발전시켜야 할 대상이 되었다. 반면 동양적 사고방식에서는 자연과 인간을 굳이 분리할 필요가 없었으며 인간이 자연과 조화를 이루며 사는 것이 바람직한 삶이라는 결론에 도달했다. 따라서 이를 위해 상호 간 지켜야 할 도덕과 윤리, 그리고 예의범절이 중요하게 됐다.

EBS에서 방영된 「동과 서」에는 이런 내용이 나온다. 원숭이, 판다, 바나나를 놓고 상호 연관되는 것 두 개를 묶으라고 하면 동양인은 원숭이와 바나나를, 서양인들은 원숭이와 판다를 묶는다는 것이다. 그리고 이것이 동양인과 서양인이 사물을 바라보는 관점의 차이를 단적으로 나타내 준다고 말한다. 즉, 동양인들은 원숭이가 바나나를 먹는다는 '사물 간의 관계'를 중심으로 생각하며, 서양인들은 원숭이와 판다가 동물이라는, '사물 간의 분류'를 중심으로 생각한다는 것이다. 이러한 생각의 차이는 어느 것이 옳고 그르다 또는 어느 쪽이 우월하고 열등하다고 말할 수 없다. 이것은 단지 차이일 뿐이다. 사물의 본질을 추구하면서 자연을 객관적 관찰의 대상이자 이용해야 할 자원으로 본 서양인들의 생각은 과학 기술의 발전에 큰 영향을 미쳤고, 인류가 편리한 삶을 영위하는 데 기여했다. 그러나 이것은 인간 소외 현상과 환경 파괴, 특히 20세기에 이르러서는 전쟁에서 도덕과 윤리를 분리함으로써 엄청난 비윤리적 재앙을 불러왔다. 반면, 자연과 조화로운 삶을 추구한 동양 문명은 자연 파괴 등의 부작용은 없었지만, 과학 기술의 발전과 창의성의 발현을 저해하여 서양 제국주의의 무력 앞에 무릎 꿇어야 했음을 인정해야만 한다.

이는 생각과 관심의 작은 차이가 나중에는 크게 벌어질 수 있음을 의미한다. 동양인들이 17~19세기에 과학 기술을 발전시키지 못한 것은 서양인들에 비해 명석하지 못해서가 아니다. 동양인들은 인류 4대 발명품(종이, 화약, 나침반, 인쇄술)을 발명할 정도로 뛰어난 사람들이었다. 그러나 그들이 추구하는 관심과 관점이 자연 친화적이었고 자연 순응적이었다면, 서양인들은 분석적, 자연 개척적이었다는 점이 다를 뿐이었다. 그러나 이제는 과거 동양 문명권을 대표했던 중국이 부상하고 있다. 우리와는 다른 사고방식(전체주의, 공산주의)으로 무장하고서….

〈보편자普遍者 논쟁〉

'보편자 논쟁'은 유럽에서 3세기에 제기되어 12세기부터 16세기까지 치열하게 다툼이 있었던 논쟁으로, 보편자가 실재한다고 보는 '실재론realism'과 실재하지 않고 단지 이름만이 존재한다고 보는 '유명론nominalism', 그리고 이 둘을 절충한(보편자는 개별자 안에 있다) '온건실재론'으로 나뉜다. 여기서 보편자란 나, 트럼프, 김정일 등을 각각의 개체를 의미하는 '개별자'라고 할 때, 그들을 포괄해서 부르는 '인간'이라는 개념을 의미한다. 실재론은 '인간'이라는 보편자가 실제로 존재한다는 입장이고, 유명론은 실제로 존재하지 않고 '인간'이라는 이름만 존재한다는 입장이다. 그러나 이것이 단순한 철학적 논쟁에서 머물지 않고, 중세를 지배했던 기독교의 입장에서 설명이 되면서 교황권과 교회 교리를 설명하는 논리가 되고, 철학적 논쟁과 함께 인류의 역사에 큰 물줄기를 형성하는 논쟁이 되었다.

그리스의 철학자 플라톤은 우리가 인식하는 모든 사물의 뒤에는 우리가 인식하지는 못하지만 그것의 본질을 나타내는 '이데아'가 있다고 생각했다. 위에서 설명한 '인간'을 이데아로 이해하면 쉬울 것이다. 중세 전체를 통틀어 로마의 교황청에 대항하는 주장이 세 가지 있었는데, 그것은 ①교황권의 문제, ②원죄와 구원의 문제, ③삼위일체 교리의 문제였다. 초기 기독교 신학은 아우구스티누스 등 기독교 교부들에 의해 정리되는데, 그들은 플라톤의 이데아 사상을 받아들였다. 따라서 그들은 이데아가 실재한다고 믿는 실재론자였고, 따라서 '보편자'가 실재한다고 생각했다. 그러나 11세기 이후 상업이 발달하면서 생겨난 지방의 많은 교회들은 로마 교황청의 권위에 도전하게 되었다. 우리가 왜 로마

28 | 생각하는 군인

교황청의 지시에 따라야 하느냐는 것이었다. 교황청에서는 로마 교회가 모든 지상의 교회를 대표하는 '보편 교회'이므로 로마 교회는 다른 교회와는 다른 특별한 권위가 있음을 주장했다. 이로써 실재론은 교황권의 강화를 논리적으로 지원할 수 있었다. 두 번째, 원죄와 구원의 문제에 있어서 우리가 왜 아담의 원죄를 이어받아야 하느냐는 것과 예수의 구원과 우리가 어떤 관계가 있느냐는 것이었다. 교황청에서는 아담은 인간을 대표하는 '보편 인간'이므로 아담의 죄는 우리에게 이어져 우리도 죄를 짓게 되었다는 것과, 예수 또한 '보편 인간'이므로 예수의 구원에 의해 우리 인간도 구원받을 수 있다고 주장했다. 세 번째, 삼위일체 교리상 성부와 성자와 성령은 한 몸이면서도 한 몸이 아니어야 했다. 이것은 논리적으로 설명할 수가 없었지만, 실재론을 통해 성부(나)와 성자(트럼프), 성령(김정은)의 보편자를 '하느님(인간)'으로 설명하면 성부(나)와 성자(트럼프)와 성령(김정은)은 각각 다르면서도 하나(인간)가 될 수 있었다. 이렇듯 초기 교회는 플라톤의 이데아 사상을 받아들인 실재론으로 모든 것을 설명할 수 있었다. 그런데 11세기경 유명론을 주장하는 사람들이 나타나게 되었다. 이때부터 실재론과 유명론이 팽팽하게 맞서게 되었고, 12세기 경 아벨라르두스Abaelardus라는 사람이 나타나서 실재론과 유명론의 절충안이라 할 수 있는 '온건실재론'을 주장하였는데, 그는 '보편자'가 존재하기는 하되, 개별자 안에 존재한다고 하였다. 그러나 이러한 그의 주장은 그리스 철학자 아리스토텔레스의 주장인 이데아가 '개별자' 안에 형상처럼 존재한다고 한 것을 그대로 받아들인 것이었다. 이후 토마스 아퀴나스Thomas Aquinas는 이런 '온건실재론'을 받아들여 신학대전을 완성하였다. 그런데 원래 아리스토텔레스의 이론은 이데아보다는 현실 세계가 더 중요하다고 주장했으므로 이후에는 유명론자도, 온건실재론도 모두 아리스토텔레스의 주장을 따르게 된다. 이렇게 해서 중세 기독교 신학의 전반은 플라톤 철학을, 후반은 아리스토텔레스를 따르게 된다. 그러나 로마 교황청은 아리스토텔레스의 철학이 교회에 유입되는 것을 탐탁지 않게 생각했다. 그래서 아리스토텔레스의 저작들이 유입되는 것을 막고자 하였고, 이런 시대 상황을 배경으로 한 소설이 움베르토 에코의 그 유명한 『장미의 이름』이다.

 ※ 누군가 아리스토텔레스의 저작을 읽지 못하도록 책장 끝에 독을 묻혔고, 이를 읽은 수도사들이 의문의 죽임을 당하게 된다는 것이 소설의 내용이다. 이 소설은 1842년 파리의 수도원에서 간행된 『아드소의 수기』를 재구했다는 설정이지만, 『아드소의 수기』의 존재 자체는 허구이다. 그러나 주인공 일행 및 수도원 사람들을 제외한 사람들은 실존 인물이며, 작가가 뛰어난 사학자이자 철학자인 만큼 소설 내에 등장하는 각종 정치적 대립, 철학 및 교리 논쟁, 생활상의 묘사 등은 소설의 배경인 13세기 초반을 철저히 반영하였다.

 시간이 흐르면서 아리스토텔레스의 생각은 교회 전반에 퍼져 나갔고, 특히 토마스 아퀴나스가 신학대전에서 그의 생각을 받아들였기에 교황청은 '온건실재론'을 받아들일 수밖에 없었다. 그런데 중세 말기 교황청의 권위가 약해지고 혼란해지자 유명론까지 받아들이겠다는 생각을 하게 된다. 즉, 보편자인 하느님의 나라까지 가지 않아도 교회의 나라인 교황청이 신의 대리인으로서 사람들을 구원할 수 있다고 생각하고, 구원을 가능하게 해 줄 면죄부를 팔자는 결정을 한 것이다. 그리고 이러한 결정을 내린 탓에 '마르틴 루터'로 하여금 종교 개혁을 일으키게 하는 동기를 제공하게 되었고, 신교의 탄생으로 이어졌다.

5

예측은 왜 유용한가?

앞에서 스웨덴의 철학자 오사 빅포르스의 저서 『진실의 조건』을 언급했는데, 그 원제는 『Alternative Facts: On knowledge and its Enermies(지식과 그 적들에 기반한 대안적 사실)』이다. 여기서 우리는 '대안적 사실'이라는 새로운 개념을 접한다. 빅포르스에 따르면 트럼프가 등장하면서 미국 정치계는 '거짓말'이라는 새로운 국면을 맞이하게 되었는데, 선거 운동 기간 중 트럼프가 주장한 이야기 중 70%가 거짓이었고, 11%가 근접한 진실, 완전한 진실은 4%였다고 한다. 특히 2017년 1월 20일 트럼프 취임식에 모인 군중의 규모에 대해 당시 트럼프 행정부 백악관 대변인 숀 스파이서는 워싱턴에서 열린 대통령 취임식에서 역사상 최대 규모의 군중이 집결했다고 주장했는데, 사실은 2009년 오바마 대통령의 취임식 때가 더 군중이 많았다는 것이 밝혀졌다. 사람들은 어떻게 백악관 대변인이라는 사람이 그토록 명백한 사실을 거짓으로 말할 수 있는지에 대해서 의문을 표시했는데, 백악관 선임 고문 켈리앤 콘웨이가 TV에 출연해 스파이서는 단지 '대안적 사실'을 말했을 뿐이라고 언급하며 논란은 더 증폭되었고, 그 단어가 사람들의 대화 속에 오르내리게 되었다. 빅포르스는 '대안적 사실'은 명백한 사실을 의도적으로 외면하려는 비겁한 태도이고 지식에 대한 신뢰를 무너뜨리는 분열의 씨앗이라고 말한다. 그러면서 포스트 트루스post-truth(탈진실)[10] 시대를 맞이한 우리는 그럴수록 더욱더 사실에 주목할 것을 강조하고 있다.

1967년 6월 5일 아침, 이스라엘 공군 소속의 전투기 대부분이 지중해로 출격했다. 전투기는 서쪽으로 비행하다 갑자기 남쪽으로 방향을 돌려 이집트로 향했다. 이스라엘은 공식적인 선전포고도 없었고 정치가들도 그런 의도를 내비치지 않았다. 이집트는 공중 방어 시스템을 보유하고 있었지만 이스라엘 전투기들이 너무 낮게 비행하여 레이더망으로 잡을 수가 없었다. 이스라엘 공군기는 이집트 공군 조종사들이 아침 식사를 하고 있는 동안 나일 계곡으로 쳐들어갔다. 이집트군의 공군기들은 격납고가 아닌 활주로의 노천에 세워져 있었기 때문에 이스라엘 공군기의 공격에 무방비로 노출되어 있었다. 이스라엘 공군기의 1차 공격으로 11개 기지의 활주로가 파괴되었고, 이집트 항공기 189대가 폭파되었다. 이스라엘 공군기들은 기지로 복귀하여 연료와 무기를 재장전하고 다시 공격하여 이집트 공군 기지 19개소와 300대가 넘는 항공기를 파괴했다. 6일 전쟁(3차 중동전쟁)의 시작이었다. 이 전쟁 후 이스라엘군은 시나이반도, 가자 지구, 요르단강 서안 지구, 동예루살렘, 골란고원을 장악했고 이들 중 상당 지역이 지금까지도 이스라엘의 통치를 받고 있다. 이스라엘은 왜 이런 공격을 감행한 것일까?

---

10 진실보다는 감정과 개인적 믿음이 여론 형성에 더 중요한 영향을 미치는 현상.

수에즈 위기(2차 중동전쟁, 1956년) 이후 이스라엘은 점령하고 있던 시나이 반도의 이집트 영토에서 철수했다. 그러나 그 이후 주변국들의 이스라엘에 대한 압박은 날로 커졌다. 소련은 아랍 여러 국가와 동맹을 맺고 무기와 정치적 지원을 제공했다. 팔레스타인해방기구PLO가 결성되었고 아랍 투사들이 간간이 이스라엘을 공격했다. 1967년 5월 13일에는 이집트가 대규모 부대를 시나이 반도로 이동시켰다. 이집트 대통령 나세르는 국경 지대에 있던 국제 연합 긴급군의 철수를 명령했고, 5월 22일에는 이스라엘 화물선이 통과하지 못하도록 티란 해협을 막고 이스라엘로 가는 석유 공급을 끊어 버렸다. 이에 이스라엘은 자신들이 곧 공격당할 것이라는 결론을 내렸다. 즉, 예측을 한 것이다. 앞에 열거한 사항들은 시간적, 공간적, 물리적으로 발생한 사실이나, 이스라엘이 판단한 것(이집트가 공격할 것이라는 판단)은 사실이 아니라 예측이었다. 이스라엘은 구체적 사실들을 근거로 예측했고, 예측대로 행동한 것이다. 이러한 이스라엘의 행동이 도덕적으로 정당한 것인가? 라는 문제는 후에 알아볼 것이다. 어쨌든 대부분의 학자들은 이스라엘의 이런 행위를 대단히 성공적인 "선제적 공격"으로 평가한다. 이스라엘이 먼저 행동하지 않았다면 이집트가 공격했을 것이라는 예측은 사후 판단이 불가능하다. 우리가 할 수 있는 것은 1967년 6월 5일 이전에 발생한 증거들을 살펴보고 미래에 대한 이스라엘의 행위가 불가피한 것이었는지, 그리고 합리적이었는지 결론을 내리는 것뿐이다. 실제로 이집트는 5월 27일 '새벽The Dawn'이라는 작전명의 이스라엘 침공 작전을 수행하기로 예정하고 있었는데, 마지막 순간에 나세르의 명령으로 취소하였다. 만약 이스라엘이 먼저 공격하지 않았다면 이집트가 취소했던 작전을 다시 시행했을까? 1967년 6월이 아니면, 7월 아니면 그 다음해는?….

　구체적 사실을 바탕으로 사전에 예측하여 군사 작전을 시행하는 일은 실재 전장에서는 수시로 일어나는 현상이다. 특히 지휘관은 예리한 통찰력과 전투 감각으로 전장을 예측하여 아군의 피해를 최소화하고 적군의 피해를 극대화해야 한다. 이를 위해 군에서는 특별히 정보 병과를 운영하고 있다. 정보장교는 적과 아군에 관한 사항, 지형, 기상, 민간요소 등 작전에 영향을 미칠 수 있는 상황을 종합하여 지휘관이 현명한 판단을 할 수 있도록 첩보와 정보[11]를 제공한다. 엄밀히 말하면 첩보와 정보는 사실만을 선별해 놓은 것이 아니라, 사실과 거짓이 혼재되어 있다. 그럼에도 불구하고 승리를 쟁취해야 하는 전장 상황에서는 실낱처럼 희미한 가능성일지라도, 그리고 그것이 비록 만들어진 사실일지라도 미래를 예측하는 데 도움이 된다면 적극 활용해야 한다. 그런 의미에서 보면 정보의 융합과 분석은 수많은 개별 사실을 바탕으로 한 해석과 재해석의 연속으로, 일종의 편집 행위로 볼 수 있다. 그렇다고 해서 사실이 덜 중요하다는 것은 아니다. 첩보와 정보를 구성하는 기본 재료가 사실fact이어야 만들어진 사실의 정확성도 높아질 수 있기 때문이다. 뿐만 아니라 사실의 수집에 있어서도 객관성을 유지해야 한다. 후진적인 군대일수록, 그리고 비민주화된 군대일수록 부하들은 지휘관이 원하는 정보만을 선

11　첩보란 통상 Information으로 표기하며, 정보를 생산하기 위한 목적으로 수집된 자료로 사용자가 사용 가능한 형태로 처리는 하였으나 분석되지 않은 산물을 말한다. 정보란 Intelligence라고 표기하며 수집된 첩보를 융합, 분석 및 평가하여 획득된 지식을 말한다. (야전교범 1-1 군사용어 - 육군본부)

별적으로 제공하는 관행이 많다. 그리고 이는 상황을 객관적으로 볼 수 있는 눈을 가려 궁극적으로 많은 부하들의 목숨을 잃게 한다. 이런 현상은 특히 태평양 전쟁 시 일본군에서 많이 발생했다. 일본군의 참모들은 지휘관이 싫어하거나 불편해하는 정보는 보고하지 않았다.

평시 잘못된 예측은 비효율성과 예산의 낭비를 가져온다. 2022년 교육사에서는 BCTP[12]와 KCTC[13]훈련을 통합하여 시행하는 훈련을 하였다. 그런데 이를 통합하여 훈련한다는 것이 얼마나 비효율적이고 무의미할 것인지는 BCTP와 KCTC의 훈련 목적을 조금이라도 제대로 알고 있는 사람이라면 쉽게 예측할 수 있다. BCTP는 부대의 지휘통제 절차 훈련이 목적으로, 특정 상황에서 작전의 시작부터 끝까지 접하게 되는 다양한 상황을 가정하여 지휘관과 참모가 상황별로 조치하는 능력을 향상시키기 위한 컴퓨터 모의 훈련이다. 따라서 이런 훈련은 실제 시간을 동일하게 적용하면 기간이 너무 많이 소요되기 때문에 컴퓨터 모의 훈련 시스템을 통해 시간을 빨리 흐르게 할 수밖에 없다. 반면, KCTC 훈련은 실제 병력이 실제 지형에서 기동하고 사격하는 현실과 동일한 훈련이다. 당연히 현재 시간과 동일하게 유지할 수밖에 없다. 이렇게 훈련 목적 자체와 기본 전제가 다른 훈련 체계를 하나로 묶어 사단 예하의 A부대는 BCTP위주로, B부대는 KCTC위주로 훈련을 시도했는데, 이것

---

12 Battle Command Training Program, '전투지휘훈련'. 부대의 지휘통제능력 향상을 위해 지휘통제본부를 대상으로 훈련용 가상모의체계를 활용하여 실시하는 훈련.

13 Korea Combat Training center, '과학화전투훈련단'. 과학화된 장비와 교전체계를 이용하여 훈련할 수 있는 과학화훈련장을 갖춘 부대. 자유 기동을 실시함으로써 전장 실상을 간접체험하고 전투기술을 숙달할 수 있다.

은 BCTP의 훈련 목적(지휘관과 참모의 지휘통제 절차 훈련)도, KCTC의 훈련 목적(실기동을 통한 실제 전장 훈련)도 달성하지 못하는 결과가 되고 말았다. 왜냐하면 BCTP입장에서는 실제 기동하는 부대의 이동 시간에 맞추어야 하기 때문에 작전 전 기간의 훈련을 못하고 1개 국면의 상황밖에 훈련을 할 수 없었으며, KCTC의 입장에서는 BCTP의 통제에 따라야 하기 때문에 실전적 야전 기동보다는 컴퓨터 시뮬레이션의 가상 상황에 맞는 기동을 하게 되어 그 목적을 달성할 수가 없게 되었기 때문이다. 쉽게 말해 '죽도 밥도 아닌 것'이 되는 것이다. 이것은 해보지 않아도 뻔히 예측할 수 있는 상황이다. 그런데 훈련을 통합하겠다고 팀을 편성하고 시간과 예산을 투입하는 것은 인간이 보유한 예측 능력을 전혀 활용하지 못한 결과이다. 컴퓨터와 시뮬레이션은 인간의 예측 능력을 향상시키기 위한 도구이지 인간의 생각을 컴퓨터와 시뮬레이션에 종속되기 위해 개발된 것이 아니다.

요즘 '챗GPT'의 등장으로 웬만한 질문의 답은 바로 알게 된다. 정해진 답을 고르는 일은 의미가 없는 세상이 온 것이다. 정해지지 않은 답을 찾아야 하고, 아무도 예측하지 못한 것을 예측해야 한다. 이를 위해서는 아무나 할 수 없는 질문을 할 수 있어야 한다. 젊은 장교와 부사관들에게 더욱 요구되는 능력이다.

예측Prediction과 예언Prophecy은 어떻게 다른가?

"미래는 예언豫言하는 것이 아니고 예측豫測하는 것이다."

평범한 사람들이 대부분 공감하는 말이다. 미래학에서는 예측과 예언을 명확히 구분하여 정의하고 있는데, 예측이란 가능성 중심의 미래 시각 차원에서 다양한 방법을 적용하여 발생 가능한 시나리오를 밝혀 제시하는 일이라고 정의하며, 예언이란 뛰어난 예지력을 가진 사람이 결정론적 시각에서 미래에 관해 던지는 주관적 진술이라고 정의한다. 따라서 예측은 늘 다양한 변수를 모니터링하면서 더 나은 또는 더 바람직한 미래를 예측하기 위해 끊임없이 수정 및 편집해 가는 열린 세계를 지향하는 반면, 예언은 미래를 하나의 시나리오로 결정지어 버리기 때문에 새로운 변화가 일어났을 때 수정·편집할 이유가 없으며, 미래를 개척하기 위해 노력할 필요도 없다. 따라서 닫힌 세계를 지향한다. 불확실성과 마찰, 안개가 자욱한 전장의 세계에서 살아야 하는 군인에게 필요한 것은 당연히 전지적 예언능력이 아니라 뛰어난 예측 능력이다.

역사는 계속 반복 또는 순환하는가? 아니면 역사는 어떤 지향점을 향해서 직선적으로 전진하는가? 여러분은 어떻게 생각하는가? 헤겔은 인류의 역사는 절대정신理性의 발전 과정이라고 말하면서 일종의 진보적 역사관을 주장하였다. 그러나 더욱더 대표적인 진보적 역사 인식을 갖고 있는 사람은 칼 마르크스이다. 마르크스는 역사란 5단계의 과정을 거치면서 발전해 나간다고 하면서 역사 발전 '5단계설'을 주장하였는데, 역사는 최초 원시 공산 사회에서 노예제 사회, 봉건제 사회, 자본주의 사회를 거쳐 최종적으로는 공산주의 사회로 발전해 간다는 이론이다. 21세기를 살고 있는 여러분들은 1991년 소련의 붕괴를 통해 마르크스의 예언이 잘못되었음을 이미 잘 알고 있을 것이다. 그러나 2차 세계 대전이 끝나기도 전인 1944년에 이미 마르크스의 예언이 잘못되었음을 지적한 학자가 있었는데 그가 바로 칼 포퍼이다. 포퍼는 그의 저서 『역사법칙주의의 빈곤The Poverty of Historicism』에서 '오이디푸스 왕의 비극'[14]이라는 연극의 내용을 소개하면서 역사적 결정론에 기반하여 공산주의의 도래를 예언했던 마르크스를 비판했다.

포퍼는 점쟁이 이야기를 하면서 이렇게 말한다. 만일 어떤 점쟁이가 당신에게 "너는 내일 물에 빠져 죽을 것이다. 그러나 이 부적符籍을 사서 붙이면 죽지 않을 것이다."라고 말했다고 하자. 그래서 부적을 붙여서 살아난다면 당신은 죽을 운명을 타고났다고 말한 자체가 거짓말이다. 진짜로 죽을 운명을 타고났다면 부적을 붙여도 죽고, 붙이지 않아도 죽을 것이다. 결론적으로 포퍼는 마르크스에게 이렇게 말한 것이다. "공산혁

---

14 그리스의 극작가 소포클레스가 지은 아테네의 비극으로 기원전 429년에 초연되었다. 어머니와 아들의 애착, 아버지와 아들의 대립은 프로이트의 '오이디푸스 콤플렉스' 이론의 소재가 되었다.

명이 일어나서 공산사회가 온다고 말하는가, 마르크스여? 정말로 공산 사회가 온다면 당신이 그렇게 고생하면서 혁명을 실천할 이유도 없고, 혁명을 하자고 주장할 이유도 없다." 결국 '역사법칙주의'라는 것은 너무나 빈곤한 이론이고, 인간의 무한한 잠재력과 노력을 인정하지 않는 닫힌 사고思考라는 것이다.

예언이 존중받고, 예언을 갈구하는 사회는 닫힌 사회이다. 인류가 탄생한 이래 중세까지 주로 그런 세계였다. 정치 체제는 거의 대부분의 나라가 군주제 또는 황제 체제였고, 한번 즉위한 군주는 죽을 때까지 임기가 보장되었으며, 후임자는 혈통에 따라 승계되었다. 다른 가능성은 거의 없었다. 변화는 불길한 징조였고 퇴보였다. 사람들은 태어날 때부터 정해진 위계 속에서 구속되고 부자유스러운 상태였지만, 심리적으로는 안정된 상태를 유지하며 살아왔다. 그러나 르네상스 이후 '자유로운 개인'이 탄생했다. 이제 사람들은 자신이 생각한 것을 자유롭게 선택할 수 있는 자유를 획득했다. 그러나 한편으로는 정해진 위계 속에서 개인을 지켜 주던 보호막이 사라지고 위험에 노출된다는 것을 의미하기도 했다. 자신의 의견과 반대되는 것에 대해서는 비판과 논쟁도 가능해졌다. 그러나 이 또한 비판적 자기의식을 얻게 됨과 동시에 마음의 평화를 희생하는 대가를 치러야 했다. 어쨌든 근대가 낳은 자유로운 개인은 그렇게 탄생했다. 자유로운 개인은 현상의 세밀한 관찰을 통해 자연의 법칙을 알아냈고, 과학적 지식을 발전시켰다. 절대자의 예언이 아니라 과학적 법칙을 통한 예측이 더 미래를 밝게 해 준다는 것도 알게 되었다. 이런 논리를 가장 현명하게, 그리고 구체적으로 제시한 사람 역시 앞서 말한 칼 포퍼다. 그는 『열린 사회와 그 적들The Open Society and Its Enemies』이라는 책을 통해 닫힌 사회를 신랄하게 비판했다. 그가 말하는 '열린 사회'는 비판과 토론이 가능하고 그 결과가 정부 정책에 영향을 미쳐 기존 정책이 수정될 수 있는 사회를 의미했다. 과학적 반증反證 가능성을 전제로 기존 이론의 완벽성 또는 정책의 완전성이란 존재하지 않으며, 끊임없는 반증을 통해 발전해 나가는 열린 세계였던 것이다. 반면, 닫힌 세계란 비판과 토론이 불가능할 뿐만 아니라 그런 비판과 토론의 결과가 정부 정책에 영향을 미치지 못하는 사회였다. 보다 정확히 그리고 구체적으로 표현하면 2차 대전 당시 활개를 치던 나치즘, 파시즘, 공산주의와 같은 전체주의를 의미했다. 그런 전체주의 사회에서는 권력을 차지한 절대자의 지시에 대한 반증은 불가능했고, 맹목적 추종과 종속만이 존재했다. 왜냐하면 절대자의 지시는 예언豫言으로 작용했고, 예언에 반대하는 사람들은 절대자의 권위에 도전하는 사람이었으니 더 이상 생존이 불가능했기 때문이다.

유토피아적 이상 사회를 구상하는 사람들은 궁극적 목적目的이 미리 정해져야 이를 수행하기 위한 정책 또는 행동이 도출된다고 주장했다. 일견 대단히 합리적인 접근 방법이라고 생각할 수 있다. 그러나 칼 포퍼는 이는 너무 위험한 생각이라며 반대했다. 궁극적 목적은 대단히 추상적인 개념이다. 특히 마르크스를 비롯하여 그를 추종하는 사람들은 유토피아적 사회 건설을 목표로 하였는데, 유토피아 사회라는 개념 자체가 사람에 따라 다양할 수 있음에도 불구하고 그들은 오직 공산주의 사회만을 유토피아 사회라고 절대화하고 고정화하였다. 따라서 그 외의 생각을 하는 사람들은 모두 숙청하거나 정치범 수용소로 보내게 되는, 즉 자신들과 다른 생각을 하는 사람들을 제압하고 억압하는 디스토피아적 세계를 만들 수밖에 없었다. 다시 말해 포퍼는 궁극적 목적, 궁극적 지식, 궁극적 세계 등도 특정한 것으로 고정된 것이 아니라 항상 변화의 가능성을 열어 두어야 하며 그러한 사회가 열린 사회Open Society라고 한 것이다. 그러면서 주장한 것이 점진적 사회 발전 이론이었다. 유토피아적 사회 발전을 추구하는 사람들은 혁명을 통한 급진적 사회 개혁을 추구했는데, 이는 필연적으로 혁명을 반대하는 사람들을 억압하고 구속할 수밖에 없다고 보았기 때문이다.

포퍼의 점진적 사회 발전 이론은 대단히 현실적이다. 첫째, 추상적인 선善을 추구하는 것보다는 구체적인 악惡을 제거하라고 했다. 예를 들어 좋은 학교를 만들고자 할 때, '좋은 학교'라는 추상적 목표는 사람들의 생각이 모두 다르기 때문에 일반적 합의에 도달하기가 어렵지만, 화장실이 불편하면 화장실을 개선하고, 의자가 불편하다면 의자를 개선하는 식으로 구체적 불편함을 제거하는 것을 시작으로 점진적으로 개선해 나가야 한다는 것이다. 두 번째는 직접적인 방법으로 개선하라고 했다. 많은 사람들은 어떤 문제의 원인을 사회 자체가 갖고 있는 구조적 문제라고 판단하고 사회가 바뀌지 않고는 해결할 수 없다(이를 해결하는 것을 간접적인 방법이라 말함)고 하면서 손을 놓고 있는 경우가 많은데, 직접적인 문제 자체를 해결하려 노력하라는 것이다. 세 번째는 개인에게 최대한의 자유를 보장하라는 것이다. 어떤 특별한 능력을 소유한 영웅이 등장하여 일거에 사회를 개혁하는 것이 아니라, 사회 구성원 개개인이 자유로운 생각과 자유로운 의사 표현을 할 때 사회는 점진적으로 발전할 수 있다고 본 것이다. 포퍼의 이러한 생각은 우리 군 조직에도 많은 시사점을 준다. 나를 포함하여 많은 사람들이 '우리 군이 갖고 있는 문제점'을 인식하고 있다. 그런데 그 문제점을 해결하기 위한 방법을 논의하는 과정에서 근본 원인을 우리 군의 '조직 문화'로 돌리는 경우가 많다. 그리고 군의 조직 문화가 바뀌지 않는 한 그 문제를 해결할 수 없다고 말한다. 때로는 그러한 한계로 인해 해결하려는 시도조차 하지 않는 경우도 많다. 그러나 군의 조직 문화를 한번에 바꾸는 것은 거의 불가능하다. 아주 작은 것부터 차근차근 바꿔 나가는 것이 보다 현실적이다. 나는 포퍼의 생각에 전적으로 동의한다.

군인들이 군사 작전을 수행하면서 항상 염두에 두어야 할 것이 있는데, 그것은 '최종상태End State'라는 개념이다. 최종상태란 작전이 종결되었을 때 달성해야 할 목표이다. 그리고 그 최종상태는 상급 부대의 명령에 명시되어 있다. 그렇다면 '이렇게 최종 목표가 고정되어 있는 것은 닫힌 사회의 산물이 아니냐?' 라고 생각할 수 있는데, 그렇지 않다. 선진화된 군 조직은 유연한 사고를 기반으로 하며, 상황이 변하면 변화된 상황에 맞게 목표도 수정하여 하달한다. 반면, 후진 군대와 공산권 군대일수록 최초 명령을 쉽게 변경하지 못한다. 국군은 선진 군대이다. 상황은 늘 변화하기 마련이며, 대한민국 군대의 지휘관은 그럴 때일수록 예언이 아니라 예측으로 상황을 주도해야 한다.

킹 오이디푸스의 주요 내용

테베의 왕 라이오스는 "너는 아들의 손에 살해당하도록 운명 지어졌다"라는 신탁을 받고 갓 태어난 아들을 신하에게 보내 죽이게 한다. 신하는 그 대신 아기를 벌판에 버려 신에게 그 운명을 맡긴다. 양치기가 이 아기를 구해 오이디푸스(부은 발)라 이름 짓는다. 아기는 코린토스로 가게 되고, 이곳에서 코린토스의 왕 폴리부스의 아들로서 왕궁에서 길러지게 된다. 어른이 된 오이디푸스는 자신이 친자식이 아니라는 말을 듣고, 진짜 부모가 누구인지 알기 위해 델포이 신전에 가서 묻는다. 신탁은 "너는 어머니와 혼인하고, 아버지의 피를 손에 묻히게 될 운명이다"라고 말한다. 오이디푸스는 이 운명을 피하려 코린토스를 떠난다. 테베로 가는 길에 그는 친아버지인 라이오스를 만나게 된다. 서로 부자지간임을 모르는 상황에서 마차 통행권을 놓고 싸우다 오이디푸스는 라이오스를 살해한다. 이로써 예언의 일부분이 이루어졌다. 얼마 지나지 않아 스핑크스의 저주를 받은 테베에 기근이 들고 백성들의 삶이 어려워지자 테베의 여왕 이오카스테는 스핑크스의 수수께끼를 푸는 사람을 테베 왕국의 왕으로 맞겠다고 한다. 스핑크스의 수수께끼 "아침에는 4발로, 점심에는 2발로, 저녁에는 3발로 걷는 짐승은 무엇인가?"라는 질문을 오이디푸스는 "사람"이라고 답해 풀어낸다. 그리하여 오이디푸스는 테베 왕국의 왕위를 얻게 되고 왕비 이오카스테와 결혼하는데, 이오카스테는 그의 친어머니였다. 이로써 당사자들은 아무것도 모르는 채 예언은 완성되었다. 이오카스테와 오이디푸스 사이에서 딸 엘렉트라가 탄생했다. 시간이 흘러 테베에 어려움이 닥치자 그 원인을 찾아가는 과정에서 이오카스테와 오이디푸스는 모자지간이었고, 오이디푸스가 죽인 사람이 자신의 아버지였다는 사실을 모두 알게 되었다. 이오카스테는 자신이 아들과 동침했다는 수치심에 왕궁에서 도망치고 스스로 목을 매어 죽는다. 시신을 발견한 오이디푸스는 아버지와 어머니를 알아보지 못한 자신을 원망하며 이오카스테의 드레스에 있는 황금 브로치로 눈을 찌른다. 그리고 엘렉트라에게 외친다. "엘렉트라야, 나는 너를 동생이라고 불러야 하느냐? 딸이라고 불러야 하느냐?"

오이디푸스 콤플렉스

심리학자 지그문트 프로이트가 창시한 용어로, 남자아이가 어머니를 독차지하려는, 혹은 아버지를 경쟁 상대로 보고 콤플렉스를 느끼며 증오하는 심리를 말한다. 남근기(3~5세)에 나타나서 잠재기에 억압되어 해소되는 심리 현상으로, 남자아이에게 어머니는 처음 만나는 이성이므로 사랑을 갈구하고 집착하며 아버지의 자리를 대신 차지하려고 한다. 하지만 자신보다 우월한 아버지에게 반항하면 남근을 거세당할 것 같아 아버지를 두려워하면서도 증오하게 된다. 이러한 갈등을 겪다가 결국 남근을 지키려 어머니에 대한 욕망을 포기하고 아버지에 대한 증오를 선망으로 바꾸어 자신과 동일시하는 방식으로 콤플렉스를 극복하고 성장한다. 그리고 이러한 과정에서 어떤 행동을 무의식적으로 부추기거나 자제하는 초자아가 발생하여 성장한 후에도 영향을 미친다. 프로이트는 이 이론을 아이라면 누구나 겪는 과정이라고 주장했으나, 현대 주류 심리학에서는 정설로 받아들여지지 않는다. 이 이론은 반대로 여자아이가 동성인 어머니를 증오하고 이성인 아버지에게 집착하는 현상도 설명한다. 이를 '엘렉트라 콤플렉스'라고 한다.

플라톤과 전체주의는
어떤 관계가 있는가?

우리는 흔히 육체적 사랑에 대비되는 숭고한 정신적 사랑을 '플라토닉 사랑Platonic Love'이라 표현한다. 그래서인지 몰라도 '플라토닉'이라는 단어에서는 숭고함, 아름다움과 같은 분위기가 느껴진다. 그러나 포퍼는 닫힌 사회의 대표적 체제로서 전체주의를 언급했고, 닫힌 사회의 근원을 플라톤에서 찾았다. 포퍼의 대표적 저서 『열린 사회와 그 적들The Open Society and Its Enemies』은 플라톤에 대한 비판서라 할 수 있다.

일반적으로 정치 체제는 국가의 권력을 누가 행사하느냐에 따라 군주정, 귀족정, 민주정으로 나뉜다. 군주정은 군주 한 사람이 권력을 행사하고, 귀족정은 소수 귀족들이 행사하며, 민주정은 국민 모두가 행사한다. 그러나 인간은 완벽한 존재가 아니기에 위 정치 체제를 잘 운영하지 못하여 타락할 수 있는데, 군주정이 타락하면 참주僭主정이 되고, 귀족정이 타락하면 금권金權정, 민주정이 타락하면 중우衆愚정이 된다. 전자의 정상적인 3가지 정치 체제와 후자의 타락한 3가지 정치 체제의 가장 큰 차이점은 각자가 가진 권력을 누구를 위해 행사하느냐에 있다. 즉, 군주가 획득한 권력을 국민이 아닌 군주 자신을 위해 행사할 때 군주정은 참주정으로, 소수 귀족들이 귀족들만을 위할 때 금권정으로, 모든 국민이 자기 자신만을 위할 때 중우정이 된다는 것이다. 플라톤은 각 정치 체제가 타락했을 때 국민을 가장 힘들게 하는 것을 중우정, 금권정, 참주정 순으로 나열하면서 중우정을 가장 기피해야 할 정치 체제라 생각했다. 중우정은 무정부 상태를 야기할 수 있고, 이는 플라톤이 민주정을 좋아하지 않은 이유이기도 했다.

플라톤은 이데아를 추구하는 이상주의자였다. 따라서 국가가 '이데아'를 정확히 모사할 수 있다면 궁극적으로는 자연의 모습일 것이라고 봤다. 그것은 인간의 본성에 따라 건립된 원시 국가, 따라서 안정된 국가로 돌아가는 것이었고, 아담과 이브의 원죄 이전인 부족적 가부장제로 돌아가는 것이며, 무지한 대중을 소수의 현명한 자가 통치하는 자연적인 지배 계급 상태로 돌아가는 것이었다. 결국 플라톤에게 정의란 계급에 따른 특권의 위계를 전제로 지배자는 지배하고, 노동자는 노동하며, 노예가 노예일 수 있는 것이었으며, 그러한 국가가 정의로운 국가였다. 포퍼는 저서에서 이렇게 말한다. "플라톤은 개인주의와 이기주의를 동일시했다. 따라서 정치적 영역에서 개인이란 플라톤에게는 악 그 자체였다. 무엇이든지 국가의 이익을 신장하는 것은 선량하고 덕 있고 정의로우나, 그것을 위협하는 것은 나쁘고 사악하고 불의이다. 이것은 집단주의나 정치적 공리주의의 법전이라 할 수 있다. 말하자면 선이란 나의 집단이나 나의 부족, 혹은 나의 국가 이익 안에 존재한다는 것이다."

플라톤은 철인哲人에게 강한 권한을 부여했다. 철인만이 절대 지배권을 가진 윤리적 구심점이었으며, 시민에게 완전한 복종과 헌신을 요구할 수 있었기 때문이다. 즉, 철인이 통치했을 때 국가가 선의 이데아에 도달할 수 있다고 보았다. 이를 위해서 철인은 남녀가 가정을 이루고 관계를 맺는 것까지 우생학[15]적 관점에서 설계해야 한다고 보았으며, 우등한 인간만을 국가가 양육해야 한다고 하였다. 바꿔 말하면 열등한 인간은 태어나자마자 방치해 죽게 만드는 것도 정당한 조치이며, 그것마저도 국가를 위한 선이라고 보았다. 심지어 철인왕은 국가의 이익을 위해 거짓말을 할 수 있다고 말한다. 철인은 소유욕이나 사람들과의 이해관계에서 완전히 벗어난 자유로운 인간이기에 그는 늘 국가를 위해 좋은 일만을 하며 그 동기는 항상 선하다고 생각해서다. 그러나 포퍼는 플라톤의 이러한 생각이 결국 나치즘, 파시즘, 공산주의와 같은 전체주의로 나타나게 되었다고 말한다. 실제로 히틀러는 게르만 민족의 우생학적 우위를 믿고 인종 위생법이라는 법을 만들어 젊은 게르만 청소년을 별도로 양육해 장차 독일 사회를 이끌 지도자로 우대했으며, 열등한 민족이라 여기는 유대인들은 지구상에서 박멸해야 할 대상으로 간주하여 차별하고 강제수용소에서 독가스로 살해하기도 했다.

전체주의全體主義란 공동체, 국가, 이념 등을 개인보다 위에 두고, 개인을 전체의 존립과 발전을 위한 수단으로 여기는 사상을 뜻한다. 따라서 전체주의 사회는 개인의 자유와 의사를 무시한다. 그렇다면 왜 플라

---

15 인류를 유전학적으로 개량할 목적으로 여러 가지 조건, 인자 등을 연구하는 학문으로, 진화론을 주장한 찰스 다윈의 사촌 동생인 골턴이 1883년 최초로 개척한 것으로 알려져 있음. 골턴은 포지티브 우생학과 네거티브 우생학이라는 두 가지 방법론을 제시하였는데, 포지티브 우생학은 우수한 형질을 가진 사람들의 출산율을 증가시켜 인간의 우수성을 확장하자는 것이고, 네거티브 우생학은 장애인과 정신병 환자, 지능이 떨어지는 사람 등 열등한 유전자를 제거하자는 주장이다.

톤은 그런 생각을 했을까? 많은 사람들이 잘 알고 있듯이 플라톤은 아테네의 민주주의를 좋아하지 않았다. 무엇보다도 민주주의는 자신의 스승 소크라테스를 죽음으로 몰아 갔으며, 당시 아테네 사회 혼란의 주된 원인 제공자이면서도 그 혼란을 극복해 낼 능력도 없는 정치 체제로 보았다. 특히 펠로폰네소스 전쟁 중에 민주주의자들이 보여준 우유부단한 모습은 아테네를 파멸로 몰아넣으며 그를 실망시켰다. 펠로폰네소스 전쟁사를 쓴 투키디데스는 당시 상황을 이렇게 묘사한다.

"시칠리아 원정에서 패한 후 민주주의 지지자들은 모두 서로를 의심하며 만났는데, 저마다 자기가 만나는 사람이 지금 벌어지고 있는 사태에 관여하고 있다고 생각했기 때문이다. 그리고 실제로 변혁을 꾀하는 자들 중에는 과두제 지지자가 되리라고는 아무도 생각하지 못한 자가 더러 있었다. 바로 이들이 대중 사이에서 상호 불신을 조장했으며, 민주제 지지자들이 서로 불신하게 함으로써 과두제 지지자들의 기반을 굳히는 데 크게 기여하였다. 이후 민주제를 도입하려는 군대와 과두제를 강요하려는 4백 인 사이에 치열한 권력 투쟁이 벌어졌다."

즉, 플라톤이 보기에 당시 아테네는 우수한 능력과 지혜를 소유한 사람들이 다스리는 귀족 국가가 욕망에 사로잡힌 열등한 대중이 다스리는 민주 국가로 타락한 것이었다. 따라서 민주주의 국가에서 지도자는 철인국가에서와 같이 유능한 인물이 발굴되거나 길러지지 않고, 아무런 식견도 경험도 없이 민중을 선동하거나 회유하는 부적절한 인물이 지도

자로 부상하게 된다는 것이었다. 플라톤이 사망한 지 2,500여 년이 지난 오늘날에도 많은 나라에서 실제로 이런 현상이 벌어지는 것을 보면 플라톤의 통찰력이 얼마나 대단했는지 감탄할 수밖에 없다. 제2차 세계대전 당시에도 영국, 프랑스, 미국의 많은 시민들은 자국의 혼란스러운 상황과 달리 안정적으로 발전하던 나치 독일을 보고 대의제에 의해 어중이떠중이가 목소리만 높이는 민주주의보다는 능력 있는 지도자 한 명의 명령으로 일사불란하게 움직이는 전체주의가 더 효율적이라고 생각했다. 전체주의 국가에서는 선거 제도가 아예 없거나, 있더라도 형식적인 경우가 많아서 국민 여론에 신경 쓸 필요가 없으며, 따라서 지도자가 마음만 먹으면 장기적인 국가 계획을 일관되고 안정적으로 추진함으로써 성과를 효율적으로 달성할 수 있는 장점이 있어서였다.

전체주의의 장점은 공동체를 위한 힘의 결집이다. 권위주의 또는 전제정을 거쳐 발전한 일부 서양 국가들(독일, 오스트리아, 스페인 등)을 비롯하여 현재 민주주의 국가인 대한민국, 일본, 대만의 경우도 각각 군사 정권, 메이지 유신, 장개석의 계엄령 선포 등 근대화 초기에는 전체주의적인 특성을 통해 짧은 시간 압축 성장을 할 수 있었다. 그러나 전체주의의 장점은 거기까지다. 단점은 이루 다 말할 수 없지만, 가장 큰 문제는 인간에게서 존엄성을 박탈해 공동체를 위한 도구로 여긴다는 점이다. 국가에서 정한 목표와 다른 생각을 하는 사람들은 제거의 대상이 되고, 따라서 국민의 일거수일투족을 감시하는 감시 사회가 될 수밖에 없다. 또한 국가 통합을 위해 다양성과 창의성을 말살해야 하기에 단기 성과는 있을지 몰라도 장기적으로는 성장 에너지(창의성을 바탕으로 한 지적 자산 등)의 고갈로 이어진다. 마오쩌둥 시절의 대약진 운동 및 문화대혁명 등으로 빚어진 부작용, 스탈린 시절 유능한 군인들에 대한 대숙청으로 초기 독일과의 전투에서 맛본 커다란 패배, 히틀러의 군사 작전 개입으로 인한 전쟁 패배 등 그 부작용은 이루 말할 수 없다.

민주주의의 가장 큰 장점은 현명하지 않은, 아주 멍청하고 무능한 지도자가 선출되더라도 피를 흘리지 않고 그 지도자를 교체할 수 있다는 데 있다. 따라서 지도자가 갑작스럽게 사망해도 대리 체제에 의한 국가 권력의 유지가 가능하다. 반면, 전체주의 국가에서는 평시 2인자를 인정하지 않기에[16] 지도자가 갑자기 사망하면 백이면 백, 권력 투쟁이 일어난다. 가우가멜라에서 다리우스 3세가 도망치면서 급작스럽게 찾아온 페르시아 제국의 해체, 잉카족의 최후, 소련의 급격한 붕괴에 따른 연방 해체 등 이런 전체주의 체제가 외부 자극을 받았을 때는 극도의 불안정에 빠져들면서 기존 시스템이 붕괴한다는 것은 역사가 보여준다. 그리고 이런 체제에서는 평상시에도 많은 조직원들이 지도자의 눈 밖에 나지 않으려 바른말을 할 수가 없게 되고 아부, 아첨하는 부하들로 채워질 수밖에 없다. 그럼에도 나는 전체주의의 특성에 주목하고 싶다. 전체주의의 특성은 군 조직의 특성과 매우 유사해서이다. 다시 말해 자유민주주의를 표방하는 대한민국이지만, 군 조직에서만큼은 전체주의적인 특징, 즉 개인보다는 공동체를 우선하고, 한 명의 지도자(지휘자)를 중심으로 일사불란하게 움직여야 하며, 일정한 자격 요건을 갖추지 못한 조직원

---

16 전체주의 국가의 지도자는 2인자를 언젠가는 자신에게 도전할 수 있는 경쟁자로 인식하기 때문에 특정인에게 권력을 몰아주지도 않고 항상 견제할 수밖에 없는 속성이 있다.

은 도태시킴으로써 전투력을 유지해야 하는 등 타 집단과의 차별성, 배타성 등을 그 특징으로 지녀서이다.

위관 시절 전방 사단에 복무할 때 회식을 하고 나면 꼭 외치는 건배사가 있었다. "One for all, All for one!(하나는 전체를 위하여, 전체는 하나를 위하여!)" 지휘관은 부하를 위하고, 부하는 지휘관을 위하여 일치단결한다는 것은 군 조직에 대단히 중요한 가치다. 문명사회 최악의 상황이라 할 수 있는 전쟁에 대비해야 할 군 조직에서는 때때로 개인의 인격, 자유 등 개인의 가치보다 공동체의 가치가 더 중요할 상황이 많다. 즉, 소속 부대원 각자의 개별적 의사보다는 공동체를 이끄는 지휘관 한 명의 빠르고 현명한 의사 결정이 훨씬 중요한 가치로 부상한다. 개인 한 명의 인권과 자유도 중요하지만 필요한 경우에는 그 한 사람 또는 소수의 희생으로 더 많은 부대원의 생명과 자유, 인권을 보장받을 수 있어서다.

대한민국은 자유민주주주의 국가이다. 또한 현재는 징병제를 채택하고 있다. 대한민국에서 태어난 신체 건강한 젊은 남성은 누구나 병역의 의무를 감당해야 한다. 따라서 현재 대한민국의 군에 복무하는 모든 장병은 소중한 대한민국의 국민이고, 누군가의 소중한 아들이자 딸이다. 반면, 군복을 입고 있기에 군 복무를 하는 동안은 군사적 가치를 존중하고 따라야 한다. 그러나 앞서 살펴봤듯이 이 둘은 상호 일정한 거리를 둔다. 즉, 군복 입은 시민으로서 이 둘 모두의 가치가 존중받을 새로운 가치, 문화의 구체화가 요구된다. 이 문제와 관련해서는 더 많은 시간을 두고 연구할 계획이다. 이 글을 읽는 독자들에게도 좋은 의견이 있다면 전달해주시길 바란다.

경쟁이냐? 협동이냐?

남아프리카공화국 남부에 '코사족'이라는 씨족 단위의 원주민이 살고 있었다. 인류학자가 코사족 아이들에게 게임을 신청했다. 과일 바구니를 나무에 매달아 놓고 제일 먼저 도착한 아이에게 그 바구니를 통째로 주겠다고 했다. 그리고 "달려라!" 라고 구호를 외치자, 뜻밖에도 아이들은 모두 손을 잡고 함께 뛰어갔고 모두 함께 목표에 도착해서 함께 과일을 먹었다. 인류학자가 "먼저 도착하면 그 사람이 과일 바구니 전체를 얻을 수 있는데 왜 뛰지 않니?"라고 물었다. 그랬더니 아이들은 "한 명을 제외한 모든 사람이 불행해지는데 왜 한 명만 행복해지려고 뛰어야 하나요?"라고 대답했다. 승자독식勝者獨食이 아닌 나눔, 경쟁이 아닌 협동과 배려가 묻어나는 정겨운 풍경이 아닐 수 없다. 그러나 인간다움은 여기까지이다. 아이들은 바구니 속의 과일을 나누어 먹음으로써 행복해할 수는 있으나, 어떤 아이가 달리기를 잘하고, 어떤 아이가 나무에 잘 오르고, 어떤 아이가 물고기를 잘 잡는지는 알 수 없다. 따라서 수영을 잘하는 아이가 잡은 물고기와 나무타기를 잘하는 아이가 딴 과일이 교환될 수 없다. 코사족의 아이들은 하루는 모두 물고기를 잡고, 하루는 모두 과일

열매를 따서 나누어 먹는다. 따라서 교환 시스템이 만들어질 수 없다.

평등한 사회는 누가 어떤 일을 잘하는지 알 수 없고, 분업과 교환 시스템이 구축될 수 없다. 즉, 사회가 더는 발전할 수 없고 항상 정체되어 있는 것이다. 그런 정체된 사회를 뛰어넘어 AI, ChatGPT 등이 등장하는 현대 사회에 살고 있는 우리는 그럼에도 불구하고 '경쟁, 개인, 시장' 등의 단어에 대해서는 거부감을 느끼는 반면, '협동, 공동체, 단결' 등의 단어에는 친숙함과 편안함을 느낀다. 공병호 박사는 인류 역사에 그 답이 있다고 했다. 그에 따르면 수백만 년의 인류 역사를 24시간으로 환산할 경우 시장이나 경쟁이 나타난 시간은 23시 57분으로, 인류는 24시간 동안 단 3분을 제외한 시간 동안 원시 공동체 속에서 단결과 협동, 연대를 생명처럼 여기며 살아왔다고 한다. 그러니까 인류가 경쟁과 개인, 시장을 경험한 것은 불과 3분에 지나지 않으며, 따라서 현대인의 뇌리에는 공동체와 단결이라는 '문화적 유전자'가 이미 깊이 새겨져 있다는 것이다.

모두가 다 알고 있다시피 우리는 현재 원시 공동체 사회에 살고 있지 않다. 그 규모를 알 수 없는 거대한 형태의 각종 거래가 인터넷과 사이버 세계를 통해 눈 깜짝할 사이에 이루어지는 세계에 살고 있다. 현재의 삶이 고단하다고 해서 낭만적 원시 공동체로 돌아갈 수도 없다.

모든 사람이 경쟁을 혐오할 때, "우리는 경쟁한다. 고로 존재한다."라고 외친 사람이 있으니, 『죽은 경제학자의 살아 있는 아이디어』의 저자로 알려진 '부크홀츠T. Buchholz'이다. 그는 경쟁의 장에서 떠나는 순간 인간은 의욕과 탄력을 잃고 시든 사과로 변하게 된다고 했다. 또한 『러쉬』라는 책에서 "이 책을 읽고 있는 여러분은 지금 분명 살아 있다. 그건 여러분의 조상들이 돌팔매질과 활쏘기로 날카로운 어금니를 가진 맹수와 용감히 맞서 싸운 덕분이다. 이제 나는 여러분도 에덴주의자(낭만적 좌파 지식인들)의 창에 맞서 싸우고 그들을 극복할 것을 권한다"라고 썼다.

"우리가 한 끼 식사를 할 수 있는 것은 정육점 주인, 양조장 주인, 빵집 주인의 자비심 덕이 아니라, 자기 이익에 대한 그들의 관심 덕이다."

애덤 스미스가 국부론에서 한 말이다. 국부론이 출간된 해가 1776년 이니 그 이후로 벌써 250여 년이 흘렀다. 빵집 주인은 자신이 필요한 모든 것을 혼자서 다 만드는 것보다는 자신이 잘 만드는 빵을 제조해 다른 사람과 교환하는 것이 더 좋다는 것을 알게 되었다. 그리고 빵을 더 많이 팔기 위해서는 다른 사람이 만든 빵보다 더 맛있고 값싸게 해야 한다는 것도 알았다. 경쟁이 발생한 것이다. 이 경쟁은 결국 누가 더 값싸고 맛있는 빵을 만들 수 있는가에 따라 승패가 갈린다. 따라서 경쟁이 치열해질수록 빵의 맛은 더 좋아지고 가격은 더 내려가게 된다. 그리고 그 혜택은 빵을 사 먹는 모든 사람들에게 돌아간다. 독점이나 과점이 이루어지는 대신 경쟁이 존재해야 하는 이유이다. 경쟁이 발생하는 근본 밑바탕에는 사유 재산 제도의 허용과 관련이 있다. 서유럽에서 자유주의 철학이 발생할 때 가장 긴요했던 것이 재산권과 관련된 요구 사항이었다. 재산권은 한 개인이 국가로부터 자립하는 물질적 기초였다. 이를 두고 미국의 독립 선언서에서는 '행복을 추구할 수 있는 권리'로 표현했다. 그러나 마르크스를 비롯한 공산주의자들은 모든 악의 근원을 사유 재산 제도로 보고 사유 재산을 인정하지 않았다. 농지도 개인 소유를 인정하지 않고 국가에서 소유하는 집단 농장 제도로 발전시켰다. 그러나 이러한 농업의 집단화는 공산혁명이 실패하는 첫걸음이었다. 열심히 일해도 자신이 가질 수 있는 사유 재산이 없고, 대충 일해도 국가에서 똑같이 나누어 주는데 누가 열심히 일을 하겠는가? 결국 스탈린의 콜호스도, 마오쩌둥의 인민공사도, 김일성의 협동농장도 수많은 희생을 치르고 나서야 실패를 인정했다.

반면 인간이 오늘날까지 이렇게 생존하며 번영할 수 있는 것은 상호 협력이 가능했기 때문이기도 하다. 날카로운 이빨도, 커다란 발톱도, 거친 기후를 이겨낼 털가죽도 없는 인간이 만물의 영장이 될 수 있었던 것은 상호 협력의 결과였음은 부인할 수 없는 사실이다. 또한 오늘날에도 우리는 이런 상호 협력의 결과를 쉽게 접할 수 있다. 방금 우리가 휴대폰 화면에서 읽은 최신 뉴스 또한 이런 협력의 결과이다. 뉴스 현장을 취재한 기자, 취재한 기사를 입력하기 위해 사용한 컴퓨터 제조사, 컴퓨터가 잘 운용할 수 있도록 소프트웨어를 만든 회사, 기사가 잘 전달되도록 네트워크를 만들고 유지한 사람들, 먼 거리에 있는 기사가 우리의 휴대폰에 전달되는 것을 중계한 통신사 등 복잡한 과정을 거쳐 뉴스가 우리에게 전달되지만, 이 모든 과정들을 속속들이 알고 있는 사람도, 그럴 능력이 있는 사람도 없다. 그러나 각자가 가진 자신의 능력을 연결하여 상호 협력함으로써 우리는 놀라운 성취의 결과를 매일매일 이용하고 있다.

한 사람의 능력을 10이라고 가정했을 때, 일반 물리학의 법칙에 따르면 열 사람이 모이면 100이라는 능력이 되어야 한다. 그러나 막상 열 사람이 모이면 100 이상의 능력이 발휘된다. 우리는 이러한 놀라운 성과를 "전체는 부분의 합이 아니다" 또는 "전체는 부분의 합보다 크다" 라는 말로 이해하게 된다. 우리의 몸은 38조 개의 세포로 이루어졌다고 한다. 그러면 우리 몸을 38조 개의 세포로 나누었다가 다시 합쳤을 때, 인간이 될 수 있을까? 그렇지 않다. 그것은 단순한 세포 38조 개의 합일 뿐 인간이 될 수 없다. 마찬가지로 하나의 세포를 고배율 현미경으로 관찰하면 세포는 핵이나 단백질을 만드는 구조물, 세포를 지지해 주는 뼈대와 같은 단백질들이 기름막으로 둘러싸인 것임을 알 수 있다. 그러면 이 세포의 기름막을 살짝 찢어 내어 그 안에 있는 물질들을 나열한다면 그것이 세포일까? 그렇지 않다. 기름막과 그 안에 있는 물질들을 똑같이 늘어놓아도 세포가 될 수 없고, 세포를 똑같이 배열하더라도 인간이 될 수는 없다. 전체는 부분의 합이 이룰 수 없는 그 이상의 것을 만들고 해결할 수 있는 특징이 있는 것이다. 우리는 이렇게 부분의 합보다 전체가 크게 되는 성질을 '창발적 성질'이라고 한다. 물 35L, 탄소 20kg, 암모니아 4L, 석회 1.5kg, 그리고 인과 소금으로 이루어진 우리의 몸이 단순한 유기물 덩어리가 아니라 생각하고, 갈등하고, 화를 내고, 사랑하거나 미워하는 인간이 될 수 있는 것은 창발적 성질이 작용하였기 때문인 것이다. 이와 같은 현상은 우리 몸에서만 이루어지는 것이 아니다. 인간과 사회, 인간과 국가 사이에서도 발생한다. 10이라는 능력을 가진 사람이 둘 모이면 이 둘 사이에는 다양한 작용과 반작용이 생긴다. 이 둘은 대화를 할 수도, 협업을 할 수도, 반목하고 싸울 수도, 서로 배신할 수도, 또는 싸우다 서로 사랑에 빠질 수도 있다.

경쟁과 협력은 서로 공존한다. 경쟁이 일방적으로 좋고 우수하다거나 또는 협력이 일방적으로 나쁘고 열등하다고 말할 수 없다. 경쟁과 협력은 우리 인간이 지금까지 생존하고 번영하도록 만든 두 개의 기둥이다. 경우에 따라서 어떤 경우에는 경쟁이 사회 발전에 기여했고, 어떤 경우에는 협력이 더 기여했다. 군軍 조직에서도 마찬가지다. 군에서 일반적으로 추구하는 가치는 협력과 공존이며 우선시되어야 하는 것도 개인보다는 공동체이다. 그러나 앞에서도 살펴보았듯이 우리 군 조직에서도 어느 한 가치, 어느 한 조직체만을 우선시해야 하는 시대는 지났다. 상황과 경우에 따라서 경쟁이 우선시될 때가 있고, 협력이 우선시될 때가 있다. 마찬가지로 개인이 우선시되어야 할 때도 있고, 공동체가 우선시되어야 할 때도 있다. 군이라는 조직체에서 달성해야 할 목표는 거의 모두가 군軍이라는 공동체가 달성해야 할 목표이다. 그러나 군이라는 공동체가 목표를 달성하기 위해서는 군을 구성하는 각 개인의 협력과 노력, 성과가 없이는 불가능하다. 이를 위해서는 각 개인의 성장을 도모할 수 있는 또 다른 목표가 제시되어야 하며, 개인의 잠재적 능력과 노력을 최대한 끌어내기 위해서는 개인 간의 경쟁이 가장 효율적이다. 진급 제도 또한 마찬가지이다. 진급은 경쟁이다. 반면, 경쟁만 존재한다면 조직이 경직되고 인간미가 사라지며 협력을 통해서 얻을 수 있는 가치가 훼손된다. 경쟁과 협력은 결코 어느 한쪽만으로는 그 가치가 발휘될 수 없다. 다만, 지금까지의 군 조직에서는 경쟁보다는 협력을 더 중요한 가치로 생각해 왔다. 이제는 변해야 할 시대가 왔다. 경쟁과 협력의 가치는 동등하지 않을까?

양量적으로 많은 것은
질質적으로 다른가?

나는 앞서 "전체는 부분의 합보다 크다"라는 것을 경쟁과 협력의 차원에서, 조금 더 정확히 말하면 분업의 효용성 위주로 설명하였다. 그러나 이 이론의 진정한 효용성은 '창발創發emergent'에 있다.

2008년에 발생한 금융 위기는 세계 경제 전반을 휩쓸었다. 당시 상황을 살펴보면 주택 소유주부터 담보 대출 중개인, 은행, 신용평가기관에 이르기까지 경제의 행위 주체 각각은 모두 이성적인 결정을 했지만, 행위자들 간의 연관성이 시스템을 무너뜨릴 수밖에 없는 피드백 고리를 만들었다. 애덤 스미스의 『국부론』에서는 각 개인의 이기적인 경제 행위에 보이지 않는 손이 작용해 의도치 않게 사회적으로 바람직한 결과를 낳는다고 보았지만, 2008년의 금융 위기는 각 개인은 이성적인 행위를 하였지만 보이지 않는 손이 작용하여 의도치 않게 사회적으로 바람직하지 않은 금융 위기를 초래하였다. 이것은 우리가 그동안 철석같이 믿고 있던 현대 과학의 전제 조건, 즉 환원주의적 효능이 더 이상 작용하지 않는다는 것을 의미한다.

환원주의는 세상을 이해하기 위해서는 세상을 이루는 각각의 요소만을 이해하면 된다는 생각이다. 이러한 논리는 사회 시스템으로 확장된다. 신경세포를 이해할 수 있으면 뇌를 이해할 수 있고, 그러면 개인의 의사 결정을 알게 된다. 이렇게 그룹의 의사 결정을 이해하면서 회사와 정부에 대한 심오한 지식을 갖게 되고, 궁극적으로 경제, 사회 전체에 대한 완전한 이해를 얻을 수 있게 된다는 것이 환원주의자들의 주장이다. 그러나 유감스럽게도 '양적으로 많은 것은 질적으로 다른 것'이라는 주장에 따르면 그렇지 않다. 다시 말해 세상을 이루는 가장 단순한 요소를 연구해서 그것의 정체를 완벽하게 알게 되었더라도, 단지 세상이 그러한 요소들로 이루어져 있다는 이유로 우리가 세상을 이해했다고 말할 수는 없다는 것이다. 각 시스템 사이에는 연관성이 작용하고 그 과정에서 창발현상創發現想이 일어나기 때문이다.

금융 붕괴, 기후 변화, 테러, 전염병의 확산, 사회 혁명 등 오늘날 전 세계적으로 발생하는 복잡한 문제는 어느 한 분야의 학문만으로는 이해할 수 없다. 설사 어느 한 분야에 딱 들어맞는다고 하더라도 환원주의적 접근법으로는 전체를 이해할 수 없다. '복잡계'[17]라는 이론이 등장하는 배경이기도 하다.

기본 구성원 간의 법칙이 더 큰 집단의 사려 깊은 결정으로 귀결되는 시스템의 상당수는 진화의 결과로 만들어지지만, 인간이 그런 시스템을 만들기도 하였다. 대표적인 사례가 경매 시장이다. 경매는 모든 참가자

---

17 복잡계는 질서정연한 계와 혼돈계의 경계에 있는 임계 상태에 있는 계를 말한다. 복잡계의 특성은 사물을 구성하는 단위가 많아질 뿐만 아니라, 그 구성단위 간의 상호 작용이 존재하기 때문에 사물을 아무리 분석해 봐도 파악할 수 없고 전체적으로 바라보아야 한다는 것이다.

들이 지켜야 하는 일련의 단순한 규칙으로 이루어져 있다. 경매 시장의 목표는 참가자들이 각자의 개별 이익에 따라 행동한 결과가 집단의 전체 이윤을 최대화하는 쪽으로 이어지는 규칙을 찾아내는 것이다. 기록된 것 중에서 가장 초기의 경매는 BC 500년경 바빌론에서 있었다고 한다. 결혼을 위해 여자들이 경매에 붙여졌고, 가장 선호하는 아내감을 낙찰해 생긴 수익을 인기 없는 아내감의 거래를 보호하기 위해 사용했다고 한다. 인간의 독창성과 욕심, 그리고 여러 가지 시도의 결과물로 만들어진 경매의 규칙은 꿀벌 군집에서 나타나는 행동 유전자와 같다고 한다. 어쨌든 경매를 통해 개인도, 집단도 모두 이익을 얻은 것이다.

미·중 사이의 무역 분쟁과 패권 경쟁으로 세계가 혼란스럽다. 이 와중에 발발한 우크라이나-러시아 전쟁은 중국이 중재자 역할을 자처하면서 중국의 영향력이 증대되는 쪽으로 무게 중심이 기울어지고 있다. 나는 중국의 급격한 부상에도 '양적으로 많은 것은 질적으로 다른 것'이라는 법칙이 적용되고 있다고 본다. 모두가 알고 있듯이 자율주행차의 선두 주자는 미국의 테슬라이다. 테슬라의 공장은 최초 미국 내에만 있었으나 2019년 미국 외의 나라로는 최초로 중국의 상하이에 건설됐다. 당시 사람들이 중국 공장에 기대했던 요인 중에는 중국이라는 커다란 시장이 차지하는 요인도 있었지만, 또 다른 하나는 중국 시장에서의 데이터 수집 능력이었다. 자율 주행을 하려면 가장 필요한 것이 AI 능력이고, 이를 향상시키는 데 가장 필요한 것이 데이터이다. 딥 러닝 AI 모델은 학습 과정에 쓰이는 데이터에 따라 그 성능이 결정되기 때문에 방대한 양의 주행 데이터가 필요하다. 그리고 테슬라가 이 데이터를 수집하는 데 가장 유리한 곳이 중국이다. 중국은 13억 인구에 정치 체제가 사회주의 체제이므로 상대적으로 개인 정보 보호에 민감하지 않다. 데이터 수집의 최적지인 것이다. 중국의 방대한 국토와 인구는 단순히 양적 크기만을 담보하는 게 아니다. 유럽의 선진국들이 100년, 200년에 걸쳐 이룩한 것들을 중국은 규모의 크기에서 유래하는 질적 도약을 바탕으로 10년, 20년 만에 달성하였고, 이제는 유럽의 나라들은 몇몇 분야를 제외하고는 중국의 상대가 되지 않는다. 그리고 이렇듯 데이터를 기반으로 하는 AI, 자율 주행 등은 물론 유전자 조작 및 배양 기술 등에서도 윤리적 문제에서 비교적 자유로운 중국이 더욱 앞서고 있다.

나는 2020년 데이터 기반의 군 모바일 신분증 '밀리패스' 앱 개발을 과기부, 한결원(한국간편결재원) 등과 함께 주도했다. 개발한 지 만 2년이 조금 넘었는데, 현재 가입자 수가 50만 명을 넘었다. 육군 내 모든 장병들은 휴가 또는 출장 시 밀리패스 앱을 통해 열차 승차권은 물론, 고속버스와 시내버스 승차권까지 모바일로 예약하여 사용할 수 있다. 내가 밀리패스 앱을 개발할 수 있었던 것은 당시 정부 차원에서 강하게 추진하고 있던 '마이 데이터My Data' 활성화 계획에 힘입은 바가 크다. 그리고 이 계획은 중국의 강력한 데이터 활용에 대한 유럽의 두려움에서 시작되었다. 즉, 중국이 13억이라는 거대한 인구를 바탕으로 거의 무한대의 데이터를 수집하는 데 반해, 유럽연합은 당시 구성국이 27개국이었는데 27개국 나라마다 개인 정보에 대한 정의가 다 달라서 데이터를 활용하기는 커녕, 수집조차 할 수가 없는 상태였다. 이러한 위기의식을 기반으로 탄생한 것이 유럽연합의 GDPR(General Data Protection Regulation 일반 데이터 보호 규칙)이었고, 이에 자극을 받은 대한민국 정부에서 추진한 것이 데이터 3법(개인정보보호법, 정보통신망법, 신용정보법)이었다. 데이터 3법이 국회 본회의를 통과한 것이 2020년 1월 9일이었다. 따라서 데이터 3법이 통과되지 않았다면 밀리패스 앱의 개발은 불가능했을 것이다. 개발 이후 육군만 활용하다가 올해 초부터는 해군과 해병대도 활용하고 있으며, 올 후반기부터는 공군도 활용할 예정이다. 개발 당시부터 앱의 명칭을 '아미패스Army Pass'로 하지 않고, '밀리패스Mili Pass'로 한 의도가 구현될 날도 머지않았다. 대한민국의 모든 장병들과 예비역, 군인 가족들이 원스톱으로 체감형 복지를 누리는 그날이 오기를 기원한다.

2010년 12월 17일, 튀니지의 노점상인 모하메드 부아지지Mohamed Ben Bouazizi는 수년간 지방 관리로부터 당해 온 수모에 항의하기 위해 분신 자살을 했다. 한 지방 관리가 물건의 무게를 재는 부아지지의 저울을 몰수하면서 그를 공개적으로 모욕해 일어난 사건이었다. 부아지지는 관리에게 항의하려고 했지만 관리는 만나 주지 않았다. 이런 상황이 그의 목숨을 앗아가게 한 것이다. 이렇게 시작된 아랍의 봄은 알제리, 레바논, 요르단, 모리타니, 수단, 오만, 사우디아라비아, 이집트, 예멘, 이라크, 레바논, 리비아, 쿠웨이트, 모로코, 서사하라, 이스라엘의 경계 도시까지 퍼져 나가는 사회 동요의 파도를 일으키기 시작했다.

우리는 복잡계가 아름다운 외형을 자랑하고 스스로 진화시켜 왔기에 굳건한 구조를 갖고 있기에 어지간한 충격으로는 무너지지 않을 것으로 알고 있지만, 2008년의 금융 위기와 아랍의 봄 사태를 보면서 한순간에 무너질 수도 있음을 보게 된다. 세포 수십억 개의 총체인 우리의 몸을 생각해 보자. 각 세포는 상호 작용하여 '홍길동'이라는 정체성을 가지고 활력에 찬 몸을 만든다. 하지만 만약 심장이나 뇌에 잘못된 충격이 가해지면 모든 상호 작용과 미래를 포함해 당신의 모든 것은 단 몇 분 만에 멈출 수 있다. 물리적 시스템에서 임계점으로 다가가는 추동력은 중력처럼 외부적 요인에 의한 것인 반면, 사회 시스템은 대개 내부적 요인에 근원을 둔다. 금융 시스템을 예로 들어 보자. 은행이 사용할 수 있는 평균 액수와 대출 한도 등은 통상적으로 자기 자본 비율 등에 의해 정부의 통제하에 있다. 그러나 정치가들은 종종 무언가의 동기에 직면하여 임계 상황의 핵심적 요인을 변화시킬 수 있는 정책을 만들고는 한다. 그 동기란 자신의 정치적 소신일 수도 있고, 포퓰리즘적 인기 영합을 위한 결정일 수도 있다. 경위야 어쨌든 사회 내부 시스템이 임계 상태가 되면, 사소한 외부 사건 또는 정책 변화에도 시스템 전체가 반응할 수 있다.

복잡계에서는 이런 현상을 '자기조직화 임계성'[18]이라고 한다. 이 현상은 시스템의 작은 부분들이 국소적으로 서로 상호 작용한 결과가 매우 단순한 규칙으로 전파되어 변화를 이끄는 것이다. 대부분의 사태는 작은 규모에서 그치지만, 드문 경우에는 전체 시스템을 아우르기도 한다. 전체에 영향을 미치는 큰 사건이 일어나면 우리는 전체적인 큰 원인을 찾고 싶어 한다. 하지만 '자기조직화 임계성'이 주는 교훈은 하찮은 사건마저도 막대한 영향력을 가질 수 있는 힘이 시스템 기저에 깔려 있다

---

18 무작위로 모래를 떨어뜨리면 결국 자기조직화된 임계 시스템이 생긴다. 시스템이 일단 임계 상태에 도달하면 모래알 한 개만 추가해도 사태가 일어난다. 외부에서 모래 더미의 각도가 임계 각도가 되도록 의도적으로 조절하지 않았는데도 모래 더미가 자라면서 스스로 임계 각도를 만들었기 때문에 자기조직화 임계 현상이라고 한다.

는 것이다. 아주 살짝만 건드려도 어느 시점에서는 돌이 모래, 모래가 흙으로 바뀔 수 있다. 이것은 기존의 물리적 메커니즘으로는 계산할 수 없다. 따라서 복잡계에서는 이러한 복잡성을 이해하려고 노력하지 않고 그냥 창발적創發的emergent 현상이라고 부른다. 창발이 우리를 위해 작동할 때, 그것은 애덤 스미스의 보이지 않는 손처럼 경이롭게 보일 수도 있으나, 불행히도 겉으로 보기에는 위험해 보이지 않는 사건이 재앙으로 이어지는 어두운 면도 있다는 것이 중요하다. 이것은 우리가 어떤 시스템을 완전히 통제할 수는 없지만 금융 시장에서 사용되는 서킷브레이커[19]처럼 시스템의 부정적인 면을 완화하는 쪽으로 사용할 수 있음을 암시하기도 한다.

미국의 전설적인 외교 정책 전략가인 앤드류 마셜Andrew Marshall은 미 국방부 최초의 총괄평가국ONA, Officer of Net Assessment을 이끈 인물이다. 그는 총괄 평가라는 분석 방법론을 개발하여 미국의 무기 체계, 전력, 정책을 다른 나라의 것과 정밀 비교하였는데, 특히 소련과의 냉전 시절에 소련으로 하여금 미국을 절대 따라잡을 수 없음에도 불구하고 미국을 따라가지 않을 수 없는 상황, 즉 미국이 소련의 경쟁을 유도함으로써 스스로 붕괴하게 하는 소위 '경쟁 전략'을 채택하도록 하여 소련의 몰락을 이끄는 데 큰 영향력을 발휘하였다. 그런데 마셜이 이런 전략을 구상할 수 있었던 것은 그가 다른 사람들이 생각하지 않는 독특한 생각을

---

19 주가의 급격한 변동으로 주식 시장이 단숨에 붕괴되는 것을 막기 위해 세계 각국에서 도입한 제도로 1987년 10월 19일 블랙 먼데이 사태 때, 뉴욕 증시 다우 지수가 하루에 25% 폭락하자 뉴욕증권거래소가 최초로 도입하였다. 이름 그대로 전기회로 차단기와 같은 역할을 한다.

했을 뿐만 아니라 이를 꾸준히 실천했기 때문이다.

마셜이 미국의 RAND 연구소에 다니고 있을 때만 해도 미 국방부에 근무하는 많은 사람들은 어떤 사안에 대해서 알기 위해서는 개별적 사실의 정확한 분석을 통해서만 가능하다는 환원주의적 시각이 지배적이었고, 이를 과학적으로 뒷받침해 준 방법론이 1961년 국방장관이었던 맥나마라가 도입한 체계분석System Analysis이었다. 그러나 마셜은 체계분석이 "전사한 사망자의 수, 발사한 탄두의 수, 침몰시킨 잠수함의 수 등 간략화된 맥락 속의 무기 체계 선정에만 초점을 맞추고 있어서 이를 위해 만들어진 가정은 편향된 결과를 낳을 수 있을 것"이라고 생각하여 체계분석을 신뢰하지 않고 전체론적 접근법을 중요시 했다. 예를 들어, 마셜은 소련의 아에로플로트 항공사의 여객기와 소련 상선단 소속의 상선들이 전시에 병력과 군 장비를 수송할 수 있도록 개조하는 데 들어간 추가 비용과 소련이 당시 위성국들에게 제공하는 경제 및 군사 원조 비용도 소련의 간접 군사비 지출 목록에 포함하였다. 당연히 당시 CIA의 분석 보고서에는 이런 비용은 포함되지 않았다. 따라서 CIA와 마셜이 이끄는 ONA의 소련에 대한 전반적인 평가의 결과는 서로 달랐다. 당시 CIA에서는 소련의 GNP가 미국의 55~60%라고 믿고 있었으나 마셜은 20~25%라고 주장했으며, 실제는 25%를 넘어선 적이 없었다. 또한 CIA에서는 소련의 군사비 지출이 GNP의 6~7%라고 주장했으나 실제로는 10~20%였다. 즉, 소련의 경제 규모는 CIA 추산치의 절반밖에 되지 않았고, 군사비 지출은 CIA가 추산한 비용보다 훨씬 컸다. 결국 소련은 자국 경제 규모의 최대 30~40%를 군사비로 썼다는 것인데, 이는 마셜이 예측한 값과 거의 비슷했다. 1980년대 후반 마셜은 "소련 경제는 미국 파산법 제11장에서 규정하는 파산 상태 코앞까지 왔다"고 말했다. 미국 국방부는 마셜의 장기 경쟁 전략을 택했고, 소련에 엄청난 군사비 지출을 강요했다. 그 이후의 결과는 우리 모두가 알고 있는 바와 같다(소련은 공식적으로 1991년 붕괴했다).

미 국방부에 총괄평가국ONA이 존재한다는 것은 우리에게도 큰 시사점을 던져 주고 있다. 대한민국 국군도 창군 이래 많은 발전을 이루면서 국방 개혁을 추진해 왔으며, 현재는 '국방개혁 4.0'을 의욕적으로 추진하고 있다. 그동안 국방 개혁은 정권이 바뀔 때마다 중심의 큰 흐름에 적잖은 변화가 있었다. 여당과 야당, 보수와 진보를 떠나서 큰 틀에서 전체를 볼 수 있고 상황을 객관적으로 평가할 수 있는 미국의 ONA, 그리고 그 수장직을 거의 40여 년 동안 수행하면서 자신의 전문성을 인정받았던 마셜과 같은 인물이 우리에게도 필요하다. 그는 8명의 대통령과 13명의 국방장관에게 안보 전략을 조언한 펜타곤의 진정한 현인이었다. 구소련에서는 그를 가리켜 '펜타곤의 추기경', 중국에서는 '은둔의 제갈량' 일본에서는 '전설의 전략가'로 불렀다.

분업은 항상 옳은가?

애덤 스미스는 『국부론』에서 분업의 효율성을 강조했다. 예를 들어 핀을 만드는 공장이 하나 있다. 이곳에서 한 사람이 제품을 완성 생산하는 모든 공정을 처리할 때는 하루에 핀 20개를 만들었고, 따라서 열 사람이 작업하면 하루에 200개를 만들었다. 그러나 이것을 18단계 공정으로 나누어 열 사람이 분업하면 하루에 48,000개를 생산할 수 있다고 하였다. 즉, 분업을 통해 생산성을 240배 향상시킬 수 있다고 주장한 것이다. 그는 이렇게 생산성이 향상되는 원인을 3가지로 봤는데, 첫째는 노동자들이 동일한 작업을 반복 수행하기에 숙련도가 향상되며, 둘째는 한 작업에서 다른 작업으로 전환할 때 낭비되는 시간이 절약되며, 셋째는 매일 같은 작업을 하면서 능률을 향상시킬 공구나 기계류를 고안할 가능성이 높다는 것이다. 이렇듯 아주 간단한 핀을 만드는 일에도 분업의 효과로 생산성이 240배 향상된다면, 증기 기관을 비롯한 다수의 기계가 등장하여 분업을 했을 때의 생산성 향상은 말로 표현하지 않아도 상상이 갈 것이다. 이러한 결과는 전통적으로 우수한 토지를 바탕으로 농업이 발달한 프랑스나 신대륙의 발견으로 엄청난 금과 은을 얻은 스페인을 넘어 영국이 유럽의 패권을 쥐게 된 이유를 설명해 준다. 다시 말해 애덤 스미스는 영국이 유럽의 패권을 쥘 수 있게 된 이유로 산업 혁명을 바탕으로 증가한 영국의 산업 생산력을 지목하고, 그렇게 생산력이 증대된 첫 번째 요인으로 분업을 꼽는 것이다.

그러나 위에서 언급한 모든 것은 먼저 한 가지 전제 조건이 충족되어야 가능한데, 그것은 바로 상품의 교환이 가능해야 한다는 점이다. 아무리 좋은 핀을 많이 만들더라도 내가 필요한 물품과 교환할 수 없다면 사용하지 않고 남는 핀은 아무 소용이 없게 되어서다. 이것은 애덤 스미스가 살던 시기에도 이미 상품 교환을 전제하는 사회적 조건이 성숙해 있었음을 증명한다. 따라서 이런 사회적 조건에서 분업은 상품의 생산력을 비약적으로 발전시켰고, 이것은 산업 혁명으로 이어지면서 인류의 삶에 근본적 변화를 불러일으켰다. 긍정적인 측면에서는 산업 생산성의 증가로 인류 전체의 부가 증가했으며 각종 문명의 이기들이 등장하면서 사람들의 생활 수준이 높아졌다고 할 수 있겠다. 그러나 분업은 한편으로 산업화된 국가가 제국주의 국가로 발전할 수밖에 없도록 만들기도 했다. 생각해 보라! 분업으로 하루에 핀을 48,000개 만든다면 한 달에 1,440,000개를 만들 수 있게 된다. 그렇게 많이 생산한 핀을 판매하려면 얼마나 큰 시장이 필요하겠는가? 또한 그 많은 핀을 생산하려면 원료인 철이 얼마나 많이 필요하겠는가? 결국 일찍 산업화에 성공한 나라들은 시장과 원료 공급지를 강제적으로 확장할 수밖에 없게 되는 것이다. 이것이 우리가 잘 알고 있는 제국주의 국가이다.

대표적인 제국주의 국가로는 영국, 프랑스, 독일, 러시아, 미국, 일본 등을 들 수 있다. 제국주의 국가의 침략 대상이 된 지역은 아프리카, 아시아, 태평양 지역이었다. 특히 아프리카에서는 영국이 종단 정책을 실시하여 남쪽의 케이프타운과 북쪽의 이집트 카이로를 연결하려 노력했고, 프랑스는 횡단 정책을 실시하여 알제리와 마다가스카르를 연결하려 했다. 결국 20세기 초에는 라이베리아와 에티오피아를 제외한 아프리카 전 지역이 유럽 열강의 식민지가 되었다. 아시아 지역에서는 영국이 인도와 그 주변 일대를 지배했고, 프랑스는 인도차이나 반도를, 네덜란드는 인도네시아를, 미국은 필리핀을 지배했다. 또한 태평양의 대다수 섬들은 미국, 영국, 프랑스, 독일 등에 분할 점령되었다.

지금 세계 지도를 펼쳐서 아프리카 대륙을 한번 보기 바란다. 여러분은 아프리카 여러 나라들의 국경선이 이상하다는 것을 금방 눈치챌 것이다. 이집트, 리비아, 수단과의 국경선, 알제리와 니제르, 모리타니, 말리와의 국경선, 콩고, 앙골라, 잠비아, 나미비아, 보츠와나와의 국경선이 일직선으로 되어 있음을 보게 될 것이다. 수많은 정글과 밀림, 그리고 사막과 협곡이 즐비한 아프리카 대륙에 어떻게 국경선이 반듯한 일직선으로 그려질 수 있겠는가? 정답은 위에서 언급한 제국주의 국가의 누군가가 자와 펜으로 그어 넣었다는 것이다. 힘 있는 국가의 누군가가 그은 선으로 하루아침에 같은 민족이 다른 나라의 국민이 되었고, 서로 다른 부족이 한 공동체가 되기도 했다. 그리고 이것은 오늘날에도 민족 갈등, 종족 갈등, 내전 등의 원인이 되고 있다. 물론 애덤 스미스가 분업을 강조하면서 『국부론』을 발표한 1776년에는 전혀 그럴 의도가 없었겠지만, 한번 열린 판도라의 상자는 향상된 생산성을 주체할 수 없게 되었고, 잉여 생산력을 바탕으로 한 인간의 탐욕은 산업화가 늦은 아시아, 아프리카, 태평양 지역으로 밀고 들어가서 이익을 챙겼다. 이런 세계사의 흐름 속에서 결국 우리나라도 일본에서 밀려오는 점령의 쓰나미를 피하지 못했다.

경제학 이론 중에 리카르도의 '비교 우위론'[20]이라는 것이 있다. 어떤 나라가 A와 B상품 모두 절대 우위에 있고 상대국은 절대 열위에 있더라도 각자 생산비가 상대적으로 더 적게 드는(기회비용이 더 적은) 상품에 특화하여 생산한 다음 상호 교역을 하면 두 나라 모두 이익을 얻을 수 있다는 이론이다. 이 이론은 그동안 인간의 노동 말고는 그 어느 것에서도 가치가 창출되지 않는다는 '노동가치설' 외에 무역을 통해서도 가치가 창출될 수 있음을 증명했고, 이것으로 무역은 폭발적으로 증가하게 되었다. 당시 상황으로 설명하면, 영국은 가장 비교 우위에 있는 상품이 무엇인가를 찾게 되었고, 그것은 양털이었으며, 이를 집중 수출하면서 모직물 산업이 발전하여, 그 과정에서 방직기의 발명, 증기 기관의 발명이 이어져 산업 혁명의 종주국으로 발전하게 되었다.

그리고 이 개념은 오늘날에도 자유 무역을 대변하는 이론으로 커다란 위상을 차지한다. 그러나 우리나라의 대표적 진보 경제학자인 장하준 교수는 이 이론에 근거한 자유 무역에 부정적이다. 그 이유는 모든 선

---

20 BTS의 멤버 지민이 라면을 끓여 팔면 10,000원에 팔 수 있고, 분식집 주인이 라면을 팔면 5,000원에 팔 수 있다. 반면 지민은 공연을 하면 1억을 받을 수 있고, 분식집 주인은 공연을 해 봐야 1,000원밖에 벌 수 없다. 이 경우 지민은 공연과 라면 끓이기 모두에서 절대 우위에 있으며, 분식집 주인은 절대 열위에 있다. 한편 지민이 공연도 하고 라면도 팔면 1억 1만원을 벌 수 있고, 분식집 주인은 둘 다 하면 6000원을 벌 수 있다. 그러나 지민이 공연만 하면 2억 원을 벌 수 있고, 분식집 주인도 라면만 팔면 10,000원을 벌 수 있다(교환비는 계산하지 않음). 이때 지민은 라면을 끓여 파는 시간에 공연을 통해 벌 수 있는 이익이 훨씬 크기에 라면 팔기보다 공연이 비교 우위에 있다고 말한다.

진국도 일정한 경제 수준에 오르기 전까지는 보호 무역을 통해 자국의 경쟁력을 높인 다음에야 자유 무역을 했으며, 따라서 모든 나라에 자유 무역이 이롭지는 않다는 것이다. 또한 비교 우위에 의해 한 나라가 자국에게 유리한 상품에만 집중할 경우 산업 체계가 고착화되어 장기적으로는 부익부 빈익빈의 원인이 될 수 있다고 주장한다. 예를 들어 A나라는 바나나가 비교 우위에 있고 B나라는 컴퓨터 생산이 비교 우위에 있을 경우, 교역을 통해 당장은 두 나라가 이익을 얻을 수 있을지라도 장기적으로 이런 무역이 고착되어 A나라는 바나나만 생산하면서 공업 생산성이 저하되고, B나라는 컴퓨터 관련 산업이 더욱 발전해 경쟁력이 더 높아져 두 나라의 경제 수준 격차가 악화된다. 나는 리카르도의 주장에도, 장하준 교수의 주장에도 공감한다.

군대 조직은 라인과 스태프 구조로 되어 있다. 라인이란 지휘 관계 또는 지휘 계선이라 하며, 사단장-연대장-대대장-중대장-소대장 등의 관계를 의미한다. 스태프는 참모를 뜻한다. 군부대에는 인사참모, 정보참모, 작전참모, 군수참모 등이 있다. 세상이 발전하고 복잡해지면서 지휘관 혼자 모든 업무를 할 수 없으므로 지휘관을 도울 참모의 기능도 확대되고 있다. 어쩌면 머지않아 사이버 참모, 우주 참모, 드론 참모 등이 등장할 수도 있다. 그러나 어찌 되었든, 모든 참모는 지휘관 한 사람이 건전한 결심을 하도록 모든 노력과 자원을 지원한다. 따라서 지휘관은 각 분야에서 벌어지는 세부적이고 구체적인 내용은 모르더라도 그 기능에서의 중요한 사항은 거의 파악하고 있다. 즉, 종합적인 판단을 할 수 있다.

그럼에도 종합적인 판단이 제한되는 분야들이 있는데, 대표적인 것이 전산 관련, 특히 컴퓨터 프로그래밍과 관련된 분야이다. 이 분야가 워낙 빠르게 발전하다 보니 여기에 종사하는 현역 장교나 군무원들도 그 내용을 깊이 있게 알 수 없는 경우가 많다. 더구나 현역 장교들은 1~2년 단위로 보직을 옮기기에 더더욱 관련 내용을 알기 어렵다. 그리고 이 분야는 대부분 민간 회사에 외주를 주는데, 3~4년이 경과한 후 군 담당자가 교체되고 나면 민간 회사 전산팀이 업무 내용을 더 잘 알고 군인 또는 군무원은 모르는 상황이 생긴다. 이렇게 되면 군인들이 민간 회사에 업무적으로 끌려가는, 즉 주객이 전도되는 상황이 종종 발생한다.

또한 미래에 활용해야 하는 무기 체계 또는 시스템 등에 대해서는 5년~10년 전에 소요 제기를 해야 하는데, 군에 있는 사람은 군 업무는 잘 아는데 과학 지식이 부족하고, 민간 사업자는 과학 지식은 많은데 군 업무에 대해서는 모르기에 미래의 군 조직에 꼭 필요한 소요를 제기하기가 어렵다. 특히 업무가 너무 분화되어 이를 포괄적으로 알기가 힘든 경우일수록 그렇다. 그리고 앞으로는 이러한 경향이 더욱 증대될 것이다. 이는 그만큼 전체를 파악하기가 어렵다는 이야기이고 지휘관으로 하여금 전투 현장에서의 전투 지휘를 어렵게 하는 요인이 될 수 있다. 물질적 생산성은 향상될지 모르겠지만, 생산 현장에 복무하는 근로자는 단조로운 부품으로 전락할 수 있고, 인간 소외 현상에 빠질 수도 있다. 부대원을 하나로 모아서 통합된 전투력을 발휘해야 하는 군 조직에 있어 이것은 또 다른 도전이다. 임무와 기능이 분화될수록 그들을 하나로 모을 '가치'와 상호 간의 '소통'이 중요해지는 이유이다. 분업의 발달과 이로 인한 기능의 분화는 군 조직의 통합을 이루는 데 커다란 도전 요소이다.

동질성同質性과 이질성異質性,
무엇이 우선일까?

　일본 히로시마 대학교의 교수이자 물리학자인 니시모리 히라쿠 박사의 '개미 연구'라는 재미난 연구 결과가 있다. 일개미 한 마리가 개미집 밖에서 먹이를 발견하면 페로몬을 방출하면서 개미집까지 돌아와 동료들에게 도움을 요청한다. 그러면 다른 개미들은 땅바닥에 묻은 페로몬을 따라 먹이가 있는 장소까지 가서 먹이를 운반해 온다. 따라서 개미들에게 먹이 활동의 효율을 극대화하는 열쇠는 페로몬을 얼마나 정확하게 추적하느냐로 예측할 수 있다. 그러나 니시모리 박사의 연구 결과에 따르면 그렇지 않다.

　니시모리 박사는 페로몬을 실수 없이 100% 따라가는 성실한 개미와 가끔 길을 잘못 드는 어리숙한 개미를 일정 비율로 섞어서 관찰했다. 결과는 놀라웠다. 길을 잘못 드는 어리숙한 개미가 없는 성실한 개미 집단보다는 길을 잘못 들기도 하고 다른 길로 돌아가기도 하는 어리숙한 개미가 존재하는 집단이 먹이를 가지고 집으로 돌아가는 비율이 더 높았다. 어떻게 된 것일까? 먹이를 발견하게 되면 먹이를 처음 찾은 개미가 방출한 페로몬이 뿌려진 길 말고는 다른 길이 없다. 그때는 그 페로몬을 정확하게 추적하는 것이 생산성을 높이는 최선의 방법이다. 하지만 '시간'과 '우연'이라는 요소가 개입하게 되면 페로몬을 제대로 따라가지 못한 어리숙한 개미가 '우연히' 더욱 효율적인 새로운 경로를 발견하는 순간이 온다. 그 순간이 되면 이야기는 달라진다. 즉 단기적으로는 비효율로 보이는 행위들이 장기적인 관점에서 보면 고효율이 되는 것이다. 앞에서 먹이를 발견한 개미가 방출하는 페로몬만을 성실하게 따라가는 개미는 절대로 새로운 길을 발견할 수 없다. 반면, 어리숙해서 길을 잃은 개미는 새로운 길을 발견할 수 있다. 즉 너무 동질적인 구성원으로만 이루어진 집단보다는 집단의 구성원 중에 이질적인 요소들이 섞여 있는 집단이 장기적으로는 효율성과 생산성도 높아진다는 연구 결과인 것이다.

인간을 구성원으로 하는 집단도 마찬가지이다. 집단에 참여하려는 목적이나 개인적 특성에 있어서 동질성은 구성원 간의 관계를 증진시키며 집단의 결속력을 높인다. 그러나 너무 동질적인 집단은 구성원들이 서로를 잘 이해하고 있다고 생각하므로 서로를 자극하거나 서로에 대하여 반론을 제기하지 않아 조직이 침체되고 현실 검증의 기회를 잃게 된다. 반면 서로 다른 인생 경험, 서로 다른 전문적 기술, 서로 다른 생각을 갖고 있는 집단은 구성원들에게 다양한 관점과 견해를 제공하여 조직과 개인의 문제를 해결하는 데 있어서 더 효율적인 결과를 도출하도록 한다.

태평양 전쟁 당시 일본군은 '가미카제' 정신으로 무장한 대단히 동질적인 집단이었다. 반면 미군은 흑인, 백인, 히스패닉 등 수많은 인종이 다양한 나라에서 이민 온 이민자의 나라였다. 일본의 진주만 기습으로 시작된 전쟁은 일본의 뜻대로 조기 종결되지 않고 장기전이 되면서 결국 미국의 승리로 종결되었으며, 미국이 전쟁에서 유리한 고지를 차지하는 데 결정적인 역할을 한 것이 미국의 암호 해독 능력이었다. 미군은 일본의 암호를 해독하여 당시 일본군의 공격 계획을 사전에 알고 있었으며, 특히 일본군의 연합함대 사령관이었던 야마모토 이소로쿠 대장의 전선 시찰 계획을 사전에 알고서 전투기를 출격시켜 격추시켰다. 그런데 일본군의 암호를 해독한 이들[21]은 군인 정신으로 무장하고 동질성이 강한 전문 군인들이 아니라, 언어학, 통계학, 물리학 등 서로 다른 분야를 전공하고 군에 복무하는 이질성이 아주 강한, 그리고 경례 자세도 엉성해 요즘 말로 표현하면 군기 빠진 군인들이었다. 그러나 2차 대전의 결과를 통해 역사가 우리에게 주는 교훈은 '진주만 기습'과 같은 단기전에는 동질성을 바탕으로 일사불란한 조직이 유리하지만, 장기전에 돌입하게 되면 다양한 배경을 바탕으로 하는 이질적 구성원이 포함된 조직이 더 유리하다는 것이다.

이러한 경향은 부부 관계에서도 많이 볼 수 있다. 나와 나의 아내는 같은 성향보다는 서로 다른 성향이 훨씬 많다. 좋아하는 음식도, 좋아하는 영화도, 대학에서 배운 전공도 완전히 다르고, 특히 신체적 지각 능력도 상이해 나는 추위를 많이 타서 가을부터는 문을 닫으려 하지만, 나의 아내는 더워 죽겠다고 한겨울에도 문을 열고 잔다. 그래서 결혼 초에는 서

---

21 조지프 로슈포트 중령 휘하의 해군 암호해독부대인 "스테이션 HYPO" 부대로, 이들은 IBM사에서 개발한 천공 카드 계산기를 사용해서 방대한 일본 암호 자료를 체계적으로 정리, 1942년 5월까지 일본군의 암호 대부분을 해독하였다.

로 적응하느라 많이 힘들었고 싸우기도 많이 싸웠다. 그러나 이제 부부 생활이 장기전에 돌입하게 되니 오히려 이렇게 서로 이질적인 성향들이 상대에게 새로운 자극을 주고 부족한 점을 보완하는 관계가 되어 서로 좋다. 나는 사관학교에서 국제 정치를 전공했고 인문학 분야, 특히 역사, 문학, 철학 등에 관심이 많다. 반면 아내는 물리학을 전공했으며 직접 행 동하는 것을 좋아하고 어지간한 기계 장치는 나보다 아내가 더 잘 안다.

나는 기계치라 기계를 잘 모르고, 조금만 고장이 나더라도 AS센터 직 원을 불러 해결한다. 그러나 아내는 네이버나 구글을 찾아보고 본인이 직접 해결한다. 드물지만 우리 부부가 둘 다 좋아하는 것이 여행인데, 이 경우에도 나는 여행할 나라, 개략적인 시기 등만 정하면 세부적인 여행 계획은 모두 아내가 작성한다. 나는 귀찮은 준비 과정을 거치지 않고 현 지에 가서 즐기기만 해서 좋고, 아내는 모든 준비를 통해 여행의 처음부 터 끝까지 주도권을 가질 수 있어서 좋아한다. 나는 아내가 작성하는 계 획에 거의 토를 달지 않는다. 아내가 작성한 계획 이상으로 내가 더 좋은 계획을 만들 자신이 없기 때문이다. 대신 여행한 나라의 역사, 문화, 정 치, 경제 등을 설명하는 것에 대해서는 아내가 나에게 토를 달지 않는다. 이렇게 서로가 서로에게 도움이 되고 있다. 부부간에 중요한 것은 같거 나 다른 성향이 아니라, 서로를 신뢰할 수 있는 믿음과 상대방을 아껴 주 는 사랑이다. 사랑과 믿음의 기초가 단단하면 단단할수록 이질적 성향 은 서로의 부족한 점을 보완하는 대단히 유용한 수단이 될 수 있다. 나는 아내가 작성한 여행 계획이 늘 기대된다. 그리고 늘 행복하다.

우리는 '전략적 유연성'이라고 하면, 미국의 군사 전략으로서의 '전략적 유용성', 즉 해외 주둔 미군의 재배치를 통해 군사력의 규모를 줄이는 대신에 신속화, 기동화, 정밀화를 통해 군사력의 효율성을 더욱 극대화하려는 것[22]으로만 생각하기 쉽다. 그러나 기업에서는 '혁신적인 성과를 낼 수 있도록 우연을 조작하는 방법'으로서 '전략적 유연성'이라는 용어를 사용하고 있다. 앞서 니시모리 박사의 개미 연구에서 보았듯이, 장기적인 관점에서 조직의 발전을 위하여 의도적으로 구성원의 일부를 길을 잃는 개미로 만들겠다는 것이다. 예를 들어 3M은 연구원들에게 노동 시간의 15%를 자유로운 연구에 쓰도록 하는 것으로 유명하다. 회사의 입장에서 볼 때 연구원들이 노동 시간의 100%를 회사에서 필요로 하는 일에만 몰두하는 것보다는 그중에서 15%는 회사 업무와 관계없는 일에 몰두할 수 있도록 하는 것이 장기적으로는 회사를 위해 더 좋은 혁신적 연구 성과를 낼 수 있다는 것이다.

그리고 이런 현상은 개인적 삶에도 적용된다. 3M사의 스펜서 실버가 개발한 '포스트잇'은 최초부터 이것을 발명하려고 한 것이 아니라 우연한 기회에 발명한 것이었고, 에디슨의 축음기 발명도 애초부터 소리를 기록하는 데 목적을 두고 연구했던 게 아니었듯이, 하루의 시간 중 15% 정도는 자신의 일과 무관한 것에 투입함으로써 자신도 생각하지 못한 우연한 결과를 발견할 수 있도록 의도적으로 시간을 활용하는 것이다.

---

22 미국의 "전략적 유연성" 계획으로 인해 우리에게 직접적으로 영향을 미치게 되는 것은 주한미군의 위상이다. 미국은 전 세계 주둔 미군이 특정 지역에 얽매이는 둔중한 붙박이 군대가 아니라 자신들이 필요로 하는 지역에 신속하게 투입할 수 있는 기동 타격 능력을 부여하고자 한다. 반면 한국은 주한미군이 한반도 문제에만 대응하기를 바란다. 특히 중국과의 관계에서 주한미군의 전략적 유연성이라는 계획하에 한국의 의사와 무관하게 중국과의 전쟁 또는 대결에 휘말리기를 꺼린다.

처음에는 그 시간들이 낭비되는 것처럼 느낄지 몰라도 중장기적으로 보면 더 좋은 '운과 우연'이 찾아올 수 있게 된다. 즉, 동질적인 자신의 삶에 이질성을 주입하는 것이다. 나는 개인적으로 자신의 삶에 이질성을 주입하는 가장 좋은 방법은 독서와 여행이라고 생각한다. 독서가 간접적 주입이라고 한다면, 여행은 몸으로 직접 체험하는 직접적 주입에 해당한다. 그런데 "고기 맛도 먹어 본 사람이 안다"고 했듯이 이질성의 주입이 효과가 있으려면 기본적인 배경지식과 지적 호기심이 있어야 한다는 것은 두말할 나위도 없다. 아무 생각도 없는 사람은 이질성을 주입받더라도 그것이 이질성인지조차 알아채지 못하기 때문이다.

모두가 다 알고 있듯이, 군 조직은 가장 동질적인 집단이다. 공동의 가치관 속에서 동일한 복장을 하고 동일한 생활을 한다. 그러나 이것이 모든 구성원이 생각思考까지 동질적이어야 한다는 것을 의미하지는 않는다. 지금 대한민국의 군에 복무하는 모든 구성원은 신분, 계급 고하를 막론하고 모두 자유로운 개인이고 시민이다. 군에서 필요한 가치관은 공유하되, 개인의 생각을 군에서 동질화시켜서는 안 된다. 군 조직도 마찬가지로 동질성과 이질성이 적당히 섞여 있어야 한다.

이와 관련해서 '가시 고슴도치의 원칙'과 '노아의 방주 원칙'이라는 것이 있다. '가시 고슴도치의 원칙'이란 몸통에 가시가 많은 가시 고슴도치는 눈보라가 치는 숲속에서 체온을 유지할 만큼 서로 밀착해야 하지만 너무 가까이 붙어서 서로 찔러 죽이지 않을 만큼만 밀착해야 한다는 것으로, 집단의 구성원들은 동질성을 지니고 있어야 하지만 너무 큰 동질성은 그 집단을 위태롭게 한다는 것이다. '노아의 방주 원칙'이란 노아가

방주에 태울 동물을 선택할 때 모든 종류의 동물을 최소한 두 마리씩 선택했다는 것에서 유래한 것으로, 사회 구성원을 모집할 때 특정 인종, 성, 민족 등에서 하나의 기준만을 선택해서는 안 된다는 원칙을 말한다. 군 조직 또한 이러한 원칙에서 예외일 수는 없다. 군 조직이야말로 전략적 우연성을 위해 조직에 이질적 요소를 강제적으로 주입시킬 필요가 있는 조직이다.

군인에게 자유는
어떤 의미인가?

"자유의 나무는 애국자들과 압제자들의 피를 먹어야 한다."

"The tree of liberty must be refreshed from time to time with
the blood of patriots and tyrants."

1995년 4월 19일, 미 오클라호마주 오클라호마 시티의 연방 청사에 가
해진 폭탄 테러의 주범 '티머시 맥베이Timothy McVeig'의 티셔츠에 쓰여
있었던 문구이다. 당시 이 테러로 168명이 사망하고 680여 명이 부상을
입었다. 9.11 테러가 있기 전까지 미국 내에서 발생한 테러 중 가장 인명
피해가 많았던 사건이었다. 극도의 반연방주의자였던 맥베이는 연방 정
부가 국민의 자유를 억압하고 있다고 주장했다. 따라서 이번 사건의 피
해자들 또한 자유를 억압하는 연방 정부에 종사하고 있었기 때문에 그
들에게도 죄가 있으며, 자신의 테러 행위는 미국의 자유를 위한 것이었
다고 변호하였다. 그러나 법정에서 내린 결론은 멕베이가 "삐뚤어진 신
념에 빠져 무고한 사람 수백 명을 죽고 다치게 만든 전형적인 테러리스
트"라고 판결하였다. 사형이 집행되는 순간에도 맥베이는 자신의 죄를

뉘우치지 않았고, 이를 보여주듯이 그는 유서에 '나는 내 운명의 주인(I am the master of my fate)'이라는 구절로 유명한 윌리엄 헨리의 시 '인빅투스Invictus'[23]를 써서 남겼다.

테러범 맥베이는 과연 헨리의 시詩에서 언급한 것처럼, 자신의 운명을 스스로 책임질 수 있는 자유로운 사람이었을까? 아니, 설사 스스로 책임질 수 있다고 하더라도 그것을 이유로 수백 명을 죽거나 다치게 한 행위가 정당화될 수 있을까? 자유의 한계는 어디까지일까? 많은 석학들이 말했다. 자유란 "내가 너를 지배하지 않을 테니 너도 나를 지배하지 말라"는 것이라고. 그리고 이것은, 인간은 그 자체로 목적이지 수단일 수 없다는 칸트의 정언명령定言命令[24]에 해당된다고. 근대 자유의 개념 확립에 크게 영향을 미친 존 스튜어트 밀은 『자유론』에서 다음과 같이 말함으로써 다른 사람을 존중하지 않고 제멋대로 행동하는 것은 진정한 자유가 아님을 분명히 밝히고 있다.

"인간 사회에서 누구든(개인이든 집단이든) 다른 사람의 행동의 자유를 침해할 수 있는 경우는 오직 한 가지, 자기 보호Self-protection를 위해 필요할 때일 뿐이다. 다른 사람에게 해를 끼치는 것을 막기 위한 목적이

---

23 라틴어로 "정복되지 않은"을 의미하는 시 인빅투스는 빅토리아 시대 영국의 시인인 윌리엄 어니스트 헨리의 시이다. 이 시는 역경에 직면한 의지력과 강인함이라는 주제로 가장 잘 알려져 있다. 윈스턴 처칠은 1941년 9월 하원 연설에서 이 시의 마지막 두 줄을 인용했다. "우리는 여전히 우리의 운명의 주인이다. 우리는 여전히 우리 영혼의 선장이다.(We are still masters of our fate. We are still captains of our souls)"

24 이마누엘 칸트가 제시한 개념으로 어떠한 조건이나 결과에 상관없이 그 행위 자체가 선善하므로 절대적이고 의무적으로 행할 것이 요구되는 도덕 법칙을 말한다.

라면 당사자의 의지에 반해 권력이 사용되는 것도 정당하다고 할 수 있다. 이 유일한 경우를 제외하고는 문명 사회에서 시민의 자유를 침해하는 그 어떤 정치 권력의 행사도 정당화될 수 없다."

자유는 정말 좋은 것이다. 아름답고 숭고하기까지 하다. 그러나 자유의 역사에는 오랜 투쟁으로 인한 피 냄새가 진하게 배어 있다. 그런 점에서 오늘날 우리가 누리고 있는 자유는 세상 어떠한 가치와도 맞바꿀 수 없는 소중한 가치이자 기본적인 권리이다. 그러나 모두가 평등하게 누린다는 점에서 개인의 자유는 무제한 허용될 수 없다. 인간은 어울리고 더불어 살아갈 수밖에 없는 사회적 동물이기에 다른 사람에게 피해를 줘서는 안 되도록 마땅히 책임과 한계가 있어야 한다. 문제는 현재 내가 누리는 자유가 타인에게 혹은 누군가에게 부당한 피해를 주는지 혹은 부정적인 영향을 주는지를 판별하는 기준을 어디에 두고 있는가이다. 가장 기본이 되는 것으로는 개인적인 양심에 의한 기준을 생각해 볼 수 있으나, 유감스럽게도 세상에는 양심적인 사람도 많지만 일말의 양심도 없는 사람도 많다는 것을 역사가 보여주고 있다.

이는 존 로크John Locke가 "법이 없으면 자유도 없다"라고 말한 이유이다. 공정하게 제정한 법은 타인의 기본권을 침해하는 일을 방지하기 위해 제도적으로 만든 사회적 안전장치이자 약속이다. 그러나 초기 '법치주의'의 탄생 배경은 개인의 자유를 제한하는 것보다는 국가가 개인의 자유를 제한하는 것을 막는 게 주된 목적이었다. 즉, 국가 또는 권력을 가진 자가 아무리 선한 의도를 가지고 있다고 하더라도 법률이 정하는 권한의 범위를 넘어서 피지배자에게 권력을 행사하지 못하도록 제어하는 것이 법치주의의 목적이었다. 루소Jean-Jacques Rousseau는 여기에서 한 발짝 더 나아가 정부가 법치주의를 위반하는 경우, 국민들에게 정부를 무너뜨릴 권리가 있음을 주장했다. 루소는 이런 주장을 펼치기 위해 국가와 정부를 철저히 분리해 정부는 국가와 주권자(국민)를 연결하는 중재자에 불과하다고 주장했다. 다시 말해 정부는 주권자인 국민에게 고용되어 맡겨진 권력을 국민의 이름으로 행사하는 대리자에 불과하기 때문에, 이러한 대리자가 주권자인 국민의 자유를 부당하게 침해한다면 국민들은 정부를 해체시킬 수도 있다고 한 것이다. 따라서 군주가 권력을 자의적으로 행사하지 못하게 하기 위해서는 반드시 법률에 근거해 통치하는 입헌군주제를 도입해야 한다고 주장했다. 이렇게 함으로써 군주 또는 정부가 맘에 들지 않으면 국민들은 군주나 정부를 교체할 수 있는 권리가 있었고 따라서 극단적 혁명에 의해 국가를 전복시키지 않고서도 평화적으로도 정부를 교체할 수 있는 길을 열어 놓은 것이다.

그러나 이러한 논리는 한편으로는 앞서 언급했던 티머시 맥베이같은 비뚤어진 자기확신주의자를 낳기도 하였다. 맥베이는 1992년과 1993년에 미국에서 있었던 일련의 사건[25]에서 연방 정부가 강경 진압을 한 것에 대해 분개하고 있었으나, 자기와 같이 분개하는 인원이 소수였으므로 그들의 힘으로 연방 정부를 교체할 수는 없다고 판단했다. 그래서 연

---

25 1992년 미국 아이다호주에서 랜디 위버 가족과 연방보안관 및 연방수사국 간에 총격전이 벌어져 3명이 사망한 루비 능선 사건이 있었고, 1993년에는 텍사스주에서 사이비 교단 다윗가지와 주류·담배·화기 단속국 및 연방수사국이 대치하다 쌍방에서 수십 명이 사망한 웨이코 참사가 있었다.

방 정부를 자신들의 자유를 억압하는 악으로 규정하였다. 따라서 연방 정부에 종사하는 인원들 또한 악을 추종하는 세력이었으므로 그들을 살해하는 것에서 아무런 죄의식을 느끼지 못하게 되었다. 자신은 자유를 위한 투사였고, 자신의 운명을 스스로 개척하는 운명의 주인공이자 영혼의 선장임을 자처했던 것이다. 자유를 획득하기 위해서도 피를 흘렸지만, 자유를 남용했을 때도 피를 흘릴 수 있음을 보여주는 대표적인 사례가 아닐 수 없다. 인간에게 있어서 자유란 그렇게 단순한 것이 아니다. '탐험가 밥 바틀렛Bob Bartlott[26]의 이야기'는 자유에 대하여 많은 것을 생각하게 한다.

탐험가 밥 바틀렛이 외국을 여행하는 중에 아주 희귀한 새 몇 마리를 얻었다. 그는 본국에 돌아오기 위해 새를 새장에 가두고 망망대해를 항해했다. 그런데 그중에 한 마리가 유난히도 시끄럽게 굴었다. 그 새는 새장에 갇혀 있는 것을 못마땅하게 여겨서 새장을 발톱으로 할퀴고 머리를 찧는 등 몸부림치고 발광했다. 마침내 밥은 그 새를 새장에서 꺼내어 망망대해로 날려 보냈다. 새는 미친 듯이 기뻐하며 자유를 만끽하면서 창공을 높이 날아올랐다. 그러나 몇 시간이 지난 후였다. 그렇게 날아올랐던 새가 다시 배로 돌아와서 지친 몸으로 갑판 위에 떨어져 쓰러졌다. 자유를 얻었다고 날아올랐지만, 망망대해에는 발붙일 곳이 없었고 먹을 것 또한 당연히 없었기 때문이다. 밥은 쓰러진 새를 주워 다시 새장에 집

---

26 뉴펀들랜드 출신 미국인으로 추정되며, 최초로 북극 항해를 시도했던 북극 탐험가.

어넣었다. 이제 새장은 더 이상 그 새에게 감옥이 아니었다. 새장은 그 새에게 편안한 안식처가 되었다. 끝없는 바다를 건너갈 수 있는 유일한 길이 바로 이 새장에 있었던 것이다. 새장은 새에게 있어서 구조선이었던 것이다.

에리히 프롬Erich Fromm 또한 비슷한 결론을 도출했다. 1차 대전에서 패한 독일 국민들에게 베르사유 조약의 이행은 망망대해를 날아가는 새와 같이 고단했고, 결국 그들은 생존을 위해서 '히틀러'라는 새장 안으로 들어갔다는 것이 프롬이 말한 '자유로부터의 도피'였다. 결국 평범한 인간들에게 '자유'라는 가치는 생존 욕구 앞에서는 뒤로 물러날 수밖에 없는 것이었다. 그리고 이것은 플라톤의 생각과도, 그로부터 2000년 후에 살았던 토마스 홉스Thomas Hobbes의 생각과도 일치한다. 개인의 자유를 중시하는 민주주의 국가 아테네는 집단을 중시하는 스파르타에게 패배해 국민들의 삶은 유린당했고, 삶은 피폐해졌다. 자신이 존경했던 스승 소크라테스는 자유를 사랑하는 사람들에 의한 고발로 사형을 당했다. 플라톤이 철인哲人 정치를 추구한 이유이다. 토마스 홉스도 마찬가지이다. 그는 자연 상태를 이기적 본성을 지닌 개인들이 자신의 이익을 한없이 추구하는 '만인에 대한 만인의 투쟁'상태로 정의했다. 홉스 또한 플라톤이 보았던 아테네와 같이 국가가 힘이 없으면 민중의 삶이 도탄에 빠진다고 생각했다. 홉스가 그의 저서 『리바이어던Leviathan[27]』에서 한 말을 들어보자.

---

27 1651년 런던에서 발표된 토머스 홉스의 저서, 책 제목은 구약성서에 나오는 괴수 레비아탄에서 따온 것으로 '리바이어던'은 괴수 레비아탄의 영어식 발음이다. 욥기에서는 리

"만인에 대한 만인의 투쟁 상태에서는 노동에 대한 결과가 불확실하기 때문에 땀 흘려 일한 것에 대한 보상이 불투명하다. 따라서 토지 경작이나 항해, 해상 무역, 편리한 건축물, 이동을 위한 도구, 무거운 물건을 운반하는 기계, 지표에 대한 지식, 시간의 계산도 없고, 예술이나 학문도 없으며, 사회도 없다……(중략) 정의, 공평, 겸손, 자비 등 요컨대 '너희는 남에게 바라는 대로 남에게 베풀어라'라고 하는 자연법 자체는 어떤 권력의 위협 없이는 지켜지지 않는다. 또한 칼 없는 신약信約은 다만 말에 불과하며, 인간의 생명을 보장할 힘이 전혀 없다…. (중략) 만족스런 삶을 살기 위해 공통의 권력을 확고하게 세우는 유일한 길은 모두의 의지를 다수결에 의해 하나로 결집하여 한 사람 또는 하나의 합의체에 부여하는 것이다. 이것이 실행되어 다수의 사람들이 하나의 인격으로 결집되어 통일되었을 때 그것을 코먼웰스Commonwealth, 라틴어로는 키비타스Civitas라고 한다. 이리하여 위대한 리바이어던이 탄생한다. 아니, 좀 더 경건하게 말하자면 영원불멸한 하느님의 가호 아래, 우리의 평화와 방위를 보장하는 '지상의 신Mortal God'이 탄생하는 것이다."

이러한 홉스의 생각은 국민들이 자신들의 안전과 번영을 위해 한 명의 주권자에게 자신의 권리를 양도하기로 암묵적 계약을 하게 되었다

바이어던을 혼돈과 무질서한 동물로 표현한다. 그런데 홉스는 이 리바이어던이 그 누구도 억누를 수 없고 항상 자기 맘대로 존재한다고 묘사되는 것에 주목하여, 리바이어던이 '아무도 없앨 수 없는 무한한 혼돈과 무질서 상태에서 역설적으로 항상 반드시 존재하는 질서'라고 생각하였고, 이러한 세상에서 통치와 안전을 보장할 수 있는 막강한 권력의 소유자, 곧 사람들을 복종시킬 수 있는 존재인 국가state가 읍기에서 묘사된 리바이어던과 다를 바 없다고 생각했다.

는 '사회 계약설'의 근간이 되었고, 이런 생각은 존 로크에게 영향을 주었다. 그리고 결국 로크의 생각은 훗날 미국이 영국의 식민지에서 벗어나 근대 국가로 발전해 나가는 이론적 토대가 되었다. 그러나 근대 유럽에서 자유의 의미는 이렇게 정치적인 측면도 있었지만, 경제적인 측면에서의 자유가 어찌 보면 더 중요했다. 왜냐하면 자유주의 이념은 개인의 자유와 평화롭고 풍요로운 인간 세상의 구현이기 때문이며, 이는 물질적 토대가 기반이 되어야 했기 때문이다. 그리고 물질적 토대의 기반을 형성하는 것은 사유 재산을 인정하느냐 인정하지 않느냐의 문제로 귀속된다. 결국 경제적 영역으로 들어설 수밖에 없는 것이다. 결론적으로 나는 사유 재산 제도를 인정하는 자본주의를 지지한다. 재산이 사적으로 소유될 때 사회 구성원의 분업과 자발적 협동이 가장 활발하게 이루어져 생산이 증대되고, 더불어 모든 사람들의 물질적 삶이 개선되기 때문이다. 즉, 사유 재산을 허용하지 않는 사회주의는 구성원들을 가난의 질곡으로 몰아넣고 그 아류인 간섭주의 역시 사유 재산의 침해에 따른 개인의 자유 억압으로 구성원들의 물질적 토대를 취약하게 만들기 때문이다.

그래서 나는 작은 정부, 큰 민간을 원한다. 경제는 가급적 민간의 자율에 의해 돌아갈 수 있도록 하는 것이 좋다고 생각한다. 정부는 가급적 최소한의 간섭을 해야 한다. 그러나 우리나라의 많은 진보주의자들은 이를 싫어한다. 큰 정부를 원하고, 큰 정부가 국민이 원하는 모든 것을 해 줄 것을 기대한다. 일자리와 관련해서도 정부는 직접 일자리를 만들기보다는 민간의 일자리가 많이 생길 수 있도록 기반을 조성하는 데 힘써야 한다. 정부가 직접 일자리를 만들면 오히려 직업의 역동성과 생산성이 떨어진다. 그리고 정부가 만들 수 있는 직업이란 결국 공무원이다.

지난 몇 년 동안 국방개혁을 한답시고 현역 군인의 수를 대폭 줄였다. 출생률 감소로 병역 자원이 감소하고, 첨단 무기의 등장으로 현역 운영의 필요성이 줄어들면서 병력을 줄이는 것은 충분히 이해가 간다. 그러나 그 자리를 새로운 일자리를 창출하겠다고 군무원으로 대체했다. 국가적으로 다운사이징을 한 것이 아니라 신분을 대체한 것이다. 인건비는 그대로 지출된다. 공무원 연금이 부족하다고 난리를 치면서도, 계급정년이 있어 중간에 도태되는 현역과 달리 한 번 임용하면 30년 이상 복무하게 될 군무원을 대량 임용시켰다. 시간이 지나갈수록 인건비, 복지비 수요는 증대될 것이다. 신규 군무원의 대량 임용에 따라 군무원의 정체성도 혼란스럽다. 군軍부대에 복무하면서 총기를 지급할 것인지, 미지급할 것인지 등 첨예한 문제가 사회적 갈등과 함께 군의 전투력을 수면 밑에서 흔들고 있다. 재정은 더 투입되고 전투력은 저하되는 결과가 나올 것 같은 두려움이 몰려온다. 그럴 바에는 현역 간부로 군무원을 대체하는 것이 전투력 유지에 훨씬 도움이 되었을 것이라는 생각이 든다.

국가가 모든 것을 다 해 주어야 한다는 강박 관념은 행정의 편의를 불러오고 개인의 자생력을 떨어뜨린다. 자유주의의 관점에서 행복 등과 같은 인간의 내면적 정신세계는 개인적인 범주에 속하므로 국가가 다룰 영역도 분석 대상도 아니다. 따라서 자유주의는 내면적 생활을 향상시킬 수 있는 외형적 조건인 물질적 토대에 대해서만 논의함으로써 다른 어떤 주의보다 담당하는 범위가 작고, 따라서 다른 어떤 주의主義나 주장보다 겸손하다. 반면 많은 진보 지식인들이 추종하는 사회주의는 국가가 모든 것을 다 해 주기를 바란다. 인간의 내면적 정신세계라 할 수 있는 국민의 행복까지도.

군부대에는 장병들의 복지를 위해 PX가 설치되어 있다. 일반 시중 가격에 비해 저렴해서 많은 장병들이 애용하고 있다. 그런데 언제부턴가 PX 이용이 대단히 불편해졌다. PX를 이용할 수 있는 시간이 제한되기 때문이다. 장병들이 PX를 이용할 수 있는 시간은 일과 시간이 아닌, 점심시간과 저녁 식사 후부터 점호(통상 저녁 9시) 전까지, 그리고 휴일이다. 그런데 그 시간에는 PX가 대부분 문을 닫는다. 문재인 정부 당시 도입한 주 52시간 근무제, 그리고 PX 근로자도 기본권을 보장해야 하기 때문에 점심시간을 보장해야 한다는 것이다. 휴일날에도 토요일 또는 일요일 하루만 영업을 하고 나머지 날에는 문을 닫는다. 그래서 장병들은 하루 전에 미리 필요한 물품을 잔뜩 사 놓고 생활관에 쌓아 놓고 먹는다. 고객인 장병들의 이용권이 중요한지, 봉급 받고 일하는 근로자 몇 사람의 권리가 중요한지 국민들에게 묻고 싶다. 영내 PX의 경우 장병들이 일과 시간 중인 9시부터 11시까지, 그리고 점심 식사 후 1시부터 5시까지는 손님이 없어서 직원들끼리 농담하며 시간을 보내고, 저녁 식사 후에는 일찍 퇴근해야 하기 때문에(주 52시간 이내 근무해야 하기 때문에) 통상 7시까지만 영업을 한다. 그러니 6시부터 7시까지는 밀려드는 장병들로 북새통을 이루고, 나머지 시간은 한가하다. 자본주의 국가에서 어떻게 이런 일이 발생할 수 있을까?

PX 직원들은 국가에 고용된 사람들로 성과급이 아니고 정액제이다.

그러니 손님이 많이 오면 올수록 일이 많아 더 귀찮을 뿐이다. 오전에 가면 물건의 종류가 어느 정도 있으나, 오후에 가면 물건이 없어 원하는 물건을 살 수가 없다. 당신이 만약 가게 주인이라면 이렇게 놔둘 것인가? 밤을 새워서라도 부족한 물건을 채워 넣고, 하나라도 더 팔려고 가용한 방법을 총동원할 것이다. PX를 국가(국군복지단)에서 운영하지 않고 만약 민간 기업에서 운영한다면 이렇게 운영을 할까? 아마도 장병들이 깨어 있는 모든 시간 동안 물건 하나라도 더 팔려고 문을 열 것이다. 장병들은 선택의 폭이 넓어지고, 그만큼 풍요로운 삶을 살 수 있을 것이다. 나는 PX 운영도 여러 기관(국군복지단과 민간 업체 등)이 함께 경쟁해야 한다고 생각한다. 최초 민간 업체를 선정할 때 장병 복지를 위해 이익금의 일정 비율을 사용하도록 계약을 체결한다면 현재 국군복지단에서 장병들을 지원하는 것 이상의 지원을 할 수 있을 것이라 확신한다. 그리고 PX 운영 수준도 획기적으로 향상될 것이다.

군인은 특정직 공무원에 속한다. 특정직 공무원이란 담당 업무가 특수하여 자격, 신분 보장, 복무 등에서 특별법이 우선 적용되는 공무원을 말한다. 그렇다면 군인에게 부여된 자유는 일반 국민과 어떤 차이가 있을까? '군인복무기본법' 제3장 제10조에는 "군인은 대한민국 국민으로서 일반 국민과 동일하게 헌법상 보장된 권리를 가지되, 그 권리는 법률에서 정한 군인의 의무에 따라 군사적 직무의 필요성 범위에서 제한될 수 있다."라고 명시되어 있다. 군인이 지켜야 할 의무는 충성, 성실, 정직, 청렴, 명령 복종, 비밀 엄수, 전쟁법 준수의 의무 등이, 금지되는 행위는 사적 제재 및 직권 남용, 군기 문란 행위, 직무 이탈 금지, 영리 행위 및 겸직 금지, 집단 행위 금지, 정치 운동의 금지 등이 있다. 그러므로 군인은 군인의 의무와 군사적 직무의 필요성 범위에 따라서는 기본권이 제한될 수도 있다. 최근 인권 관련 이슈가 군대 내에서도 많이 발생하고 있다. 국민이건 군인이건 인권은 존중되고 보장받아야 한다. 그러나 자유가 군인의 의무와 직무의 필요성 범위에 따라 제한될 수 있듯이, 인권 또한 국방의 의무와 국군의 사명, 명령의 범위(지휘권) 등에 따라 일정 부분 제한되어야 한다는 것이 나의 생각이다. 이와 관련해서는 올 9월에 자체 세미나를 실시하여 각계 전문가들의 의견을 청취할 예정이다.

당신의 삶에서 형식과 내용은 어떻게 표현되는가?

"형식을 과감히 탈피하자!", "콘텐츠가 경쟁력이다!" 요즘 많이 듣는 말이다. 그래서 언뜻 생각하면 형식은 없애야 할 대상, 또는 개혁의 대상인 반면, 내용(콘텐츠)은 장려되어야 할 것이라고 생각하기 쉽다. 심지어 어떤 사람들은 "내용만 좋으면 됐지, 형식이 뭐가 중요하냐?"라는 식으로 말하면서 형식에 초점을 두는 사람들을 허례허식에 빠진 사람으로 취급하는 경우도 많다. 그러나 엄밀히 말하면 형식과 내용, 내용과 형식은 서로 불가분의 관계이다. 내용과 형식이라는 말은 어떤 사물 현상에 대하여 논리적인 설명을 하기 위하여 인간의 머릿속에서 만들어 낸 개념이다. 따라서 내용과 형식이라는 개념은 추상적이고 관념적이다. 내용은 어떤 사물 현상을 이루는 알맹이를 말한다. 그런데 알맹이가 알맹이로서의 역할을 다하기 위해서는 아무렇게나 모여 있는 것이 아니라, 특정한 의미를 가지기 위해서 일정한 규칙에 따라 존재하여야 한다. 이때 이 규칙을 형식이라 한다. 쉬운 말로 표현하면 알맹이를 담는 그릇이라 할 수 있겠다. 따라서 알맹이는 특정한 그릇에 의해서 그 그릇이 정하는 형태로 존재할 때만 알맹이로서의 가치를 갖게 된다는 의미이다.

한국 사람들의 식생활에 있어서 빼놓을 수 없는 것이 김치이다. 김치는 김칫독에 보관될 때 그 맛이 제대로 난다. 이때 김치는 내용이고 김칫독은 형식에 해당된다. 얼마 전 미국의 유력 일간지 워싱턴 포스트WP가 영국 왕립학회 학술지의 연구 결과를 인용해 전통적 발효 방식으로 만드는 한국 김치의 과학적 효과를 조명해서 주목을 받았다. WP는 4월 7일 보도에서 "맵고 톡 쏘는 신맛이 나는 한국의 배추 요리 김치는 장에 유익한 박테리아가 함유된 슈퍼 푸드"라며 "김치는 옹기라고 불리는 한국 전통 토기에서 발효되어 왔다"라고 전했다. WP는 김치를 'Kimchi'라고 표기하면서 옹기도 우리 고유의 발음인 'Onggi'라고 표기하였다. 그러면서 땅속에 묻힌 옹기 안팎에 미세한 구멍들이 있고, 이 구멍을 통해 김치 속 유산균이 만들어 내는 이산화탄소가 김칫독 밖으로 마치 숨을 쉬듯 배출된다는 사실을 확인했다. 김치와 김칫독은 서로 잘 조화롭게 존재하고 있는 것이다.

그러나 사물의 현상이 김치와 김칫독의 관계처럼 쉽게 눈으로 보고 손으로 만질 수 있는 것만 존재하지는 않는다. 때로는 눈으로 볼 수 없고 손으로도 만질 수 없는 추상적인 것들도 많이 있다. 이때는 보통 눈에 보이는 형식을 통해 눈에 보이지 않는 내용을 담게 된다. 대표적인 예가 음악이다. 고대 사람들은 음악을 기록할 수가 없었다. 그래서 성 이시도루스는 "인간에 의해 기억되지 않은 한 소리는 사라지므로 기록될 수 없다"고 했다. 즉, 누군가가 부르는 노래를 듣고 따라 해서 전수할 뿐이었다. 이를 극복하고자 초기 수도사들은 '네우마 기보법'이라는 것을 만들었는데, 이것은 음의 높낮이와 길이는 표시할 수 없었고, 특정 단어에 악

센트를 주는 형태였다. 얼마 지나지 않아 수도사들은 단어의 높낮이를 알아보기 쉽게 하기 위해 페이지마다 희미하게 가로줄 하나를 그어 넣었다. 이 줄은 나중에 두 줄로 늘어났다가 점차 오늘날의 보표로 발전하였다. 그 선들 사이에 몇 가지 추가적인 표시만 하면 필경사들과 연주자들은 쉽게 알아보고 읽을 수 있었다. 즉, 이는 곧 눈으로 본 악보의 내용을 마음의 귀로도 들을 수 있게 되었다는 것을 의미했다. 이후 작곡가들은 시간의 흐름에 따라 변동하는 물리적 현상인 음을 미세한 세부까지 통제하게 되었다. 그들은 실재하는 시간에서 음악을 추출하고, 그것을 양피지나 종이 위에 기록하여 음과 기호가 밀접하게 연결되는 만족할 만한 기보법을 만들었다.

청력을 잃은 베토벤이 최후의 현악 사중주를 쓸 수 있게 된 것도 악보 덕분이었다. 즉, 베토벤이 작곡한 현악 사중주가 내용이라면 악보는 형식이었던 것이다. 만약 악보라는 형식이 없었다면 베토벤의 현악 4중주도, 슈베르트의 가곡 '세레나데'도 모차르트의 오페라 '피가로의 결혼'도 없었을 것이다. 이 경우 악보라는 형식이 음악이라는 내용을 더 풍성하게 발전시켰으며, 개별 작곡가가 탄생시킨 특정한 곡曲을 원래의 형태대로 후대에 전수할 수도 있게 하였다. 작년 한 해 우리나라에서 가장 돈을 많이 번 연예인이 '임영웅'이라는 보도가 있었다. 어느 70대의 아주머니는 "자기 삶의 유일한 이유가 임영웅이 부르는 노래를 듣는 것이다"라고 말하기도 한다. 그런데 여기서 '미스터트롯'이라는 프로그램이 없었다면 임영웅이 탄생할 수 있었을 것인지 묻고 싶다. '임영웅'이 내용이라면, '미스터트롯'은 임영웅을 있게 한 형식이다.

우리 모두가 알고 있다시피, 조선왕조는 법치法治보다는 예치禮治가 앞선 사회였다. 성리학적 유교의 세계관을 건국의 기초로 삼아 출발했기 때문에 국가의 운영에서부터 민중의 삶에 이르기까지 그 영향력은 사회 곳곳에 뿌리내렸다. 성종 때 완성된 『국조오례의[28]』는 『경국대전』이라는 실정법의 적용에 앞서 조선 민중이 피부로 느끼는 삶의 기본을 형성하였고, 그 대부분은 예禮라는 형식을 통해 구현되었다. 그래서 조선 사회는 예절, 예의, 예법 등을 대단히 중요시했다. 그러나 근본적으로 따져 보면 예절은 유교적 근본 사상인 인仁과 덕德을 통해 백성을 평화롭고 풍요롭게 다스리기 위한 형식에 불과한 것이다. 그럼에도 불구하고 조선 후기에는 그 형식에 지나치게 매몰되어 예禮만을 따지게 되었고, 결국에는 그것 때문에 정작 중요한 것은 뒷전으로 밀리게 되는 현상이 나타나게 되었다.

형식에 지나치게 치우쳐 벌어졌던 가장 쓸데없었던 논쟁은 현종 때 불거진 예송 논쟁[29]이다. 왕가王家의 상을 삼년상으로 할 것인지 1년을 할 것인지를 가지고 싸우고 사화士禍까지 만들게 된다. 죽은 사람을 애도하는 것을 1년 동안이나 하는 것도 웃기는 일이지만, 3년을 할지, 1년을 할지를 가지고 목숨을 거는 나라가 있을까 싶다. 실리實利보다는 대의명

---

28 조선시대에 다섯 의례에 대하여 규정한 책으로 세종실록 편찬과 함께 시작되었으나 성종 때인 1474년에 완성되었다. 다섯 의례는 길례(나라의 제사), 가례(혼례), 빈례(손님맞이), 군례(軍 의식), 흉례(장례)를 말한다.

29 예절에 관한 논쟁임, 조선 후기에 차남으로 왕위에 오른 효종의 정통성과 관련하여 1659년 효종의 승하시와 1674년 효종비 인선왕후의 사망 시 등 두 차례에 걸쳐 일어났다. 성종 때 작성된 "국조오례의"에는 효종처럼 차남으로서 왕위에 올랐다가 죽었을 경우 어머니가 어떤 상복을 입어야 하는지에 관한 규정이 없었다. 이에 서인은 효종이 적자가 아님을 들어 1년설을 주장했고, 남인은 왕에게 적용되는 3년설을 주장하면서 대립했다.

분과 체면을 중시하는 문화는 조선왕조 500년을 넘어 여전히 우리 사회에 남아 있다. 지난 1월 12일, 미국의 경제 전문지 CNBC는 모건-스탠리가 한국을 문화적 관점에서 낮게 평가했다는 우울한 소식을 전했다. 우크라이나-러시아 전쟁으로 세상이 난리통인 지난 2022년 한 해 동안, 한국인 1인당 명품 소비액은 325달러(약 40만 원)로 세계 1위를 기록했으며, 한국인의 명품 소비액은 21조 원에 달한다는 보고였다. 그것은 미국의 1인당 소비액 280달러를 훌쩍 넘었고, 중국의 50달러는 비교의 대상 자체가 되지도 못했다. 명품 소비를 좋지 않게 생각하는 한국인은 겨우 22%밖에 되지 않았는데, 이는 돈 좋아하고 물질주의적이라 욕했던 중국인의 38%보다도 낮으며, 일본인의 45%보다는 두 배나 낮은 편이다. 그러면서 한국에서는 부의 과시가 다른 어떤 나라보다 잘 용인되는 편이며, 외적 아름다움과 경제적 성공은 한국 소비자에게 즉각 큰 반향을 일으킨다고 분석했다.

프랑스의 사회학자 장 보드리야르Jean Baudrillard는 『소비의 사회』라는 책에서 사람들의 소비 패턴을 필요에 의한 소비, 편리에 따르는 소비 그리고 과시적 소비로 나눴다. 그리고 2차 대전 이후 서구 사회는 '필요'나 '편리'를 넘어서 남의 눈을 의식하는 과시적 소비사회로 접어들었다고 분석한다. 또한 동서고금을 막론하고 인간은 입에 풀칠을 하는 필요 소비 단계가 넘으면 편리한 것을 추구하는 편리 소비 단계로 접어들고, 이어서 과시적 소비사회에 들어서면서 망하게 된다고 경고하였다. 소비 패턴만 놓고 본다면 대한민국은 이미 망조의 길에 들어선 것이라 볼 수 있다. 이 모든 현상은 본질적으로 살펴보면 실질적 알맹이, 즉 내용보다는 겉으로 보이는 형식에 너무 집착한 것에 그 원인이 있다.

조선 후기에 홍대용과 함께 땅이 평평하지 않고 원형이라는 설을 주장한 연암 박지원은 세계는 천체로부터 자연 만물에 이르기까지 객관적으로 실재하며, '티끌'이라는 미립자가 흩어졌다 결합하고 운동 및 변화하는 과정에서 우주 만물이 생성된다고 주장했다. 박지원은 1780년 박명원을 따라 청나라 열하를 다녀오게 되었고, 그때 경험한 것을 기록한 것이 '열하일기熱河日記'이다. 당시 조선 사회의 양반들에게 청나라는 우리의 은인인 명나라를 멸망시킨 배은망덕한 나라였고, 무시해야 할 오랑캐의 나라였다. 따라서 청나라에게서는 배울 것이 하나도 없고, 오히려조선이 더 문화적으로 우수할 뿐만 아니라 명나라의 원수를 갚아야 한다는 북벌론이 대두되고 있었다. 열하일기에는 다음과 내용이 나온다.

"우리나라에도 수레가 없지는 않으나 바퀴가 둥글지 않고 바퀴 자국이 한 궤도를 그리지 못하니, 수레가 없는 것이나 마찬가지다. 그런데도 사람들은 늘 '우리나라는 마을이 험준하여 수레를 쓸 수 없다'고 말하곤 한다. 대체 무슨 말인가? 중국에서는 험준한 검각이나 아홉 구비로 깎여 가파르기 짝이 없는 태항 같은 지역도 수레를 몰고 넘어간다. 중국의 풍족한 재화가 한 곳에만 몰려 있지 않고 여기저기 골고루 유통되는 것은 모두 수레를 사용한 덕분이다. 우리나라에서는 이곳에서 흔한 물건이 저곳에서는 귀하디 귀해, 다만 이름만 들어보았을 뿐 실물을 평생 구경조차 할 수 없는 건 무엇 때문인가? 단지 실어 나를 방도가 없기 때문이다. 어찌하여 수레가 다니지 못하는가? 라고 묻는다면, 역시 양반들 잘못이라고 답할 수밖에 없다. 양반네들은 평소 글을 읽을 때 '주례'는 성인께서 지으신 글이라며 떠들어 댄다. 그러나 끝내 그것을 만드는 방법이 무엇인지, 운행하는 기술이 무엇인지에 대해서는 알려고 하지 않는다. 무조건 글만 읽는다는 말이 바로 이것이니, 이런 공부가 학문에 무슨 도움이 되겠는가? 아아 슬프도다!"

박지원이 추구한, 실용적 태도를 취하는 학문을 우리는 '실학實學'이라고 한다. 그는 청나라가 아무리 오랑캐의 나라라고 할지라도 청나라의 발달된 과학 기술과 문물, 실용성은 우리가 배워야 할 점이라고 주장했고, 특히 성곽 축조, 제련 기술 등은 적극 받아들여야 하며, 상업 활동을 천시할 것이 아니라 오히려 장려하고 무역항의 개설과 화폐의 사용을 적극 주장했다. 당시 조선의 성리학은 인류의 보편적 발전이라는 알맹이를 담아내지 못하는 그릇, 즉 버려야 할 형식이었던 것이다.

조선 후기의 성리학이 문명 발전의 일반적 조류에 역행하고, 조선사회의 역동성을 옭아매는 부정적 작용을 했다면, 조선 초기의 성리학적 역사관을 반영한 사관史官 제도는 대단히 긍정적으로 작용했다. 그것은 그리스도교와 같은 유일신이 존재하지 않았던 동양 사회에서는 역사적 판단의 결과를 통치의 결과로 인식했기 때문이기도 했다. 즉, 서양 사회에서는 내가 통치를 잘했는지 못했는지에 대한 판단을 기독교의 신神이 판단해 줌으로써 정당성을 확보했다면, 동양 사회에서는 그런 판단을 내릴 절대적 신이 존재하지 않았기 때문에 후대 사람들의 판단, 즉 역사 인식이 중요한 통치의 정당성 확보 수단이었기 때문이다. 따라서 당대에 발생하는 중요한 통치 행위는 객관적이고 세부적으로 기록할 필요가 있었다. 그러나 여기서 더 중요한 것은 절대 권력을 가진 통치권자의 자의적 개입을 차단하기 위해서 용기 있고 전문성 있는 인재인 사관史官을 활용함으로써 객관적 통치 서술을 보장하는 제도를 성립했다는 데 있다.

1997년 10월 1일 유네스코 세계기록유산으로 등재된 '조선왕조실록'은 절대적 권력을 가진 임금조차도 실록을 열람할 수 없도록 사관의 권위가 지켜진 가운데 탄생한 것이었다. 조선의 대표적 폭군이라 할 수 있는 연산군이 무오사화戊午士禍[30]때 실록을 읽고 사관들을 대거 숙청하기도 했지만, 오히려 이를 계기로 실록을 열람하는 행위는 "패륜아 연산군 같은 폭군이나 하는 짓이다"라는 말이 퍼지게 되어 이후 어떤 임금도 감히 실록을 열람할 수 없었다. 이러한 관계로 사관의 존재는 왕의 자의적 통치를 견제하고 법에 의한 통치를 유도하였을 뿐만 아니라, 왕이 백성의 뜻을 살피도록 하는 감시 기구로서의 역할도 충실히 수행했다. 그리고 그러한 사관 제도의 시행은 오늘날 우리가 본받아야 할 소중한 유산이다.

그렇다면 우리 군인에게 있어서 알맹이와 그릇은 무엇일까? 나는 군인으로서 가져야 할 충성, 용기, 명예, 책임, 창의 등과 같은 가치관과 지휘 통솔, 전략 및 전술적 또는 해당 병과의 지식 등과 같은 군사적 전문

---

30 1498년(연산군 4년) 음력 7월, 훈구파가 사림파를 대대적으로 숙청한 사건. 성종실록을 편찬하는 과정에서 사림파 사관들이 작성한 내용이 훈구파에게 불리함을 알게 되자 이를 연산군에게 보고했고, 사림파를 못마땅하게 여기던 연산군은, 특히 선왕인 세조의 단종 시해를 중국의 사례를 들어 비판하는 내용(조의제문)이 포함되자 사림파를 대거 숙청하였다.

성을 알맹이라고 생각한다. 반면, 위에서 언급한 알맹이들을 잘 활용하고 보존할 수 있는 그릇은 군사 교리, 그리고 각종 법률, 규정, 제도 등을 비롯하여 군에서 자주 시행하게 되는 부대 행사라고 생각한다. 특히 부대 행사는 일반적인 민간 조직에서는 존재하지 않는, 군에서만 갖고 있는 고유한 특징이다.

군인은 자신의 정체성을 나타내는 계급과 각종 표식을 복장에 공공연하게 표시한다. 이것은 결코 자신을 과시하기 위함이 아니다. 다른 사람과 나 자신을 구분 짓는 정체성의 표현이자, 상대방으로 하여금 복종 또는 존경을 받아야 함을 보증하는 표식이기도 하다. 적과 아군이 섞여서 전투가 벌어지는 혼란스러운 전투 현장에서 마주치는 전혀 모르는 상대방일지라도 군복에 표시된 피·아 표시와 계급장만으로 혼란스러운 현장 가운데에서도 순식간에 어느 누군가를 중심으로 단결된 일치감을 형성시켜 줄 수 있다. 군복 하나가 갖는 위상만 해도 이러하다. 여기에 동일한 복장을 하고 오랜 기간 통일된 공통의 의식 행위를 한다면 해당 조직이 가장 소중하게 추구해야 할 가치를 공유하고 보존할 수 있다. 그래서 나는 군의 의식 행사를 단순한 행사 이상의 가치를 포함하고 있는 대단히 중요한 그릇이라 생각한다. 내가 매월 첫째 주 월요일 국기 게양식을 주관하는 이유이다. 며칠 전('23.5.1)에 실시했던 국기 게양식 훈시문 내용을 소개한다.

"우리는 육군의 군인 또는 군무원입니다. 따라서 군인 또는 군무원으로서 추구하고 지켜야 할 가치관, 생사관, 직업 의식, 윤리 의식 등의 고

유한 가치가 있습니다. 학교장은 이것을 콘텐츠라 말하고 싶습니다. 그렇다면 그런 콘텐츠를 담는 그릇은 무엇일까요? 학교장은 그것을 군에서 행하는 각종 의식 행사라고 생각합니다. 지금 여러분이 귀한 시간을 할애해서 참석하고 있는 '국기 게양식' 또한 마찬가지입니다. 이 의식 행사를 통해 경례 동작을 바로잡고, 오와 열을 맞추는 법을 배우며, 조국과 태극기의 의미, 그리고 묵념을 통해 순국선열들의 희생에 대해서 생각하기 위해 학교장과 여러분은 잠시 '국기 게양식'이라는 그릇 속에 들어와 있는 것입니다. 오늘 '국기 게양식'이라는 형식을 통해 위에서 언급했던 가치들이 여러분의 가슴속에 깊이 자리 잡기를 희망합니다. 우리가 귀한 시간을 내어 국기 게양식을 하는 이유입니다."

양量과 질質,
뭐가 더 중요한가?

우리는 통상적으로 어떤 것의 결과 또는 만족도 등을 표현할 때, 양量보다는 질質적 우위를 당연하게 생각한다. 그리고 질적인 것을 추구하는 사람은 뭔가 고상하고 품격 있다고 생각하는 반면, 양적인 것을 추구하는 사람은 천박하고 못 배웠다고 생각하는 경향이 있다. 이런 경향은 근대적 교육을 받은 사람들에게서 더 많이 나타난다. 그러나 어떤 사람은 오히려 양적 가치의 추구가 오늘날 서양 세계가 동양 세계보다 더 풍요롭고 발달된 과학문명을 이끈 원동력이라 주장한다. 그 대표적인 사람이 『수량화 혁명The Measure of Reality』을 저술한 앨프리드 W. 크로스비이다. 그는 책의 서문에 이렇게 섰다.

"키루스 대왕, 알렉산드로스 대왕, 징기즈칸, 후아이나 카팍[31]은 위대한 정복자였지만 이들이 차지한 땅은 한 대륙 이상을 넘지 못했고, 기껏해야 두 번째 대륙의 가장자리를 건드리다 만 정도이다. 이들은 빅토리

---

31 잉카 제국이 둘로 갈라지기 전의 마지막 왕이자 잉카 최후의 왕 아타후알파Atahualpa의 아버지.

아 여왕에 비하면 골목대장 수준이었던 셈이다. 여왕의 제국에서는 문자 그대로 해가 지는 일이 없었다…. (중략) 유럽 제국주의가 시작될 무렵으로, 19세기 이전으로 눈을 돌려 보면 그런 식의 과학이나 기술 같은 것은 거의 보이지 않는다. 내 생각으로는 서구인들의 장점은 그들의 과학이나 기술 그 자체가 아니라 특정한 사고방식이었다고 생각한다. 그것을 통해 유럽인들은 제때 신속하게 과학과 기술을 발전시킬 수 있었고, 또 그 과정에서 결정적으로 중요한 행정, 상업, 항해, 제조, 군사와 관련된 기술을 개발할 수 있었다. 유럽인들이 점하고 있던 유리한 고지는 프랑스 역사가들이 망탈리테Mentalite[32]라고 불렀던 것에 있었다. 중세 후반과 르네상스 시대에 실재實在, Realty를 설명하는 새로운 모델이 유럽에 등장했다. 양적인Quantitative 모델이 고대의 질적인Qualitative 모델을 대체하기 시작한 것이다."

오랫동안 유럽인들은 기독교적 상징주의에 물들어 있었다. 즉 예수의 십자가 처형이 모든 시간과 공간의 중심이 되었다는 이야기이다. 따라서 그가 처형당한 곳 예루살렘은 인간이 살고 있는 이 땅의 중심이 되어야 했고, 그가 처형당한 시간은 모든 시간의 출발점이 되어야 했다. 세계의 중심 예루살렘은 북회귀선 위에 있고, 당시까지 알려진 대륙들이

---

32 지리나 기후와 같은 장기지속적인 조건에 의하여 오랜 기간에 걸쳐 형성된 집단적인 사고방식, 생활습관 등을 의미한다. 우리말로는 심성心性이라 한다. 비슷한 개념으로 "이데올로기"라는 것이 있는데, 이데올로기란 "이념", "대의명분", "가치관" 등 의식적으로 삶의 목표를 삼아 추구하는 것임을 가리키는 데 반해, 망탈리테는 집단적으로 확립되기는 했지만, 반드시 의식적이라고는 말할 수 없는 태도, 개념, 규범, 자연에 관한 특정 사회집단의 가치관 등을 지칭한다.

그 주변에 모여 있다고 믿었다. 동쪽으로는 아시아, 남서쪽으로는 아프리카, 북서쪽으로는 유럽 같은 식으로 말이다. 시간에 있어서도 마찬가지이다. 유럽인들은 로마 시대부터 율리우스력을 사용하고 있었다. 이 달력은 거의 1500년 동안 유럽인들의 표준이 되었지만 정하지 못한 것이 있었으니, 그것은 한 해가 시작되는 날짜에 관한 것이었다. 결국 수백 년 동안 혼란을 겪은 후 6세기의 수도승이었던 디오니시우스 엑시구스 Dionysius Exiguus가 서양 달력의 원년을 그리스도가 탄생한 해인 'Anno Domini', 즉 AD 1년에 시작하는 것으로 정해서 오늘에 이르고 있다.

요한복음 11장 9절에는 이런 구절이 있다. "낮은 열두 시간이나 되지 않느냐?"(이는 밤도 열두 시간이 있음을 암시하는 말이다). 유럽은 적도 근처에 자리잡은 대륙이 아니었으므로 일 년간 낮과 밤의 길이가 크게 바뀐다. 그렇지만 언제나 낮과 밤에는 각각 열두 시간이 배당되어야 했다. 성경에 그렇게 적혀 있었기 때문이다. 따라서 유럽의 시간 체계는 한 시간의 길이가 계절에 따라, 게다가 같은 날에도 낮이냐 밤이냐에 따라 늘어났다 줄어들었다 하는 불균형한 것이 되었다. 다시 말해 이때까지만 해도 그들이 시간을 보는 개념은 상징적 가치와 매우 밀접했을 뿐, 정확성과는 별 상관이 없었다.

서유럽에서 수백만의 농민과 정력적인 도시민 사이에서 활기찬 교역이 벌어지기 시작했다. 농민, 귀족, 성직자로 구성된 중세 유럽 사회의 밑바닥에서는 새로운 부류의 인간이 솟아나기 시작했다. 이 새로운 인간은 매매와 환전에 종사하는 사람들로서, 그들은 부르주아지Bourgeoisie, 즉 시장에 세워진 마을Bourg이나 성곽 도시Burg에 사는 도시 주민이었으며, 이미 대부분의 성직자와 귀족보다 읽고 쓰는 능력에서나 계산 능력에서나 뛰어난 면모를 보여주던 엘리트 계층이었다. 더불어 1750년대 유럽은 정치적이고 종교적인, 그리고 중앙 집권화에 완강하게 저항하던 시대였다. 당시는 모든 것을 아우르는 중심이 없었고 기독교적 권위도 많이 희미해지고 있었다. 왕국, 공국, 남작령, 주교구, 자치 도시, 길드, 대학 등등의 견제와 균형이 소용돌이치는 혼합물이었다. 어떤 권위도, 심지어는 그리스도의 대리인이라 할지라도 정치적, 종교적, 지성적 분쟁을 해결할 권한을 전유하지 못했다. 이때 등장한 것이 대학이다. 늘어나는 인구, 급성장하는 교회와 국가, 마구 증식하는 지식, 여러 가지 이단이 가하는 위협 등 이런 것들이 한데 모여 더 많은 교사와 학자, 관료, 설교자들을 요구하게 되었다. 낡아 빠진 기존의 성당 부속 학교로는 이 수요를 감당할 수가 없었다. 대학은 지식인을 양성하는 주요 역할을 수행하게 되었으며, 대학에 있던 철학과 신학 교사들, 즉 스콜라 학자들은 중세 서구에서 가장 영향력 있는 지식인이었다.

스콜라 학자들은 이슬람 같은 이교도와 기독교적 과거로부터 전해진[33] 엄청난 양의 지식을 어떻게 조직해야 하는가에 대한 커다란 과제를 해결해야 했다. 이러한 지식을 정리하는 방식은 최초에는 성서가 제일 먼저 나오고, 그 다음에는 교부들의 글이 나오고, 제일 마지막에는 자유

---

33 초기 서양 문명의 기원이 되었던 그리스 문화는 이미 중세 초기에 사라지고 없었다. 많은 학자들은 서로마 제국의 멸망(476년) 또는 플라톤이 세운 아카데미아 학원의 폐쇄(529년) 이후 그리스적인 전통이 사라졌다고 본다. 이후 그리스의 과학과 지식은 그리스를 비롯한 동로마 제국을 점령한 이슬람 왕조인 압바스 제국에 의해 아라비아어로 번역되어 아랍 세계의 번영에 기여하였다. 이러한 그리스의 지식은 십자군 전쟁을 통해 다시 유럽에 유입되었다.

학예에 관한 내용이 나오는 식으로 정리하였다. 하지만 이런 식의 정리는 어떤 내용을 중요하게 생각하느냐는 해석에 따라 그 순서가 계속 바뀌게 되는 불편함이 있었다. 이후 이들은 내용의 중요성과는 무관한 알파벳순으로 정리하기 시작했다. 이것은 혁신적인 변화였다. 이 방식은 숫자의 수열만큼이나 추상적이었으므로 정리하는 내용의 상대적 중요성에 대해 판단을 내릴 필요가 전혀 없었고, 역설적이게도 그 내용의 중요도에 신경을 쓸 필요가 없었기 때문에 언제, 어디서, 누구나 사용할 수 있었다. 스콜라 학자들이 이루어 낸 혁신 중의 하나는 '목차'일 것이다. 그러나 그들은 더하기, 빼기, 곱하기 같은 기호를 사용하는 이점을 누리지 못했다. 각 사물은 다소간 독자적인 특성을 가진 것으로 보았지, 양의 많고 적음으로 판단하지는 않았다. 즉, 각도, 온도, 속도 같은 일정한 기준 단위의 양으로 사물을 평가하는 방식에는 익숙하지 않았다.

그러나 무엇보다도 서구인의 관심을 끈 것은 상업 활동과 이로 인해 발생하는 화폐 경제였다. 도시의 발달과 함께 성장한 부르주아지들은 판매 가능한 물건들은 곧 계산이 가능하다는 것을 깨닫기 시작했다. 나아가서 이자의 유효성에 대해서도 알게 되었다. 이것은 곧 시간이 돈임을 알게 된 것이었다.[34] 사람들은 심리적으로 또 도덕적으로 긴장하게 되었다. 왜냐하면 그 당시까지만 해도 시간은 신神만이 가질 수 있는 재산이었기 때문이다. 그리고 그들은 생각했다. 만약 시간에 값이 있다면, 즉, 시간이 수치적 가치를 가질 수 있는 것이라면, 지금까지 분절되지 않

---

34 일정 금액을 은행에 예치해 놓으면 이자가 발생한다. 이것은 곧 시간은 돈이라는 것을 의미한다.

아 계산하지 못했던 온도, 속도, 음정, 박자 등을 그렇게 하지 못할 이유가 어디 있겠는가?

　유럽에서 로마 숫자로 표기된 수학책이 더 이상 출판되지 않게 된 것은 1514년 이후의 일이었다. 그러나 그러기 위해서는 새로운 개념에 적응해야 했다. 그것은 영zero의 도입이었다. 1600년쯤에는 유럽에서 거의 모든 숫자를 아라비아 숫자로 쓰기 시작했다. 가장 간단한 연산 기호인 '+'와 '−'가 수학에 들어온 것은 아라비아 숫자를 도입하고도 훨씬 더 늦은 시기였다. 이 기호가 어떻게 생겨났는지는 분명치 않다. 아마 상인들이 예상했던 크기나 무게를 초과하거나 미달함을 표시하기 위해 그어 두었던 간단한 표시에서 연유했을 가능성이 높다. 16세기 중반에 영국의 제임스 리코드는 "…는 …와 같다"는 표현을 지루하게 반복하는 것을 피하기 위해 한 쌍의 수평선(=)을 사용했다.

　수학적 기호의 진보와 함께 이루어진 것이 수학이라는 학문에 대한 인식의 변화인데, 이는 적어도 수학 기호의 진보 못지않게 중요한 의미를 가진다. 숫자는 표면적으로는 질적인 면을 갖고 있지 않은 양적인 기호이며, 그것들이 사람에게 쓸모 있는 것도 바로 그 속성 때문이다. 수는 그것이 표시하는 양을 의미하며, 그 양은 숫자가 의미하는 모든 것이다. 예를 들어 한 원에서 원주와 반지름, 그리고 면적은 파이(π)의 값과 관련되어 있는데, 그것은 3.14이거나 3.141592…처럼 더 자세히 계산하고 소수점 이하를 더 많이 표기할 수는 있지만 π는 π일 수밖에 없다. 어떤 정치인, 성직자, 장군, 천재, 영화배우, 미치광이도 그것을 3으로 줄이거나 4로 늘리거나 어떤 다른 숫자로 만들 수 없다. 즉 π는 언제 어디서나 영원히, 지옥에서나 천당에서나, 오늘이나 종말의 날이거나 π인 것이다.

수량화된 표현은 언어적 표현보다도 정확하고 엄밀한 사고가 요구되었다. 또한 이는 주관으로부터 독립된 것이어서 언어적으로는 기대할 수 없는 효과를 거둘 수 있었다. 예를 들어 '복식 부기' 덕분에 유럽의 상인들은 수량적인 기준에 따라 정확하고 간결하게 정리된 기록을 만들 수 있었고 이를 통해 자기들이 영위하는 경제생활에 대한 이해도를 높이고 수없이 발생하는 세부 사항을 통제할 수 있었다. 오늘날의 컴퓨터는 엄청난 속도의 계산 능력을 자랑하지만, 그런 계산 자체는 유럽인들이 했던 틀(지불 가능한 계좌, 받을 수 있는 계좌 등) 속에서 이루어지는 것이다. 복식 부기는 철학이나 과학이 이룬 어떤 단일한 혁신보다도 사람들이 실재實在를 인식하는 데 커다란 영향을 주었다. 즉, 데카르트와 칸트가 한 말에 대해 곰곰이 생각한 사람의 수는 얼마 되지 않지만, 열성적이고 근면한 성향을 가진 수백만의 다른 사람들은 자신의 장부에 열심히 숫자를 기입했고, 그 장부가 완벽하게 들어맞기를 바랐다.

시간은 예나 지금이나 끊이지 않고 이어지는 지속 그 자체라고도 할 수 있는 존재이다. 우리는 임의로 정한 눈금을 통해 시간이라고 부르는 것을 현실에서 인식한다. 눈금은 시간의 본질이 아니다. 그러나 그 눈금은 시간을 측정할 수 있는 방편이 된다. 바로 이것이 균질적인 단위로의 환원이라고 하는 양量적인 사고思考의 근원이 된다. 모든 사물, 모든 상황이 제각기 고유한 본성과 환원 불가능한 본질을 갖고 있는 것으로 파악하는 사고방식을 질質적인 사고라고 부른다면, 이 사고 틀에서는 다양성은 유지되겠지만 일사불란한 효율성은 얻기가 힘들기 때문에 문제를 처리하는 속도도 빨라지기 힘들다. 문제는 바로 여기에 있다. 각 상황에 고유한 문제점을 고유한 특성에 입각하여 처리하는 것이 바람직한 처리 방법이겠지만, 신속하고 빠른 처리는 기대할 수 없다. 대신 유사한 범주로 통일시켜 처리한다면 미묘한 차이나 고유한 특성은 무시되더라도 훨씬 높은 효율성을 얻을 수 있다. 모든 것을 균질적인 단위로 환원한다는 것은 개별적인 특성인 개성을 무시하는 문제점이 있었지만 효율성에서는 커다란 장점이 있었던 것이다.

유럽은 균질적인 단위로 모든 것을 환원하여 파악하려는 사고방식을 채택함으로서 다양성과 본질은 희생했는지 모르겠지만 효율성과 속도를 획득하여 지식과 문명의 발달 측면에서 훨씬 앞서 있던 중국이나 아랍 세계를 따라잡고, 마침내 앞지르기 시작했다. 결국 15~16세기 이후 유럽이 이룬 업적은 질적인 사고에서 양적인 사고로의 전환을 바탕으로 이룬 것이다.

군에서는 여러 종류의 컴퓨터 모의 훈련 체계를 활용하고 있다. 그리고 그 이용도는 더 증대될 것이다. 대규모 군사 장비들과 병력들이 전개하여 기동하는 훈련장을 확보하기가 어렵고, 훈련장이 있다고 하더라도 주변에 영향을 미치는 소음, 화약 연기, 진출입로 주변의 교통 혼잡 등 민원의 발생이 많기 때문이다. 컴퓨터를 이용한 모의 훈련 체계를 구축하려는 시도도 양量적인 사고의 대표 사례라고 할 수 있다. 수많은 변수들이 작용하는 전장 상황을 묘사한다는 것 자체가 질적인 사고로 접근하면 애초에 묘사가 불가능하다. 각종 기상 변화, 지형의 변화, 무기 체계의 변화 등뿐만 아니라 적 지휘관의 성향까지도 입력되어야 하는 것이 본질적인 전쟁의 모습이기 때문이다. 따라서 현재의 컴퓨터 모의 체계는 전장을 구성하는 모든 요소를 다 입력할 수는 없기에 중요한 변수만을 개량화하고 균질화하여 입력하고 있다. 그리고 과학 기술이 발전함에 따라 입력 변수의 종류와 정확도도 점차 향상되고 있다. 그리고 언젠가는 실제 전장 상황과 똑같은 환경을 묘사할 수 있는 날이 오게 될 것이다. 만약 질적인 사고에 고착되었다면 "어떻게 그렇게 복잡한 전장 상황을 다 입력할 수 있겠는가? 그것은 불가능하다"라고 판단하여 컴퓨터 모의 체계를 구축하려는 시도조차 하지 않았을 것이다. 그랬다면 컴퓨터를 기반으로 하는 훈련 체계의 발전 자체가 없었을 것이다. 이런 경우는 양적인 사고의 추구가 질적인 사고의 추구보다 훨씬 유리한 경우이다. 특히 최근에는 AI를 비롯한, VR, AR 기술의 발전으로 LVCG 기반의 과학화 훈련 체계[35]를 합성훈련환경 플랫폼에 통합하여 24시간 내내 다양한 부대가 접속하여 원하는 훈련이 가능하도록 하는 합성훈련환경STE: Synthetic Training Environment 구축을 추진하고 있다. 이 모든 것은 복잡한 본질을 간단한 요소로 쪼개고 균질화하여 개량하려는 양적인 사고의 산물이다.

그러나 양적인 사고가 장점만 있는 것은 아니다. 효율성의 증대가 균질화의 장점이라고 한다면 다양성의 말살, 상호 간에 나타나는 차이의 부정, 자기와 다른 존재를 인정하지 않는 것 등은 양적인 사고의 단점이라고 할 수 있겠다. 군에서 작성하는 많은 보고서는 대부분 현상 분석을

---

35 Live Simulation(실기동 모의 훈련), Virtual Simulation(가상 모의 훈련), Constructive Simulation(워게임 모의 훈련), Gaming(게임 체계 훈련)을 기반으로 하는 훈련을 의미함.

통해서 문제점을 찾아내고, 그 문제점을 해결하는 형태로 작성된다. 여기서 가장 중요한 것이 정확히 현상을 분석하는 것이다. 이때 우리는 앞에서 언급한 양적인 접근 방법. 즉 정량적 분석뿐만 아니라 질적인 접근 방법인 정성적 분석 또한 함께 생각해야 한다. 어느 것이 더 좋다고 단정적으로 말하기 보다는 상황에 맞게 두 요소 모두 중요하게 생각해야 한다는 의미이다.

규율規律과 자율自律, 어느 것이 더 먼저인가?

"권력은 소유하는 것이 아니라 작용하는 것이며, 억압하는 것이 아니라 생산하는 것이다." - 미셸 푸코

프랑스의 철학자 미셸 푸코Paul-Michel Foucault는 현대 사회를 '규율 사회'로 규정한다. 그는 개인과 사회의 관계를 권력과 힘이 작용하는 구조로 파악하는 구조주의[36]적 관점을 견지하는데, 그물망처럼 엮여 있는 규율에 의해 그러한 사회적 구조는 더 견고해지고 있으며, 그런 규율이 적용되는 대표적인 장소로 감옥監獄을 들고 있다. 특히 감시자는 죄수들을 볼 수 있으나 죄수들은 감시자를 볼 수 없어 언제나 감시를 받고 있는 것처럼 느껴지도록 설계된 '판옵티콘'[37]의 개념처럼, 현대 사회에서의 개인은 늘 감시받고 있는 듯한 느낌을 받고 있다는 것이다. 그리고 그러한 감

---

36 인간의 존재를 자신의 의지나 생각의 관점에서 바라보는 것이 아니라, 사회에서 이미 만들어진 구조(언어 또는 무의식 등)에 의해 구성된 존재라고 바라보는 철학적 관점.

37 영국의 공리주의 철학자 제러미 벤담이 제안한 교도소의 한 형태로, 중심에 위치한 감시자들은 외곽에 위치한 피감시자들을 감시할 수 있으나, 감시자들이 위치한 중심은 어둡게 되어 있어 피감시자들은 감시자들의 존재를 알 수 없게 설계되어 있다. 이는 사람이 감시하는 것이 아닌 환경이 감시하는 효과를 극대화할 수 있는 효과가 있다.

시는 지배자가 피지배자에게, 가진 자가 못 가진 자에게, 정상인이 비정
상인에게 규율을 강화하는 중요한 수단이라고 강조한다. 즉, 푸코에게
있어 규율은 현대 사회를 가장 비인간답게 만드는 사회적 장치일 뿐만
아니라 권력을 강화하는 기제로 묘사된다. 따라서 그의 글을 읽고 있노
라면 규율은 배제의 대상이다.

　고등학교 2학년 때 리처드 기어 주연의 영화 '사관과 신사'를 보고 집
에 온 나는 그날 저녁 내내 쿵쾅거리는 가슴을 진정시키느라 애를 먹었
던 기억이 있다. 주인공 잭과 폴의 사랑 이야기였지만, 내 기억에는 리
처드 기어의 멋진 생도 복장과 당시 사관학교 교관이었던 폴리의 혹독
한 훈련, 그리고 나중에 훈련이 종료된 후에는 그토록 가혹했던 폴리가
잭에게 경례를 하는 장면이 가장 인상 깊었고, 당시 그 영화는 내가 육
군사관학교로 진학하는 데 큰 영향을 미쳤다. 지금도 그 영화의 테마곡
인 「Up Where We Belong」을 들으면 그때로 돌아간 듯한 착각을 하곤 한
다. 그런데 지금 생각해 보면, 당시 교관이었던 폴리의 훈련은 잭이 군인
이 되기 위해 꼭 필요한 규율을 체득시키는 과정이었다. 만약 그런 과정
이 없었다면 잭이 훌륭한 군인이 될 수 있었을까? 생도 2학년 때, 중대 홀
입구에 '자율自律과 책임責任'이라는 큰 글자의 액자가 걸려 있었다. 임관
후 한참이 지나서, 어느 조직보다 규율이 엄격히 강조되는 군대 조직에
서, 그것도 생도들을 양성해야 하는 생도대에 왜 자율이라는 글자의 액
자가 중대 홀 입구에 있었을까를 생각해 보았다.

　푸코는 그의 저서 『감시와 처벌』에서 규율이 사회 곳곳에 스며드는
과정을 적나라하게 파헤쳤다. 근대 이전의 형벌은 대부분 신체에 대한

고통을 주는 고문이 대표적이었으나 그렇다고 해서 무분별하게 시행된 것은 아니었다고 말한다. 고문의 시간, 사용되는 도구의 종류, 밧줄의 길이, 추의 무게, 꺾쇠의 수, 심문하는 사법관의 관여 방법 등 모든 것이 용의주도하게 체계화되어 있었다고 말한다. 그리고 당시의 신체적 처벌은 단순한 형벌의 차원을 넘어 정치적 행사로 이해해야 하는데, 그것은 형벌의 집행을 통해 통치자의 권력을 민중들에게 보여 주는 역할도 했다는 것을 의미했다. 즉 가혹한 형벌이 필요한 이유는 본보기 처형이 사람들의 마음속 깊이 새겨져야 하기 때문이었다. 반면, 죄수의 형벌이 어떻게 결정되는가의 과정에 대한 설명은 공개되지 않았다. 그러나 19세기가 되면서 이러한 신체에 대한 형벌은 막을 내리게 되어 교수대絞首臺는 프랑스에서는 1789년에, 영국에서는 1837년에 금지되었다.

1791년 프랑스 형법전 3조에 있는 "모든 사형수는 참수되어야 한다"는 조항은 다음과 같은 3가지의 의미를 갖는 것이었다. 첫째, 신분에 관계없이 같은 종류의 죄는 같은 종류의 벌에 의해서 처벌되어야 한다는 것이고 둘째, 장시간에 걸치는 잔혹한 신체형에 호소하지 않고, 일거에 달성되는 것으로서 한 사형수에 대해 한 번으로 그치는 형벌이라는 것 셋째, 이런 사형은 주로 사형수에 가해지는 형벌이라는 것이다. 따라서 1792년 3월 이후에 사용된 단두대는 이 원칙에 합당한 장치였다. 단두대는 상대방과의 신체적 접촉을 거의 하지 않으면서 생명을 끊어 버리는 것으로서 가장 이상적인 장치가 되었다. 이때부터 징벌은 죄인의 고통을 다루는 기술 단계에서 자유를 포함한 모든 권리 행사를 제한하는 경제 단계로 이행한 것이라고 푸코는 말한다. 그리고 더 나아가서 19세기

초가 되면 아예 이런 공식적인 형벌의 집행 자체가 공개적으로 이루어지지 않게 된다. 반면, 형벌의 결정 과정, 요즘 말로 하면 재판 과정은 공개가 확대된다. 즉, 재판 과정의 공개, 처벌의 비공개가 정착되는 것이다. 그렇다면 왜 그렇게 된 것일까?

권력자의 통치권을 보여주려 공개적으로 시행되는 사형장에 모여든 군중의 태도는 이중적이었다. 권력자가 내리는 잔인한 형벌 집행을 바라보며 그 무한한 권력에 더욱 순종적인 모습을 보이는 무리가 있는 반면에, 어떤 무리는 권력자의 처벌에 항의하거나 반항하는 모습을 보이기도 했다. 군중이 사형장 주위에 몰려드는 것은 단순히 사형수의 고통을 목격하기 위해서나 사형 집행인의 분노를 자극하기 위해서만이 아니었다. 그들이 사형장에 모인 이유는 이제 아무것도 잃을 것이 없이 삶의 끝자락에 있는 사형수가 재판관을, 권력자를, 전지전능한 신神을 저주하는 목소리를 듣기 위해서였다. 곧 도래할 죽음을 구실삼아 죄인은 무슨 말이든 할 수 있었고, 구경꾼들은 그에게 환호성을 보낼 수 있었다. 어떤 죄인이라도 죽기 직전에는 이 모든 범죄가 가난 탓이었다며 하늘을 비난할 수 있었고, 어떤 죄인은 재판관들의 야만스러움을 비판할 수 있었으며, 어떤 죄인은 사제를, 어떤 죄인은 국왕을 비난할 수 있었다. 전지전능한 왕의 무서운 권력을 보여 주어야 할 처형장에서 권력자를 우롱하는 축제의 장이 벌어져 권력자는 농락당하고 죄인은 영웅시되었으니, 죄인이 무고하며 사형 집행이 부당하다고 생각되는 경우는 더욱 그랬다. 결국 19세기 개혁가들은 처형이 권력자의 권력을 보여주고 민중을 위협하는 수단이 더는 되지 못함을 깨달았다. 아울러 사회 전체의 부가 증대되고 인구가 급증함에 따라 위법 행위의 주요 목적는 권리가 아닌 재산으로 바뀌었다. 자본의 축적과 생산 관계와 소유권의 법적 지위가 새로운 형태로 부각되면서 재산에 관한 위법 행위와 권리에 관한 위법 행위는 분리되었다. 즉 재산에 관한 위법 행위는 일반 법원의 결정과 징벌로 처리하고, 권리에 관한 위법 행위는 특별 재판소에서 처리하게 되었다.

이제 징벌은 더 이상 권력을 과시하는 의식이 아니고, 범죄를 예방하기에 충분할 정도면 되었다. 그것은 범죄를 강행하기보다 형벌을 받지 않는 것이 계산상으로 약간의 이익을 갖는 정도를 의미했다. 또한 처벌 현장을 보여 주는 것보다는 다른 사람들에게 그 죄인이 처벌되었다고 믿게 하는 것만으로도 효과는 충분하다고 생각되었다. 따라서 사형보다는 종신 노예제가 잔혹하지 않으면서도 가장 지속적인 효과가 있었다. 과거에는 절반쯤의 증거가 절반쯤의 진실과 절반쯤의 죄인을 만들어 내고, 고통을 가해서 끌어낸 자백이 공중된 가치를 갖게 되고, 추정된 사실이 형벌의 정도를 결정했으나, 이제는 범행의 현실을 명백히 밝히는 문제가 근본적 과제가 되었다. 또한 벌금형이 부자富者에게 두려운 것이 아니듯, 명예형은 공개적으로 형을 받는 자에게는 두려운 것이 아니라는 사실에서 알 수 있듯이 형벌의 효과가 개인이 처한 상황에 따라 다르기 때문에, 이를 각자에게 알맞은 형태의 형벌로 만들 필요가 있었다. 이러한 노력들은 결국 일정한 형태의 규율로 나타나게 되었다. 세르방Servan[38]은 다음과 같이 언급했다.

---

38 J. M. Servan. 프랑스의 홍보인이자 변호사. 위에서 언급한 내용은 그의 저서 『범죄사법 행정에 관한 논설』 1767, p.35.에서 언급되었다.

"어리석은 전제 군주는 노예들을 쇠사슬로 구속할지 모르지만, 참된 정치가는 그것보다는 훨씬 더 강하게 관념의 사슬로 노예들을 구속한다…… 절망이 깊어지고 시간이 흐름에 따라 쇠와 강철로 된 사슬은 부식되고 말지만, 습관적으로 굳어진 관념의 결합은 더욱더 강하게 조여드는 사슬과 같다. 가장 튼튼한 제국의 흔들리지 않는 기반은 인간의 부드러운 두뇌 신경 조직 위에 세워진 것이다."

18세기 후반이 되자, 군인은 만들어지는 어떤 것이 되었다. 일반 사람들의 틀이 덜 잡힌 체격, 부적격한 신체를 필요한 형태로 만들면서 조금씩 자세를 교정시켜 나갔다. 신체의 활동에 대한 면밀한 통제를 가능케 하고, 체력의 지속적인 복종을 확보하며, 체력에 순종과 효용성의 관계를 강제하는 이러한 방법을 푸코는 '규율規律discipline'이라고 했다. 물론, 이런 것은 고대에도 군대나 수도원, 작업장 등에 일부 존재하기는 했으나, 18세기에는 이런 형태의 규율이 사회 전반에 일반적으로 작용했다고 진단했다. 즉, 규율이 군대를 넘어 병원, 학교, 직장 등으로 확산되었다고 말한다. 군인 한 사람 한 사람에게 모든 훈련을 동시에 시키는 고전적인 방법에서 벗어나, 시간을 몇 단계로 분리하고 조정하여 기본 교육을 반복 숙달토록 하였다. 예컨대, 신체와 팔다리 그리고 관절의 위치가 정해지며 하나하나의 동작에는 방향과 범위, 소요 시간이 설정되고 그것들의 연속적 순서가 정해진다. 그리하여 매 순간 항상 보다 많은 유효 노동력을 이끌어 내는 일이 중요하게 되었다. 그리고 이 기술이야말로 프로이센의 보병 교범 속에서 사용되어 프리드리히 2세가 계속 전쟁에서 승리할 수 있도록 만든 요인이자 전 유럽이 이 규정집을 모방한 이유였다.

군대에서는 모든 움직임에 대처할 수 있는 전술을 마련함으로써 단순하고 균일한 통솔과 지휘가 가능했으며, 병원에서는 환자들을 분류하여 배치하고, 격리시키고, 병원의 공간을 신중히 분할하고, 질병을 체계적으로 분류하였으며, 학교에서는 많은 수의 학생들을 보다 효율적으로 교육할 수 있었다. 당시 파리에서 뒤레르네가 사관학교에서 작성한 내용에 의하면 건강의 명제로는 튼튼한 신체를 단련시키고, 일정한 자격 부여의 명제로서는 유능한 사관을 만들고, 정치적 명제로는 복종하는 군인을 양성하고, 도덕적 명제로는 방탕과 동성애를 방지하도록 한다고 되어 있었다.

일반 학교에서도 교사의 보조역으로 우수한 학생들 중에서 총감독, 관찰, 지도, 복습, 기도 낭송, 글씨 쓰기, 잉크 분배, 부속 사제와 방문객 접대 등의 일을 전담하는 학생이 임명되었으며 이는 위계화된 질서 속에서 감시망으로 작동했고, 이 모든 것은 규율 제도로 정착되었다. 이를 가리켜 푸코는 규율이 "이제 과거의 화려하고 과시적인 권력 대신에 고유한 메커니즘으로 유지되고 개선된 시선이 끊임없이 작동하는 권력으로 등장하였다"라고 하였다. 그리고 그런 규율은 과거의 군주나 사제司祭가 실시하는 징세에 의한 금전과 생산품의 징수 등 '폭력적 징수'라는 낡은 원칙을 버리고 '부드러움-생산성-이익'이라는 원칙으로 대체되었다고 말했다. 따라서 학교의 지식과 능력 생산, 병원에서의 건강 생산, 군대에서의 파괴력 생산도 같은 의미로 보았다. 규율은 집단을 구성하는 개인과 전체를 이용하는 데 장애가 되는 요소들을 줄이고 또한 다수가 갖는 장점의 모든 요소를 살릴 수 있는 것이 된 것이다. 그리고 위계질서적 감시와 지속적인 기록, 끊임없는 평가와 분류 같은 수단은 규율을 더욱 확산하고 강화했다고 말했다.

푸코는 현대 사회는 더 이상 감시와 규율이 필요 없다고 생각할지도 모른다. 그러나 나는 푸코가 감시와 규율이 필요 없음을 말한 것이 아니라, 이미 현대 사회는 감시와 규율을 지워 버릴 수 없을 만큼 앞으로 달려왔으며, 이제는 그러한 장치들이 규범화되고 확대됨으로써 새로운 권력의 확산에 기여하고 있음을 경고한 것으로 이해한다. 그리고 오늘날 인간을 구속하는 감시기구로서의 '판옵티콘' 같은 전방위적 감시의 역할을 하는 규율을 비판한 것이다. 그러나 푸코도 인정했듯이, 인간의 자유를 발견한 계몽주의 시대는 또한 규율을 발명한 시대이기도 했다. 시간, 동작, 체력에 관한 분석적 분할 관리 방식은 복종시켜야 할 집단들로부터 단순한 노동을 생산의 메커니즘으로 쉽게 이전할 수 있도록 계획적인 도식을 만들어 냈고, 이것이 자본의 축적을 촉진시켰다. 즉, 군대에서 통용되는 이런 방법을 산업 조직에 대대적으로 투영하여 권력의 도식을 노동의 분업으로 확장했던 것이다. 푸코는 중세에 범죄 사실을 확인하기 위해 사법적 조사가 고안된 것처럼 18세기에 규율과 평가의 기술들이 고안되었다고 생각했다. 그리고 현재 우리가 잘 알고 있는 '인문과학'이라는 것도 이러한 조사 방법이 심리학이나 정신 의학, 교육학, 범죄학, 그리고 그 외의 다양한 학문들과 관계를 맺음으로써 발전해 왔다고 말한다. 따라서 규율을 통해 오늘날과 같은 고도의 발달된 산업 사회를 이루어왔음을 부정할 수 없다.

　최근 한류韓流의 영향으로 많은 외국인들이 우리나라를 방문한다. 그들의 여행 수기를 읽어 보면 한결같이 공통적으로 등장하는 스토리가 있다. 공항이나 버스 정류장에서 한국인들은 자신의 캐리어 백을 순서대로 방치해 놓고 현장을 이탈한 후에 다시 돌아와 그 순서대로 버스를 탑승하는데 왜 그 캐리어를 훔쳐 가는 사람이 없는지? 카페에서 화장실에 갈 때 가방이나 핸드폰을 자리에 놓고 가도 분실하지 않는지? 기차나 버스 역에 있는 공용 화장실이 왜 깨끗한지? 등이다. 대한민국에서 그런 일들이 가능하다면 자신들의 나라에도 이처럼 하면 되는데 왜 부러워하는 것일까? 결론은 그들의 나라에서는 이를 실천하기가 불가능하다는 것이다. 왜 그럴까?

　어떤 사회든지 그 사회를 구성하는 사람들이 갖고 있는 공통된 '의식'이라는 것이 있다. 그것은 역사의식이 될 수도 있고 민족의식이 될 수도 있고 시민 의식이 될 수도 있다. 나는 다른 나라 사람들의 시민 의식이 우리나라 사람들과 다르기 때문에 위에서 언급한 것들의 실천이 불가능하다고 생각한다. 우리나라 사람들은 보는 사람이 없어도 남의 물건에 손을 대지 않는다. 그러나 많은 외국에서 이는 불가사의한 현상이다. 그들 나라에서는 주인의 손에 붙어 있지 않은 물건은 바로 도난을 당하고, 이를 아주 정상적인 현상으로 인식한다. 그러니 감히 캐리어를 자신의 손에서 떨어뜨려 차 앞에 줄을 세울 수가 없는 것이다. 우리나라 사람들은 공중화장실이 늘 깨끗하고 화장지가 비치되어 있는 것을 당연하게 여긴다. 그리고 그곳에서 화장지를 가지고 가지도 않고, 화장실을 더럽게 사용하지도 않는다. 그러나 많은 외국의 현실은 다르다. 화장실은 금방 더러워지고 비치된 화장지는 누군가가 가지고 간다. 사람들이 지하철역 철로에 방뇨를 해서 악취가 나는데도 지하철역에 화장실을 만들지 않는다. 아니 만들지 못한다. 깨끗한 화장실을 운영할 능력도 없고 관리비만 증대되기 때문이다. 즉 화장실을 사용하는 국민들의 기본 시민 의식에서 차이가 나기 때문이다. 그렇다면 대한민국 국민들은 태어나면서부터 이렇게 태어나는 것일까? 그렇지 않다. 대한민국 국민이나 외국인이나 태어날 때는 똑같다. 그런데 차이가 나는 것은 무엇 때문일까? 교육과 사회 시스템의 차이 때문이다. 우리나라의 높은 교육열은 세계가 알아준다. 그러한 교육열을 바탕으로 아이들은 어려서부터 체계적으로 공중도덕과 질서를 배우고 익힌다. 또한 기존의 사회 시스템에서 남의 물건에 손대지 않기, 상대방 배려하기 등이 어렵지 않게 지켜지고 있기 때문에 사회를 처음 접하는 초년생들도 기존 질서에 자연스럽게 동화되고 적응해 간다. 이것은 마치 부익부 빈익빈처럼 깨끗한 곳은 더욱 깨끗해지고 더러운 곳은 더 더러워지는 것과 마찬가지다. 반면, 외국에 이런 사회 시스템이 구축된 곳은 드물다. 이것은 현명한 한 두 사람이 캐치프레이를 내걸고 솔선수범한다고 해서 이루어지는 일이 아니다. 사회 구성원 대부분이 동의하고 실천해야 구축될 수 있다. 물론, 기본적인 경제적 부富가 바탕이 되어야 하는 것은 물론이다.

누가 보든 보지 않든 남의 물건에 손을 대지 않는 것, 다른 사람을 배려하여 공중화장실을 깨끗이 사용하고 화장지를 가져가지 않는 것 등은 어떻게 사람들의 의식 속에 자리 잡았을까? 나는 이 과정에도 푸코식 감시와 규율이라는 메커니즘이 작동한다고 본다. 그것은 언제 어디서 찍힐 줄 모르는 CCTV가 될 수도 있고, 어디선가 누군가가 보고 있을 수 있다는 의심이 될 수도 있고, 각자의 마음속 내면에 자리 잡고 있을 '양심'이 될 수도 있다. 어쨌든 우리는 그런 비양심적인 행동은 해서는 안 되는 것으로 배웠고, 당연한 규율로 받아들이고 있다. 결과적으로 이런 사회적 규율은 우리 사회를 깨끗하고 풍요롭게 하여 세계인의 부러움을 사고 있다. 즉, 불필요한 규율도 있고 필요한 규율도 있다는 것이 나의 생각이다. 군에 입대하는 장병들이 신병 기초군사훈련을 받고, 상명하복의 군대 문화와 병영 생활의 준칙들을 배우는 것은 군대 시스템으로 들어가기 위한 자연스럽고 필연적인 과정이다. 다시 처음으로 돌아가서 영화 '사관과 신사'에서 교관이었던 폴리가 사관후보생이었던 잭에게 시킨 훈련은 잭이 군인이 되기 위해 꼭 필요한 '규율'이었던 것이다. 이런 과정을 거치지 않고서는 훌륭한 군인이 될 수 없다. 결론적으로, 내가 생도 2학년 때 중대 홀 앞에서 보았던 '자율과 책임'이라는 액자에서 자율은 규율을 충분히 습득한 후에만 가능하다는 것이 나의 생각이다. 군대에서 자율은 거저 주는 것이 아니다. 자율로 인해 벌어지는 모든 결과를 온전히 책임질 수 있는 자만이 자율을 누릴 권한이 있다.

『엔트로피 법칙』은
생명 현상에도 적용되는가?

물리학 이론에는 열역학 제1법칙과 제2법칙이 있다. 제1법칙은 "우주에 있어서 물질과 에너지의 총화는 일정하여 결코 더 이상 조성되거나 소멸되는 일이 없으며, 또한 변화하는 것은 형태뿐이고 본질은 변하지 않는다."는 그 유명한 '에너지 보존의 법칙'이고, 제2법칙은 "물질과 에너지는 하나의 방향으로만, 즉 사용이 가능한 것에서 사용이 불가능한 것으로, 혹은 이용이 가능한 것에서 이용이 불가능한 것으로, 또는 질서 있는 것에서 무질서한 것으로 변화한다."는 법칙이다. 우리는 제2법칙을 다른 말로 '엔트로피 법칙'이라고도 한다.

나는 사관생도 2학년 때 물리 과목을 배우면서 이 용어를 처음 접했다. 그 당시에는 엔트로피를 '무질서도'라고 배웠던 것으로 기억하고 있다. 예를 들면, 난로에서 뜨거운 부지깽이를 꺼내어 공기 중에 놓는다면 이 부지깽이가 식어 감에 따라 주위의 공기는 뜨거워진다. 열은 언제나 뜨거운 물체에서 찬 물체로 흐르기 때문이다. 그리하여 마지막에는 부지깽이와 주위의 온도가 같은 상태가 된다. 뜨거운 상태의 부지깽이는 일을 할 수 있는 에너지를 갖고 있으나, 시간이 지남에 따라 주위와 온도가 같아지면 더 이상 일을 할 에너지가 없게 된다. 즉 이용 가능한 것에서 이용 불가능한 것으로 변한 것이다. 그리고 이러한 변화는 절대 반대 방향으로 일어날 수 없다. 이것이 '엔트로피 법칙'이다. 열역학 제1법칙에 의해 세상에 존재하는 에너지의 양은 일정한데, 엔트로피 법칙에 의하면 우리가 이용 가능한 에너지는 시간이 지남에 따라 이용 가능하지 못한 상태로 변한다는 것으로, 제레미 리프킨Jeremy Rifkin은 자신의 저서 『엔트로피』에서 물질문명에 의존하여 에너지를 과소비하는 기존의 삶을 비판하면서 에너지의 활용을 최소화하고 친환경적인 삶을 살 것을 강조했다. 그리고 지금까지 서양인들이 믿어 왔던 '역사는 진보한다'는 개념을 근본적으로 뒤엎어야 한다고 주장했다.

반면 현대를 살고 있는 대부분의 사람들은 세계는 언제나 가치 있는 상태로 전진하는 것으로 믿고 있다. 개개의 인간은 자립된 주체로 존재하며, 자연에는 질서가 있고, 과학의 법칙은 객관적이며, 인간은 시간이 흐를수록 더욱 발달된 과학 기술 덕분에 풍요로운 삶을 누리게 된다고 믿는다. 또한 찰스 다윈의 진화론에 의하면 지구상의 생물은 시간의 흐름에 따라 진화를 거듭하여 환경에 더욱 적합하게 발전한다고 했다. 헤겔은 인간 의식 또한 변증법적 발전을 통해 전진해 나간다고 했다. 그러나 무엇보다도 우리에게 많은 영향을 준 것은 우리가 '정확성'이라는 말에 도취되어 정확한 과학을 기반으로 이 세상을 세밀히 분석할 수 있으며, 우리에게 있어 역사란 끊임없이 부품을 조립하거나 프로세스를 확대함으로써 전진한다고 생각하는 기계론적 사고방식이다. 이런 기계론적 세계관을 구축한 대표적인 사람은 프랜시스 베이컨, 르네 데카르트,

아이작 뉴턴이다.

베이컨은 그리스인들의 세계관을 분석하고 나서 "그리스인들의 사고思考는 주장은 화려한 반면, 인간 생활을 보다 즐겁고 풍부하게 하며 이익을 가져오기 위한 실험은 전혀 하지 않고 있다"고 결론을 내리고, 과학적인 방법론에 의한 객관적인 지식이 있으면, 인간은 "자연계, 예컨대 의학이나 자연 현상, 그 밖의 모든 것을 지배할 수 있다"고 말하면서 기계론적 사고의 문을 열었다. 이어서 데카르트는 "나에게 연장延長(공간의 넓이)과 운동을 제공한다면 우주를 만들어 보여 주겠다"고 선언하면서 수학 속에 우주가 있다고 주장했다. 그에게 있어 세상은 수학적 계산에 의해 산출된 값이 설명하는 마땅한 장소이며, 모든 관계 또한 수학적 법칙에 의한 조화로운 존재이며 무색, 무미, 무취의 완전무결한 것이었다. 그러나 무엇보다도 기계론적 세계를 설명하는 도구를 제공한 사람은 뉴턴이었다. 그는 어떻게 하여 행성行星이 자기가 향하는 방향으로 향하고, 또 어찌하여 한 잎의 나무 잎사귀가 같은 방향으로 떨어지는가를 설명할 수 있는 법칙을 발견했다. 뉴턴의 세 가지 법칙(운동 방정식, 관성의 원리, 작용 반작용의 원리)은 책으로 나오자마자 곧 모든 대학에서 강의하게 되었고, 금세 유럽 전체에 퍼져 나갔다. 이제 사람들은 뉴턴이 말한 것처럼 사회는 무질서하고 혼란된 상태에서 질서 있고 완전히 예측이 가능한 상태로 진행하고 있다고 믿게 되었다.

뉴턴의 기계론적 세계관을 사회 현상에 적용한 사람이 나타났는데, 대표적인 사람이 존 로크와 애덤 스미스이다. 로크는 정치에 적용했고, 스미스는 경제에 적용했다. 로크는 인간의 사상이 혼탁하게 된 이유는 오랫동안 이 세계를 지배해 온 신神 중심주의에 의한 불합리한 전통이나 관습 때문이라 생각했고, 신이란 인간의 능력으로는 알 수 없는 존재이므로 종교에 의해 사회 기반이 형성되는 것은 잘못된 생각이라는 결론에 도달했다. 그래서 종교가 각 개인의 관심사인 것은 당연한 일이지만, 공적公的 활동의 기반이 될 수는 없다고 주장했다. 이것은 계몽사상의 개막으로, 베이컨이 자연에서 신을 추방한 것처럼 로크는 인간 사회의 정치 영역에서 신을 추방했다. 로크는 "정부의 목적은 새로 발견된 자연에 대한 인간의 지배력을 활용하여 부를 생산하는 자유를 국민에게 제공하는 것"이라고 했고, 더 나아가서 그는 부를 생산하는 것은 인간의 의무라고 했다. 로크는 또한 다음과 같이 말했다.

> "자기 노동에 의해 땅을 자기 소유로 만든 자는 인류의 재산을 증가시키면 시켰지 결코 감소시키지 않는다. 왜냐하면 식량을 얻기 위해 1에이커의 땅을 경작했을 경우와 비교하면, 같은 1에이커의 미개간지는 거기에서 아무리 높은 수확이 예상되더라도 경작지의 1/10이하의 가치밖에 없기 때문이다. 따라서 땅을 경작하는 사람은 비록 면적이 10에이커밖에 되지 않더라도 100에이커의 땅을 소유하고 황무지로 방치하고 있는 사람에 비해 훨씬 많은 이익을 가져와 인류에게 90에이커분 이상의 기능을 하고 있는 셈이다"

더불어 아메리카 인디언에 대해서는 "이들은 세계에서 가장 풍요로운 땅에 살고 있는 소수 민족인데도 그 부를 개척하기를 게을리하고 있다"고 비난하였다. 그의 이러한 논리는 사회 계약을 위한 개인의 정치적 자유를 확장시키는 역할을 하기도 했지만, 새로 발견된 신대륙 원주민의 재산권을 인정하지 않고 그들의 경작지를 침탈하는 논리로 활용되면서 가혹한 인간의 흑역사를 연출하는 데도 크게 기여하였다.

애덤 스미스는 『국부론』에서 자연법칙에 따라 운동하는 우주 천체와 마찬가지로 경제도 같은 행위를 보여 준다고 말했다. 경제 조직에서 가장 효율적인 방법은 '자유방임주의'이며, 현상을 그대로 방임해 두고 인간의 행동을 전혀 저해하지 않는 것이라고 하였다. 즉, '보이지 않는 손'이야말로 경제 과정을 지배하는 자연의 법칙이며, 자동적으로 자본 투자, 일, 자원, 그리고 상품 생산을 분배하는 것이라고 말했다. 로크와 마찬가지로 애덤 스미스도 인간 활동의 모든 기반은 물질적인 욕망의 만족에 있다고 믿고 있었다. 그리고 그것이 자연스러운 일인 이상, 개인의 욕망을 비판하거나 개인의 이익 추구를 방해하는 사회적인 장벽을 만드는 것은 사회에 해악을 가져오는 일이라고 주장했다. 로크가 사회에 대하여 행한 것과 마찬가지로 스미스는 경제에서 도덕을 완전히 분리시켰다. 도덕이라는 굴레를 벗어던진 경제는 개인의 부를 위해서 폭주 기관차와 같이 앞으로만 달렸다. 이제 경제는 전쟁, 폭력, 과학, 심지어 문화와 예술과도 동침하며 인간 삶의 거의 모든 것을 잠식하기 시작했다. 돈이면 뭐든지 되는 세계가 열리기 시작한 것이다.

그런데 이러한 기계적 세계관이 오늘날과 같이 큰 힘을 발휘할 수 있게 된 것은 1859년에 출판된 찰스 다윈의 『종의 기원』에 힘입은 바가 크다. 다윈의 생물 진화이론은 어느 면에서 보나 생물학에 있어서 뉴턴의 과학적 발전에 필적하는 것이었다. 그리고 이것은 뉴턴의 기계론적 세계관을 무너뜨릴 수 있는 가능성도 있었다. '엔트로피 법칙'의 생물학적 적용에 있어서도 마찬가지였다. 열역학 제2법칙에 의해 세상의 엔트로피는 언제나 증가되어 간다고 했다. 그렇다면 생명 현상에서는 어떨까? 모든 생명체는 위대한 질서를 보여주고 있다. 그리고 성장함에 따라 엔트로피가 오히려 감소한다. 예컨대 갓난아기는 성장함에 따라 점점 더 많은 세포에 의해 에너지를 축적해 간다. 식물 또한 성장함에 따라 세포는 증가하고 에너지를 더 많이 축적한다. 모든 생명체는 그것을 에워싼 환경에서 자유롭게 에너지를 흡수함으로써 엔트로피의 과정과는 반대 방향으로 향하고 있는 것이다. 그렇다면 생명체는 '엔트로피 법칙'을 벗어나는 것일까?

노벨 물리학상을 수상한 에르빈 슈뢰딩거Erwin Schrödinger의 말을 인용해 보면 다음과 같다.

"모든 생물은 그 주위의 환경에서 끊임없이 자유로운 에너지, 즉 마이너스 엔트로피를 섭취하여 살아가고 있다…… 즉 주위의 질서를 파괴하여 그것을 자기 몸에 흡수하지 않으면 살아가지 못하는 존재이다."

다시 말해 어떤 생물도 죽음이라는 평형 상태, 즉 그 육체가 완전히 풍화風化되어 공기나 흙으로 환원되는 상태가 되기 전까지는 마이너스 엔트로피로 작용하지만, 죽음에 이르게 되면 양의 방향으로 향하는 것이 자연스럽다는 것이다. 쉽게 설명하면 생명 현상 자체는 엔트로피 법칙의 반대로 움직이나, 넓은 우주적 측면에서 보면 생명 현상 역시 죽음에 이르게 되면 에너지의 평형 상태가 되어 엔트로피가 증가(사용 가능성의 제로)하는 '엔트로피 법칙'을 따른다는 것이다. 그런데 여기에 부가해서 다윈의 진화론은 생명 현상과 마찬가지로 사회도 진화한다는 사회 진화론의 이론적 토대가 됨으로써 오히려 기계론적 세계관을 이론적으로 뒷받침하는 결과가 되어 버렸다. 즉, 환경에 가장 적합한 종이 선택되어 살아남았고 이렇게 살아남은 종이 오랜 세월이 흐르면서 다수의 종으로 생존한다는 '자연 선택 이론'이 마치 강한 자만이 살아남는다는 약육강식의 '적자생존 이론'으로 바뀌게 되고, 이것은 더 나아가서 인류 전체의 진보를 위한다는 목적하에 특정 민족의 우생학적 우수성을 장려하고, 특정 민족의 열등한 유전자는 소멸되어야 한다는 이론으로까지 발전하게 되어 인류의 비극을 낳기도 했다.

인간을 비롯한 모든 생명체는 주변 환경에서 마이너스 엔트로피를 섭취하여야만 살아갈 수 있다는 사실에 왠지 씁쓸함을 느끼게 된다. 그리고 생명 현상의 중지에 해당하는 '죽음'이라는 것이 모든 에너지를 다 쓰고 아무것도 남지 않은 엔트로피가 가장 높은 상태이며, 이것은 뒤로 되돌릴 수 없다는 법칙에 자연의 위대함을 느끼게 되기도 한다. 철학자 버트런드 러셀은 "모든 생물은 일종의 제국주의자와 같다. 어떻게 해서든지 자기를 에워싼 환경을 자기 것으로, 그리고 자기와 같은 종種으로 바꿔 놓기 위해 노리고 있다"고 표현하였다. 나는 러셀의 이러한 표현에 동의한다. 그러나 '엔트로피 법칙'은 어디까지나 물리적 환경에 해당하는 법칙이다. 인간은 누구나 죽으면 한 줌 흙으로 돌아가지만 ─ 엔트로피 법칙의 지배를 받지만 — 그가 살아생전에 남긴 유무형의 업적은 천 차만별이며, 이는 '엔트로피 법칙'으로는 설명할 수 없다. 인간은 다른 생명체와는 달리 육체 외에 인간을 인간답게 하는 영혼을 갖고 있어서다. 그리고 인류 문명의 발전은 이러한 인간다움에서 비롯된 것이 더 많다.

『엔트로피』의 저자 제레미 리프킨은 역사의 원동력을 에너지로 보고, 존재하는 모든 형태나 움직임은 에너지를 집중, 변화시킨 결과가 구체적인 형태로 나타난 것에 불과하며 그 형태는 '엔트로피 법칙'에 의해 한 번 소모되면 결코 되돌릴 수 없다는 지각에서 되도록 에너지 소비를 적게 하는 것이 최상의 도덕 규범이라고 했다. 그리고 이런 주장은 많은 환경 보호론자들의 지지를 받았다. 환경 보호론자들의 주장에 따르면 문명은 파괴적이며 비인간적이고 지구의 생명을 단축하는 가장 큰 인류의 적敵이다. 현대의 삶은 몰개성적이고 환경 파괴적이며 산업 혁명 이전 농촌의 목가적 풍경은 우리가 영원히 동경해야 할 삶이다. 그러나 과연 그럴까? 다른 주장도 있어서 소개를 한다. 매트 리들리Matt Ridley의 『이성적 낙관주의자The Rational Optimist』에는 다음과 같은 내용이 나온다.

"1800년 서유럽, 통나무로 지은 집 안의 화덕 주위로 가족들이 모여든다. 아버지가 큰 소리로 아이들에게 성경 구절을 읽어 주는 동안 어머니는 쇠고기와 양파를 넣은 스튜 요리를 차리고 있다. 우는 아기는 누나 한 명이 어르고, 맏아들은 물주전자의 물을 탁자 위 질그릇에 따른다. 큰 딸은 마구간에서 말에게 사료를 주고 있다. 바깥에는 교통 소음도, 마약 상인도 없다. 암소 젖에서 다이옥신이나 방사능 낙진이 발견된 일도 없다. 모든 것이 고요하고 평화롭다. 창밖에는 새가 노래한다…… 미안하지만 여기서 짚고 넘어가야겠다. 이 집은 마을에서 잘사는 축에 든다. 아버지의 성경 읽기는 자주 중단된다. 기관지염으로 인한 기침 때문이다. 그는 53세에 폐렴으로 죽을 징조이다(1800년 잉글랜드의 기대 수명은 채 40세가 안 되었다). 아이가 지금 우는 것은 천연두에 걸린 탓인데, 이 때문에 머지않아 죽게 될 것이다. 그의 누이는 곧 결혼해 주정뱅이 남편의 노예가 될 것이다. 맏아들이 따르고 있는 물에서는 소똥 냄새가 난다. 물을 떠온 개천이 암소가 물을 마시는 곳이기 때문이다. 엄마는 치통 때문에 고문 수준의 고통을 참고 있다. 심지어 지금 이 순간에도 이웃집에 하숙 든 남자는 건초 창고에서 한 소녀를 강제로 임신시키는 중이고, 소녀가 낳을 아이는 고아원에 갈 운명이다. 스튜는 회색이고 걸쭉하지만 오늘처럼 고기가 들어 있는 것은 아주 드문 일이고 평소에는 귀리죽으로 연명한다. 촛불은 너무 비싸서 실내에 빛이라고는 장작불에서 나오는 게 전부다. 아이들은 한 침대에 두 명씩 잔다. 맨바닥에 깐 매트리스는 짚으로 만들었다. 창밖에서 노래하는 새로 말할 것 같으면, 내일이면 소년이 놓은 덫에 잡혀 그의 식사가 될 예정이다. 이는 당시 통계가 증명한다."

1800년 서유럽 농촌의 생활은 환경 보호론자, 개발 비판론자들이 말하는 것처럼 목가적인 삶이 아니었다. 위에서 언급한 것처럼 당시의 삶은 비참했다. 이는 꾸며낸 이야기가 아니다. 저자 '매트 리들리'가 당시의 통계 자료를 바탕으로 묘사한 것이다. 우리는 현재 우리의 삶이 얼마나 풍요롭고 위생적이며 환경 친화적인가를 모르고 있다. 왜냐하면 우리 주변은 온통 환경 보호론자, 개발 비판론자들의 장막으로 가려져 있기 때문이다. 그래서 우리는 환경 보호론자는 무조건 좋은 사람이면서 지구를 지키는 사람들이고, 개발론자들은 무조건 나쁜 사람이며 환경을 파괴하고 돈만 밝히는 사람으로 생각하고 있다. 그러나 그렇지 않은 경우도 많다.

2005년경, 초등학생 아들을 데리고 종교 단체에서 주관하는 캠핑에 참가한 적이 있었다. 그때 주관 단체에서 환경 보호 관련 영화를 보여주었는데, 내용 중 2025년에서 2030년이 되면 지구상에서 더 이상 석유를 쓸 수 없는 피크 오일 현상이 찾아올 것이라고 경고한 것이 기억난다. 현재(2023년)의 시각에서 살펴보면 앞으로 불과 2년~7년 사이에 벌어질 일인데, 그 사이에 석유가 바닥날 일은 없어 보인다. 특히나 지금은 미국에서 셰일 가스를 상용화할 수 있는 기술을 개발했기 때문에 지구상에 묻힌 모든 셰일 가스를 생각하면 어쩌면 인류가 영원히 쓸 수 있는 양이 될지도 모르겠다.

1970년대 초반, 로마 클럽에서 『성장의 한계』라는 보고서를 냈다. 인간의 지수함수적인 자원 이용 때문에 아연, 금, 주석, 구리, 석유, 천연가스 매장량은 1992년이 되면 고갈될 수 있으며, 이는 문명과 인구의 붕괴를 초래할 수 있다는 것이 주요 내용이었다. 그러나 재생 불가능한 자원 중 고갈된 것은 지금까지 단 한 가지도 없다. 널리 알려진 바와 같이 석기 시대는 돌이 부족해서 끝난 것이 아니다. 기술은 우리가 생각하지 못한 것들을 만들어 낸다. 그리고 그 기술을 개발하는 사람들이 모두 환경 파괴론자는 아니다.

폭력은 언제, 어떻게
시작되었는가?

"저는 알지 못합니다. 제가 아우를 지키는 사람입니까?"

인류 최초의 살인자 카인이 동생 아벨을 죽였을 때 "네 아우 아벨은 어디 있느냐"라는 야훼의 물음에 대한 카인의 답이다. 또한, 『마시멜로 이야기』에는 다음과 같은 내용이 전해져 온다. "가젤은 가장 빠른 사자보다 더 빨리 달리지 않으면 잡혀 죽는다는 사실을 알고 있고, 사자는 가장 느린 가젤이라도 앞지르지 못하면 굶어 죽는다는 것을 알고 있다. 네가 가젤이든 사자든 해가 떠오르면 달려야 한다." 나는 이 글을 읽으면서, 그리고 동물의 왕국이라는 프로그램을 보면서 왜 모든 생명체는 다른 생명체를 죽여야만 살 수 있는가를 생각해 본다. 우리가 일상적으로 먹는 계란, 닭고기, 소고기, 채소 등 모든 음식은 그것이 동물이든 식물이든 결국 다른 생명체의 존재가 소멸함을 기반으로 한다. 지구 생태계가 그렇게 되어 있기 때문이다. 따라서 우리가 닭고기를 먹기 위해서 닭을 죽인다고 해서 폭력을 사용했다고 표현하지 않는다. 마찬가지로 사자가 가젤을 죽였다고 해서 폭력을 행사했다고 하지 않는다. 적어도 폭력이란 카인이 아벨을 대상으로 한 것과 같이 인간을 대상으로 한 행위라고 생각한다. 그렇다면 폭력은 그 옛날 성서에 기록될 정도로 오래전부터, 아니 인류의 탄생과 함께 존재했다고 볼 수 있다.

사냥을 하고 열매를 따 먹는 우리의 조상들은 오늘날 우리가 전쟁이라고 부를 수 있는 조직적 폭력을 행사할 여유가 없었다. 또한 경제적 잉여 생산물이 없었기 때문에 생산물의 분배도 평등했다. 그러나 필요 이상으로 생산하는 사회에서는 작은 집단이 자신의 부를 위해 이 잉여를 착취하고 폭력을 독점하고 나머지 사람들을 지배하게 된다. 바로 조직적 폭력이 등장하는 것이다. 우리는 인류가 이런 생활을 하게 된 시점을 기원전 약 10세기를 전후한 농경 생활을 하면서부터라고 말한다. 농경과 함께 문명이 나타났고 문명과 더불어 전쟁이 나타났다. 훗날 로마의 역사가 타키투스는 자신이 만난 게르만 부족들이 힘들게 쟁기질을 하고 작물이 자라기를 지루하게 기다리기보다는 '적에게 도전하여 부상의 명예를 얻는' 쪽을 훨씬 좋아하는 데 주목했다. 그들은 피로 얻을 수 있는 것에 비해 힘든 노동의 땀으로 무언가를 얻으려 하는 일은 비굴하고 어리석다고 생각했다.[39] 따라서 폭력은 사회적 삶의 중심에 놓이며, 대부분이 고대 문화에서 이러한 진리는 동물 희생이라는 제의적 의식(신에게 바치는 제사의 제물로 동물을 사용)으로 표현되었다. 그리고 이런 의식을 진행하는 이들은 삶이 다른 존재의 파괴에 의존한다는 사실을 알고 있었다.

---

39 카렌 암스트롱, 『신의 전쟁』, 교양인, p.51

수메르의 왕들은 사제로서 천문학과 제사의 전문가였다. 그러나 점차 길가메시 같은 전사가 되어 갔다. 그들은 전쟁이 세입의 귀중한 원천으로서 전리품과 더불어 노동을 할 수 있는 포로를 얻을 수 있는 수단임을 깨달았다. 이후 모든 국가에서 전쟁은 국가의 성장과 운명을 논함에 있어 가장 중요한 일이 되었다. 싸우는 일과 부富를 얻는 일은 분리할 수 없었다. 전쟁을 위한 출정의 주된 목적은 약탈물과 전리품을 얻는 것 외에 더 많은 농민을 정복하여 세금을 거두는 것이었다. 그리고 국가의 지배층은 생산적인 일에 참여해야 하는 요구에서 벗어나 있었기 때문에, 이들은 여가를 이용해 군사 기술을 더 발전시킬 수 있었다. 경제적으로 농업에 의존하던 중동, 중국, 인도, 유럽의 여러 나라에서는 인구의 2%가 되지 않는 엘리트 집단이 민중이 재배한 농산물을 체계적으로 강탈함으로써 귀족적 생활 방식을 유지했다. 그러나 역설적이게도 이러한 불평등한 사회적 구조가 없었다면 인간은 아마도 절대 생존絶對生存 수준 이상을 넘어서는 발전을 하지 못했을 것이라고 역사가들은 주장한다. 왜냐하면 기본적 노동에서 제외되어 여가를 즐길 수 있는 특권 계층이 없었다면 문명화된 예술과 과학을 발전시킬 수가 없었을 것이며 따라서 인류 문명의 진보도 없었을 것이기 때문이다. 믿고 싶지 않지만, 근대 이전의 모든 문명은 이런 억압적 체계를 채택했다. 소수 귀족에 의한 다수 민중에 대한 억압적 지배 현상은 당연히 종교에도 영향을 끼칠 수밖에 없었는데, 지배 엘리트가 기독교, 불교, 이슬람교 같은 윤리적 전통을 받아들이면 성직자들은 대개 국가의 구조적 폭력을 뒷받침할 수 있도록 자신들의 이데올로기를 변경했다. 따라서 어떤 신앙 전통도 군사적으로 막강한 제국의 후원이 없었다면 세계 종교가 되지 못했을 것이다. 기독교가 세계 종교로 확산하는 데는 로마 제국의 뒷받침이 있었으며, 불교가 확산하는 데는 인도의 마우리아 왕조를 비롯한 지배적 권력의 후원이 있었다는 것은 널리 알려진 사실이다.

모든 농경 사회는 결국 본질적으로 제한된 자원이라는 한계에 이르게 되고, 이것이 혁신에 제동을 걸었다. 근대 이전까지만 해도 모든 국가의 목적은 주민을 인도하고 주민에게 서비스를 제공하는 것이 아니라 그들에게 세금을 부과하는 것이었다. 농민으로부터 가져갈 수 있는 것은 무엇이든 다 가져가고 다른 귀족이 농민의 잉여물을 가져가는 것을 막으려고 정부가 세워진 것이었다. 따라서 이런 국가들에게 전쟁(세수 기반을 확장하고 유지하기 위한)은 필수적이었다. 1450년에서 1700년 사이에 오스만 제국이 전쟁에 개입하지 않은 해는 8년뿐이었다고 한다. 오스만 제국이 맺은 한 조약은 농경 국가가 조직화된 폭력에 의존하고 있다는 사실을 극명하게 말해 준다.

"세상은 그 무엇보다도 녹색의 밭이며 그 울타리는 국가다. 국가는 정부이고 그 수반은 군주다. 군주는 군대의 지원을 받는 목자다. 군대는 돈으로 유지되는 경비 집단이며 돈은 신만이 제공하는 불가결한 자원이다."

기원전 268년 인도 마우리아 왕조의 왕위에 오른 아소카는 불교도에 호의를 보였다. 그는 스승에 대한 존경, 부모에게 복종, 노예와 하인에 대한 배려, 모든 종파-정통 브라만이 아니라 불교도, 자이나교도와 다른 이단적 종파까지-존중의 중요성을 역설했다. 그는 사람들이 서로의 의견을 들을 수 있도록 화합을 권했고, 살아 있는 존재의 살해를 삼갈 것을 설교했지만, 황제로서 그 지역의 안정을 위해 자신의 무력을 버릴 수도 없었고, 또 그 시대에 시행되고 있었던 사형을 폐지하거나, 동물을 죽이거나, 먹는 것을 막는 법을 만들 수도 없었다. 당연히 국가의 최고 권력자로서 전쟁을 포기하거나 군대를 해산할 수도 없었다. 만약 북한에 김정은을 대신해서 평화를 사랑하는 누군가가 권력을 잡았다고 해서 바로 북한을 변화시킬 수 있을 것인가? 나는 어렵다고 본다. 그와 생각을 같이하는 주도적인 집단의 도움 없이 혼자만의 생각으로 주류 사회와 반대되는 이상을 펼친다는 것은 곧 자신의 생존을 위태롭게 하는 행위임을 금방 알게 될 것이다. 아소카가 직면한 문제는 불교도만의 문제가 아닌 문명 자체의 '딜레마'였던 것이다. 사회가 발전하고 무기가 치명적으로 발전할수록 군사력으로 건설되고 유지되는 제국은 역설적이게도 평화를 지키는 가장 효과적인 수단이 되었다. 오늘날 우리가 자유와 민주주의를 추구하듯이, 당시의 사람들은 제국의 착취와 억압에도 불구하고 절대적 군주제를 추구했다.

군 조직은 가장 전형적인 계급 사회이다. 가장 높은 계급과 직책에 있는 자에게 모든 정보가 모이고 모든 권한이 집중되어 있다. 이를 억압과 착취라고 표현할 수는 없지만, 권한의 활용 범위와 그 강도에 있어서는 군주 못지않다. 우리가 알 수 없는 새로운 형태의 군 조직이 탄생하지 않는 한, 이런 위계 구조의 군 조직에서 소수에 의한 다수 통치는 불가피하다. 민간 사회가 아무리 민주화되고 평등화되어도 군 조직은 예외다. 그렇다면 결론은 정해져 있다. 군의 소수 상급자들은 군의 문명화, 선진화, 과학화 등을 이끌어야 한다. 그것이 군의 다수 하급자들이 그들을 존경하고 따르는 이유이다. 특히, 장교가 되고자 하는 사람은 책임감을 넘어 소명 의식을 갖고 군에 복무해야 한다. 책임은 계급과 직책에 의해 부여되는 것이지만, 소명은 국민들이 명령한 것이고 나 스스로 찾아내는 것이다.

전쟁의 정당성Just of War
vs.
전쟁에서의 정당성Just in War

"명령에 따라 인구 밀집 지역을 폭격한 조종사를 아직도 군인이라고 부를 수 있는가?"

『신의 대리자』라는 희곡을 쓴 독일의 극작가 롤프 호흐후트Rolf Hochhuth가 한 말이다. 여러분은 어떻게 생각하는가? 명령에 살고 명령에 죽는 존재가 군인인데, 군인이 명령에 의해 폭격을 한 것은 '군인으로서 당연히 해야 할 일을 한 것'이라고 생각하는가?

전쟁법(전시 국제법)과 전쟁 관련 국제 협약이 없던 시절이라면 그렇게 생각할 수도 있었다. 그러나 지금은 아니다. 인터넷과 미디어의 발달로 오늘날의 전쟁은 시시각각으로 전 세계의 사람들이 지켜보고 있다. 따라서 수행하는 전쟁의 정당성 확보는 각개 전투의 승패보다도 더욱 중요하다. 이는 도덕적 우위를 확보함으로써 동맹국과 국제 사회의 지원은 물론, 각개 병사들에게도 숭고한 죽음과 희생을 자발적으로 이끌어낼 수 있는 원동력이 되기 때문이다. 러시아-우크라이나 전쟁이 1년째 지속되고 있는 '23년 2월 현재, 러시아에서는 징병을 피해 조지아 국경을 넘는 수많은 젊은이들이 있는 반면, 우크라이나에서는 수만 명의 일반 시민들이 낮에는 생업에 종사하고 밤에는 러시아와 전투를 수행하며 "나라를 지키고 있기 때문에 행복하며, 필요하다면 목숨을 바칠 것"[40]이라고 말하고 있다. 이는 전쟁의 정당성 측면에서 러시아가 명분을 잃고 있기 때문이다.

전쟁은 두 번 심판받는다고 했다. 첫 번째는 국가가 전쟁을 수행하는 이유 측면에서, 두 번째는 전투에서 사용되는 수단 측면에서이다. 우리는 전자를 '전쟁의 정당성Justice of War'이라 말하고, 후자를 '전쟁에서의 정당성Justice in War'이라 말한다. 다시 말해, 전쟁의 정당성은 이 전쟁이 정당한 전쟁이냐? 라는 물음이고, 전쟁에서의 정당성은 전쟁을 수행하는 수단과 방법이 정당한가? 라는 물음이다. 따라서 전쟁의 정당성은 전쟁의 수행 원인과 관련되므로 이에 대한 책임은 정치가들의 몫이고, 전쟁에서의 정당성은 전쟁 수행 방법과 관련되므로 군인들의 몫이다. 정당한 전쟁을 정당한 수단과 방법으로 수행한다면 가장 이상적이겠지만 현실은 그렇지 않다. 정당한 전쟁을 정당하지 않은 수단과 방법으로 수행하는 경우도 있고, 정당하지 않은 전쟁을 정당한 수단과 방법으로 수행하는 경우도 있다. 침략[41]은 범죄 행위이다. 또한 모든 국가는 상대방

---

40 2023년 2월 19일, 로이터 통신에 따르면, 우크라이나의 수도 키이우에서 미용사로 일하는 남성 올렉산드르 샘슈어(41세)는 지역 방위 조직의 일원으로 활약하면서 위와 같이 말했다. www.news1.kr 2023년 2월 22일 검색.

41 1870년 프랑스와 독일은 쌍방 모두 알자스-로렌 지역에 대한 권리를 주장했다. 독일은 프랑스의 루이 14세가 정복하기 전까지 이 지역이 신성 로마 제국의 일부였으며 문화 및 언어적 유사성 때문이라는 이유로, 프랑스는 근 200년 동안 이곳을 점령하고 있었다는 점과 사실상의 정부란 개념에서였다. 결론적으로 보불전쟁 결과 독일이 이 지역을 합병했으나, 도덕적, 국제법적 취지에 따르면 그곳에 살고 있는 주민이 어떤 것을 원하느냐

국가의 침략에 저항할 권리가 있다. 이 경우 침략은 정당하지 않은 전쟁이며, 침략에 대응하는 전쟁은 정당한 전쟁이다. 김일성의 지시에 의한 북한의 남침은 부당한 전쟁이며, 이에 대응한 대한민국의 방어는 정당한 전쟁이다. 히틀러의 독일군이 주변 인접국을 침략한 것은 부당한 전쟁이며, 히틀러의 침략에 대응하여 연합군이 수행한 전쟁은 정당한 전쟁이다. 반면, 독일군의 롬멜 장군은 "독일군의 전선 뒤에서 마주치는 모든 적군, 즉 모든 포로를 사살하라"는 히틀러의 지시를 거부하고, 포로를 학살하지 않으면서 부당한 전쟁임에도 불구하고 정당한 방법으로 전쟁을 수행했다. 그렇다고 우리가 롬멜을 칭송할 수는 없다. 왜냐하면 그는 (히틀러가 일으킨) 정당하지 않은 전쟁을 수행했기 때문이다. 그렇다면 이런 질문이 생길 수 있다. 롬멜의 경우 포로를 사살했다고 하더라도, 국가 원수(히틀러)의 지시에 의해 불가피하게 명령을 수행한 것에 불과하기 때문에 처벌의 대상이 되지 않는 것 아니냐? 하는 것이다. 그러나 그렇지 않다. 왜냐하면 히틀러의 명령은 정당하지 않기 때문이다.[42]

일찍이 클라우제비츠Carl von Clausewitz는 전쟁을 정치의 수단으로 묘사했고, 대부분의 서구 민주 국가에서는 민간 정치가에 의한 군인의 통제, 즉 문민 통제를 올바른 민군 관계로 추구함으로써 군인들은 민간 정

가 결정의 핵심요소이다. 거주하고 있는 주민은 자신이 내는 세금과 복무하게 될 국가의 군대를 결정할 권리가 있기 때문이다. 이곳의 주민들은 대부분 프랑스에 충성하고 있었다. 따라서 이는 독일의 침략 행위로 볼 수 있다.

42 뉘른베르크 법정에서 영국의 부장판사는 "상대방 전투원을 죽이는 행위는 자신이 수행하는 전쟁이 합법적인 때에만 정당성이 있습니다. 전쟁이 합법적이지 않은 경우는 이러한 살인을 전혀 정당화할 수 없습니다. 이 살인은 무법천지에서 날강도들이 저지르는 행위와 전혀 다르지 않습니다."라고 말했다.

치가에게 무조건으로 복종해야 하는 것으로 오해할 수 있는데, 절대 그렇지 않다. 군인은 정치가들이 시동을 켜면 움직이고 시동을 끄면 멈추는 자동차가 아니다. 즉, 권총은 군인의 단순한 도구일 수 있지만, 군인은 정치가의 단순한 도구가 아니라는 것이다. 이 조건은 군인 간의 상급자와 하급자 사이에도 마찬가지이다. 베트남전에서 미군은 미라이 마을에서 살려 달라고 애원하는 4~5백 명의 민간인을 거침없이 살해했다. 민간인을 살해한 부하들은 상관(소대장)의 명령에 의해 어쩔 수 없었다고 항변하였으나 이는 받아들여지지 않았다. 어떠한 명령도 무고한 사람들을 살해하는 행위를 정당화할 수는 없기 때문이다. 같은 상황에서 살해가 정당화될 수 있는 경우는 상관의 지시를 따르지 않았을 경우 내가 죽게 되는 경우일 뿐이다. 만약 내가 상관의 지시를 따르지 않았을 경우 내가 처벌(형사 처벌, 또는 징계 등)을 받게 된다고 해도 이것이 (내가 죽을 만큼의 위협이 없는 한) 민간인을 살해하는 행위를 정당화할 수 없다. 정치가라고 해서 군인들을 판단이 불가능한 기계처럼 행동하는 존재로 취급해서도 안 되고, 군인들이 그렇게 취급받아서도 안 된다. 대한민국의 군인기본법(군인의 지위 및 복무에 관한 법) 제25조는 "군인은 직무를 수행할 때 상관의 직무상 명령에 복종하여야 한다"라고 명시하여 그 직무상의 명령이 정당한 명령인지, 부당한 명령인지에 대한 구분을 명확하게 하고 있지는 않으나, 우리는 위 조항을 '직무상 정당한 명령' 이라 생각해야 할 것이다.

전쟁이 종료된 후에 당시의 상황을 객관적으로 분석하여 시시비비를 가린 후에는 정당한 전쟁과 정당한 전쟁 행위를 구분하기가 비교적 쉽다. 그러나 전쟁의 한복판에 있는 전투 현장에 있는 군인이 이를 판단하기는 쉽지 않다. 또한 국제 사회는 전 세계를 대상으로 하는 절대적인 권력이 없고, 그때그때 강대국에 의한 이권만이 있으므로 '전쟁법'과 같은 법률 체계의 공정한 집행을 담보할 수 없다고 말할 수도 있다.[43] 그러나 '우정'이라는 개념이 잘못된 친구들에 의해 악용되어 비록 내가 손해를 보더라도 '우정'이라는 근본 가치를 버릴 수는 없는 것처럼, 우리는 정당한 전쟁과 정당한 전쟁 행위를 추구해야 한다. 영국의 웨스트민스터 사원에는 2차 대전 당시 전사한 전투기사령부 소속의 조종사들을 기념하는 명판이 부착되어 있다. 그러나 폭격기 조종사들을 기념하는 명판은 없다. 이는 무엇을 의미하는가? 군인은 정당한 전쟁에서 정당한 전쟁 행위를 해야 한다. 군인이 되고자 하는 모든 후배들에게 하고 싶은 말이다.

---

43 전쟁 규칙을 성문화하려는 노력인 '상트페테르부르크 선언'을 준비할 때, 프로이센의 몰트케 장군은 이를 반대했다. 그는 항의 서한에서 이렇게 썼다. "전쟁에서 가장 큰 친절은 전쟁을 신속히 종결하는 것입니다. 이 같은 관점에서 보면 절대적으로 의문시되는 수단을 제외하면 전쟁에서는 모든 수단을 활용할 수 있어야 합니다." 즉, 각종 수단을 제한하는 전쟁 규칙을 제정하면 오히려 빨리 종결될 전쟁이 장기화 될 수 있다는 주장이다. 그러나 이는 일반적으로 받아들일 수 없는 주장이다.

예방 전쟁과 선제공격은
정당한가?

실제 진행되고 있지 않지만 곧바로 있을 것으로 생각되는 폭력, 즉 임박한 폭력에 대항해 개인과 국가 모두는 자신을 방어할 수 있으며, 이러한 방어는 정당할 수 있다. 즉 자신이 곧바로 공격받을 것으로 알고 있는 경우 먼저 발사할 수 있다는 의미이다. 그러나 실제 법률적 해석에 있어서는 그 조건이 대단히 제한적이다. 이와 관련하여 1842년 미국의 국무장관이었던 대니얼 웹스터Daniel Webster는 다음과 같이 주장했다. "선제 폭력이 정당화되려면 자위自衛의 필연성이 입증돼야 한다…… 즉각적이고도 압도적인 위협, 별다른 대응 방법이 없을뿐더러 수고의 여지가 전혀 없을 정도의 위협이 있어야 한다." 이 경우 공격이 진행되고 있음을 인지한 즉시, 그리고 공격에 따른 충격을 느끼기 이전에 반응할 수 있다는 시각이다.[44] 예견 차원의 전쟁은 두 가지 경우로 나눠 볼 수 있는데, 첫째는 임박하지는 않았지만 향후 시간이 경과함에 따라 발생할 수 있는 위협에 대비하는 '예방 전쟁Preventive war'이고, 둘째는 지금 당장의 위협

---

44   마이클 월저, 『마르스의 두 얼굴』, 연경문화사, p.188

에 대비하는 '선제공격Preemptive war'이다.

'예방 전쟁'의 기준은 현재 국경의 보호 또는 아군에게 가해 오는 직접적 위협과는 크게 관련이 없다. 이 개념은 17세기 유럽에서 탄생하여 지금까지 영향을 미치고 있는 '세력 균형'이라는 국제 정치적 이론과 관련이 있다. 다시 말해 '예방 전쟁'은 세력 균형 목적의 전쟁, 즉 세력이 균형을 이룬 상태에서 불균형한 상태로 이전되지 않도록 할 목적의 전쟁을 말한다. 이는 다분히 현재 세력의 주도권을 쥐고 있는 강자의 입장에서 해석되고 있고 '예방 전쟁'을 옹호하는 입장에서의 논거이다. 18세기 당시 영국의 정치가들은 자신들이 세력 균형을 유지하기 위해 수행하는 전쟁은 자신들의 국익뿐만 아니라 유럽 전역에 걸친 자유를 가능케 하는 핵심 요소로 국제 사회 질서를 방어하고 있다고 생각했다. 이 논거는 모든 사람에게 유익함을 준다는 공리주의적 성격을 지녔는데, 첫째는 세력 균형으로 인해 유럽의 자유가 보장되고 있으며, 따라서 세력 균형은 어떠한 대가를 지불해서라도 유지할 가치가 있다는 것, 둘째는 결정적인 방식으로 세력이 한쪽으로 기울어지기 전에 조속히 전투를 수행하면 방어 비용을 대거 줄일 수 있을 뿐만 아니라, 기다리면 전쟁의 규모가 훨씬 방대해지고 그만큼 불리한 상황에서 전쟁을 수행하게 된다는 것[45]을 전제로 한다. 그러나 당시 영국의 대표적인 보수주의자인 에드먼드 버크Edmund Burke가 말했듯이, '세력 균형'을 이룬다는 이유로 무수히 많

---

45 세계 1, 2차 대전을 일으킨 독일의 수뇌부는 독일의 좌측에는 프랑스, 우측에는 러시아가 위치하고 있는 지정학적 위치 때문에 미래에는 양면 전쟁을 할 수밖에 없고, 따라서 기다리기보다는 우위를 갖고 있을 때 먼저 공격을 해야만 한다는 강박 관념을 갖고 있었다. 이것이 전쟁의 도화선에 불을 붙이는 계기가 되었음을 부정할 수 없다.

은 전쟁이 발발했음을 무시할 수 없다. 또한 세력의 증대 또는 감소는 국제 정치에서 지속적으로 목격되는 현상이며, 완벽한 안보와 마찬가지로 완벽한 세력 균형은 유토피아적 이상理想일 뿐이라는 반박도 가능하다. 그럼에도 불구하고 현실적으로 세력 균형 이론은 국제 정치에서 유효하며, 지속적으로 활용되고 있으므로 무시할 수 없다.

현재 유럽에서 벌어지고 있는 우크라이나-러시아 전쟁의 경우도 '세력 균형'이라는 관점에서 바라보면 과거 러시아의 세력권에 있었던 폴란드, 체코 등의 동유럽 국가들이 친서방 진영으로 돌아서게 되자 러시아는 이를 NATO가 자신들을 압박하기 위해 동진 전략을 펴는 것으로 받아들였고, 최후의 보루라고 생각했던 우크라이나가 NATO 쪽으로 기울기 전에 자신의 영향력 안에 넣음으로써 세력 균형을 유지하려는 의도에서 '예방 전쟁'을 한 것으로 해석할 수 있다. 그러나 우리는 18세기 스페인 왕위 계승 전쟁 당시 스위스의 법리학자인 바텔Vattel이 말한 합법적인 예방 전쟁의 기준을 음미해 볼 필요가 있다. 그는 이렇게 말했다.

"특정 국가가 불의不義, 탐욕, 오만, 야욕 내지는 전체주의 성격의 지배욕 등의 징후를 보이는 경우, 해당 국가는 주변국의 경계 대상이 된다. 또한 해당 국가의 세력이 가공할 수준으로 증대되고 있을 때는 그 국가에 대항한 안보(경계)가 요구될 수 있다. 그 국가가 이러한 경계(안보)를 어렵게 만들고 있는 순간 무력행사를 통해 해당 국가의 구상을 사전 예방할 수도 있다."

그러나 바텔이 예방 전쟁에 대해 언급한 18세기의 정치가들은 인간 생명의 존엄성을 평가하려 들지 않았다. 클라우제비츠가 "전쟁은 여타 수단을 이용한 정치의 연장"이라고 말했다고 해서 전쟁의 수단이 외교에서 전쟁으로 단순히 이전된 것이라고 가볍게 생각해서는 안 된다. 이러한 결정으로 인해 수많은 군인들이 상대방을 죽이고, 죽임을 당하게 된다는 사실을 생각해야 한다. 따라서 바텔의 예방 전쟁 기준은 더 엄격해질 필요가 있다. 단순한 세력 증대는 전쟁의 정당한 이유가 될 수 없다. 또한 1946년에 조인된 국제 연합 헌장은 침략 전쟁과 영토 획득을 위한 무력 사용을 금지하고 있다.[46] 많은 국가들이 러시아보다는 우크라이나를 지지하는 것은 바로 이러한 이유로 봐야 한다.

전쟁을 정당화할 수 있을 정도의 위협으로 간주해야 마땅하거나 간주할 수 있는 행위는 무엇인가? 이 행위들에 대해 구체적으로 언급할 수는 없다. 왜냐하면 인간의 행위와 마찬가지로 국가의 행위 또한 각각의 행위마다 전후 구체적 맥락과 배경이 다를 수 있기 때문이다. 그러나 우리는 1967년에 있었던 '6일 전쟁'을 통해 '선제공격'의 정당성에 대해서 생각해 볼 수 있다.

이스라엘과 이집트 간의 실제 전투는 1967년 6월 5일 이스라엘의 공격과 함께 시작되었다. 즉 먼저 공격을 한 국가는 이스라엘이다. 그러나 당시의 상황을 좀 더 면밀히 살펴볼 필요가 있다. 당시의 위기는 시리아 국경에 이스라엘이 군사력을 집결시키고 있다는 내용이 담긴 소련의 보

---

46   이러한 이유에서인지 러시아는 우크라이나-러시아 전쟁을 전쟁이라 부르지 않고, '특별 군사 작전'이라 부르고 있다.

고서가 5월 중순에 유포된 것이 발단이다. 이 보고서가 잘못된 것임은 현장에 있던 유엔 옵서버들에 의해 즉각 입증되었다. 그럼에도 불구하고 이집트 정부는 5월 14일 군을 최고 경계 태세로 돌입시켰으며, 시나이반도에서 전력을 증강시켰다. 그로부터 4일 뒤 이집트 정부는 시나이반도와 가자지구에서 활동하던 '유엔 위기군'을 추방했다. 5월 22일에는 이집트의 나세르 대통령이 이스라엘 함선과 함정의 티란 해협 통과를 허가하지 않겠다고 선언했다. 1956년의 '수에즈 전쟁' 이후, 세계는 티란 해협을 국제 수로水路로 인정해 왔다. 따라서 티란 해협의 폐쇄는 개전 사유가 될 수 있었다. 당시 이스라엘은 티란 해협의 폐쇄가 개전 이유가 될 수 있다고 수차례 언급했다. 5월 22일 이후 이스라엘 내각은 무력 사용의 문제를 놓고 토론했다. 5월 29일 나세르는 전쟁이 발발하는 경우 이스라엘을 철저히 파괴하겠다고 발표했다. 5월 30일에는 전쟁이 발발할 경우 이집트가 요르단군軍을 지휘하게 한다는 내용의 문서에 서명할 목적으로 요르단의 후세인 왕이 이집트의 카이로로 날아갔다. 또한 며칠 뒤 이라크가 이집트 동맹에 가입했다. 이스라엘의 지도자들은 폐쇄된 티란 해협을 개방하고 양국 모두의 군사력 동원 해제를 제안하는 등 정치적, 외교적으로 위기를 해결하고자 노력했다. 그러나 서구 열강의 지원도 없었고, 시간이 갈수록 주변 국가에 의한 이스라엘의 외교적 고립이 심화되고 있었다. 한편 강도 높은 수준의 공포가 이스라엘 전역을 엄습했다. 크게 놀란 국민들은 식료품을 중심으로 사재기 현상에 뛰어들었다. 군의 묘지에 있던 수천 개의 무덤이 파헤쳐졌다. 이스라엘의 정치 및 군 지도자들은 극도의 신경 쇠약에 시달렸다. 또한 군사적 측면에서도 이집트군은 장기 복무자로 구성된 방대한 규모의 정규군을 이스라엘의 국경선에 지속적으로 유지할 수 있었던 반면, 이스라엘군은 예비군의 동원에 의해서만 이러한 배치를 유지할 수 있었다. 따라서 이집트군은 방어적 입장을 계속 유지할 수 있는 반면, 이스라엘군은 현 상황을 타개하기 위해서는 공격을 취할 수밖에 없는 입장이었다. 이러한 여러 정황을 고려해 본다면 '6일 전쟁'의 개전일은 6월 5일이 아니라 5월 22일로 거슬러 올라갈 수 있으며, 이스라엘의 '선제공격'은 합법적인 형태의 예견에 따른 예방 전쟁으로 볼 수도 있다.

그러나 앞에서도 언급했듯이, 전쟁은 수많은 인명의 살상을 부른다. 따라서 어떤 형태가 되었든 정치적 협상, 외교적 노력 등 모든 노력을 다한 후에 최후의 수단으로 활용되어야 한다는 것만큼은 변함이 없다.

전쟁에서 보복報復은
정당한가?

　　로크가 말하는 '자연의 상태State of Nature'[47]에서와 마찬가지로 국제
사회에서 모든 개개인은 '법 이행'의 권리를 주장할 수 있다. 이는 죄인을
처벌할 수 있는 권리, 즉 응징의 권리와 범죄 행위로부터 자신과 다른 사
람들을 보호할 수 있는 권리, 즉 억제의 권리이다. 보복 교리는 적敵이 이
전에 자행한 범죄 행위에 대응해 시도된 경우가 아니라면 그 행위를 정
당화해 주고 있다. 여기서 '이전에' 자행한 범죄로 한정하는 이유는 보복
의 행위자가 항상 상대방으로 하여금 '당신이 먼저 잘못했다'라고 주장
하기 위하여, 현재가 아닌 이전의 사건까지 소급하여 적용함으로써 보
복의 연쇄 반응이 일어나게 될 것을 방지하기 위함이다. 즉, 보복의 목적
은 보복의 고리를 차단하고, 최종적인 행위를 통해 잘못을 중지토록 하

47　로크에 따르면 자연상태에서 인간은 완벽한 자유를 누리지만, 어느 한 사람이 다른 사람
　　의 권리를 침해하거나 위해를 가하는 경우도 발생하게 된다. 즉, 자연상태에서는 협력이
　　나 복종을 강제할 수 있는 권한이 존재하지 않으므로 인간은 자기 욕구충족 및 보호를
　　위해 서로가 서로를 빼앗고 죽이는 만인의 만인에 대한 투쟁이 필연적으로 발생한다는
　　것이다. 이를 해결하기 위해 인간은 특정한 사람 또는 집단에게 권력을 몰아주게 되는
　　데, 이것이 '사회 계약설'이다. 위에서 언급하는 자연상태는 절대적 권력의 통제를 받지
　　않는 국제 정치적 환경의 특성을 의미한다.

는 것이다. 이와 관련하여 보복의 목적이 실현된 사례를 살펴보는 것도 의미 있는 일이 될 것이다.

1944년 여름, 연합군이 노르망디에서 전투를 수행하고 있을 당시 프랑스의 많은 지역에서는 연합국 정부뿐만 아니라 알제리에 있던 드골의 임시 정부와도 접촉하고 있던 프랑스의 빨치산들이 대규모 작전을 수행하고 있었다. 이들은 일반 민간인들과 구분 짓기 위해 전투 기장旗章을 착용했으며, 다른 사람들이 볼 수 있는 형태로 무기를 휴대했다. 그럼에도 불구하고 독일 정부는 이들을 정식 군대로 인정하지 않고, 체포 시 포로가 아닌 '전쟁 반군'으로 취급하여 즉결 처형을 자행하고 있었다. 이런 일이 지속되자 프랑스 임시 정부에서는 '체포된 빨치산들을 처형하면 자신들도 체포한 독일군 포로들을 처형할 것'이라는 내용의 항의 서한을 독일 정부에게 보냈다. 그러나 프랑스 임시 정부를 인정하지 않던 독일 정부는 이 문서를 접수하지 않았다. 1944년 8월 남부 프랑스에 있던 많은 독일군 병사들이 빨치산 집단에 투항하는 사건이 벌어졌다. 당시 프랑스 내에 있던 '프랑스 내부전력French Forces of the Interior' 사령부는 체포된 독일군 포로 80명을 처형하기로 결정했다. 이때 국제 적십자사가 개입하여 이들의 처형을 연기시키면서 '이후 체포된 빨치산들을 전쟁 포로로 인정한다'는 합의서를 독일군으로부터 받아 내기 위해 노력했다. 6일 동안 기다렸지만 답변이 없자, 프랑스 내부전력 사령부는 80명의 독일 포로들을 처형했다. 이 보복의 효과를 바로 판단하기는 쉽지 않다. 왜냐하면 당시 독일군은 쫓기는 입장에 있었으며 독일군의 결심에 여러 가지 요인이 개입했음이 분명하기 때문이었다. 그러나 결과적으로

80명의 독일 포로들이 처형된 이후 더 이상 독일군에 의한 프랑스 빨치산 처형은 발생하지 않았다. 물론 프랑스가 행한 독일군 포로에 대한 처형은 프랑스도 서명한 1929년의 제네바 협약(전쟁 포로에 대한 보복 금지)을 위반했다. 그럼에도 불구하고 '보복'이라는 측면에서 보면 '무고한 사람들을 징계하는 방식으로 더 이상의 범죄 행위를 방지한 사례'가 된다. 이는 응보應報가 없는 억제, 즉 일방적인 '법 이행'으로 볼 수 있다.

전쟁 규약 가운데 가장 원시적인 형태인 고대의 동해同害복수법[48]은 악을 악으로 보답하는 것인데, 보복의 경우는 악을 악으로 갚을 수는 있지만 악을 행한 사람에게 갚을 수 없다는 문제가 있다. 보복은 처음 잘못을 저지른 사람에게 하는 것이 아니라 다른 사람을 대상으로 하게 되기 때문이다. 매우 비정하게 생각되지만, 그럼에도 일반적으로 편견이 없는 관찰자, 법학도, 고매한 박사들도 이런 보복을 수용했다. 그들이 이 개념을 수용한 이유는 다음과 같다. "모든 잘못에 대해 가능하다면 잘못한 사람을 징계해야 하지만, 어찌 되었든 누군가를 징계해야 하기 때문이다." 따라서 보복은 냉혹할 정도로 현대적인 개념일 수도 있다. 따라서 오늘날에는 악을 자행한 사람에게 악을 되돌려 준다는 개념보다는, 악에 대해 반응한다는 개념이 더 많다. 일반적으로 오늘날의 국제법은 무고한 사람을 보복의 대상으로 삼는 행위를 비난하고 있다. 또한 보복이 실패로 끝날 것임이 분명한 경우 보복은 사용하면 안 된다. 그러나 어느 정도 성공 가능성이 있는 경우, 보복은 피해를 입은 국가가 합법적으로

---

48 고대 바빌로니아 법 중에서 범죄자에게 피해자가 입은 상처 및 피해와 정확히 똑같은 벌을 주도록 한 원칙으로 이는 성경에서도 자주 언급된다.

호소할 수 있는 수단이다. 어느 국가에게도 자국 국민들이 공격받는 모습을 물끄러미 바라보고만 있으라고 요구할 수는 없기 때문이다.[49]

큰 틀에서 보면, 보복은 대규모 전면전을 예방하는 효과도 있다. 왜냐하면 보복의 목적은 전쟁의 완전한 승리 또는 추구하는 대의의 완전한 달성을 목표로 하지 않고 나의 의지가 살아 있음을 상대방에게 경고하는 성격이 강하기 때문이다. 따라서 보복은 양적·질적으로 적절히 제한된 형태로 이루어질 수밖에 없다. 보복을 행하는 군軍은 적의 영토를 침범하겠지만 바로 돌아올 것이며, 파괴적인 행동을 하더라도 일정 수준 이상으로 확대하지 않을 것이며, 주권국의 주권을 침범하기도 하겠지만 필요 이상의 확대를 우려해 주권을 존중하기도 할 것이기 때문이다. 우리는 이것을 보복의 비례성이라 한다. 일반적으로 보복은 피해를 받은 만큼만 감행한다. 왜냐하면 받은 피해 이상의 보복은 또 다른 보복을 의미하기 때문이고 이는 전면전으로 확대될 수밖에 없기 때문이다. 따라서 보복의 비례성은 심사숙고해야 하는 요소이고, 따라서 우발적 충동 등에 의한 보복의 확대를 방지하는 효과가 있다.

---

49 마이클 월저, 『마르스의 두 얼굴』, 연경문화사, p.446. 그러나 오늘날 국제법에서는 일반적으로 무력을 수반한 현상 복구나 보복은 위법한 것으로 받아들여지고 있다(1970년 UN 총회 결의 제2625호는 무력을 수반한 현상 복구를 금지할 의무가 있음을 선언).

민간인이 살고 있는 도시에 대한 폭격은 정당한가?

1940년 후반, 영국의 지도자들은 독일의 도시를 폭격하기로 결심했다. 그리고 이러한 결심은 차후 일본의 도시에 대한 폭격과 나아가서 히로시마와 나가사키에 핵폭탄을 투하하는 것에 이르기까지 영향을 미치는 전례가 되었다. 영국의 지도자들은 공습에서 추구하는 바가 민간인의 사기士氣를 파괴하는 것이라고 말했다. 처음부터 영국인들은 이 폭격을 독일의 런던 공습에 대한 보복 차원이라고 생각했다. 그러나 이는 처칠을 비롯한 일부 지도부의 생각이었다. 1941년의 여론 조사에 따르면, 보복 차원의 공습을 가장 강하게 요구한 사람들은 독일의 영국 공습 중에 거의 피해를 입지 않았던 컴벌랜드, 웨스트모어랜드 및 요크셔의 노스라이딩 지역 주민으로, 그들 중 75% 정도가 보복을 원했던 반면, 직접적인 독일 폭격의 피해를 입었던 런던 중심가의 주민들은 45%만 보복을 원했다.[50]

독일의 런던 공습이 절정에 달한 시점에서도 영국의 많은 장교들은

---

50 마이클 월저, 『마르스의 두 얼굴』, 연경문화사, p.505

항공기를 이용한 공격이 군사적 표적만을 대상으로 해야 하며, 민간인 살상을 최소화할 목적의 명확한 노력이 있어야 한다고 느끼고 있었다. 그들은 처참한 전쟁의 포화 속에서도 히틀러를 닮고 싶지 않았고, 그와 차별화하고자 노력한 것이었다. 그러나 처칠을 비롯한 영국의 지도자들은 도시 폭격을 결심했다. 그들이 도시 폭격을 결심한 배경에는 당시 영국이 갖고 있던 유일한 공격 수단이 폭격기뿐이었다는 점과 당시 독일의 공격으로 전쟁에서 패배할지도 모른다는 압박감이 있었을 것이라고 짐작할 수 있다. 그러나 그럼에도 불구하고 민간인들이 살고 있는 도시를 폭격하는 일은 정당화되기 어렵다. 폭격당하고 있는 도시가 독일의 도시이고, 그 도시에는 나치가 살고 있다는 것이 심적으로 위안이 될 수 있을지는 몰라도 정당화될 수는 없다.

영국이 항공기를 이용해 독일 도시를 폭격하기보다는 정유 공장 같은 표적을 보다 집중적으로 공격했더라면 2차 세계 대전을 더 신속히 종료했을 것이라고 믿는 일부 전문가들도 있다. 또한 영국의 도시 폭격이 절정에 달하기 이전에 독일의 공세는 이미 힘을 잃어 가고 있었음을 생각하면 더욱 그렇다. 1942년 이후에 영국의 도시 폭격으로 숨진 많은 독일의 민간인들은 도덕적 측면에서뿐만 아니라 군사적 측면에서도 이유 없이 희생된 것이다. 특히 이러한 공습은 연합군이 거의 승리를 거두게 되는 시점인 1945년 봄에 그 절정에 달하게 되는데, 당시 드레스덴에 대한 공격으로 10만여 명의 주민이 사망했다. 일부 인원은 공리주의적 입장에서 독일의 도시를 폭격하지 않았으면 그보다 더 많은 연합군의 피해가 있었을 것이고, 전쟁을 그렇게 조기에 종료시키기도 어려웠을 것이라고 주장하기도 하지만, 어떤 이유에서든 10만 명의 민간인이 희생된 비극을 정당화할 수는 없다.

1944년 후반에 들어서자 독일의 과학자들이 핵무기 개발과 관련해 거의 성과를 내지 못하고 있음이 분명해졌다. 그러나 이에 대응한 연합국의 핵무기 개발 프로그램은 중단되지 않고 지속되었다. 이를 두고 훗날 아인슈타인은 다음과 같이 말했다.

"독일이 핵무기 개발에 성공하지 못할 것임을 알았더라면 미국의 핵무기 개발과 관련해 나의 경우 전혀 노력하지 않았을 것이다."

그러나 아인슈타인이 후회하고 있었을 때는 이미 기술 개발이 완료된 상태에서 핵무기의 사용 권한이 과학자들이 아니라 정치가들의 손에 있었다. 독일을 상대로 만들게 된 핵무기의 사용 목적을 다른 상대로 바꾸는 것은 그렇게 어렵지 않은 일이었다. 사실 일본의 진주만 공습은 전적으로 해군과 육군의 군 시설만을 겨냥하고 있었으며, 방향을 잘못 잡은 일부 폭탄만이 호놀룰루 시내에 떨어졌다. 그럼에도 불구하고 일본에 핵폭탄을 떨어뜨리기로 결정한 것은 정당한가? 일반적으로 우리들이 알고 있는 사실은 공리주의적 설명이다. 즉, 당시 일본군 지도자들은 본토 사수를 결의하고 200만 명의 병력을 준비하여 최후의 결전을 준비하고 있었고, 미군이 재래식 무기를 이용해 일본 본토를 점령하기 위해서는 100만 명 이상의 희생이 필요했기 때문에 핵무기를 사용하는 것이 미군의 희생을 줄일 수 있는 방법이었다는 설명이다. 또한 핵무기는 보다 많은 물리적 피해를 야기하지 않으면서도 심리적 충격은 더 강하게 줄 수 있어서 전쟁을 조기에 종결시킬 수 있다는 것이었다. 처칠은 "몇

발의 폭탄으로 무한한 살육을 모면할 수 있다는 사실은 놀라워 보입니다.”라며 트루먼 대통령의 결심을 지지했다. 과연 그럴까?

당시 미군 측에서 계산한 미군의 예상 희생자 100만 명은 일본군이 최후의 1명까지 싸우다 무조건 항복하는 것을 전제로 한 것이다. 이 단계에서 우리는 2차 대전 초기 독일의 런던 공습으로 인한 영국의 대응과 비교해 볼 필요가 있다. 영국의 경우 독일군이 직접 런던을 공습했고, 최악의 경우 영국인들이 가장 경멸하는 나치에 의한 지배까지 생각해야 하는 심각한 상황이었으며, 영국의 의지대로 전쟁이 주도된 것이 아니었다. 반면, 태평양 전쟁은 미국의 의지와 무관하게 지속할 수밖에 없는 전쟁이 아니었다. 미국의 의지에 따라 얼마든지 전쟁 목표의 조정이 가능했다. 결론적으로 미국이 ‘일본의 무조건 항복’이라는 전쟁 목표를 설정하였고, 이를 달성하기 위해 많은 미군과 일본군 그리고 민간인의 피해가 불가피한 일본 본토 점령과 핵폭탄의 사용이 고려되었던 것이라 볼 수 있다. 즉, 군사적으로 완벽한 승리보다는 피·아 피해를 최소화하는 가운데 적절한 선에서의 협상도 가능했을 것이라는 말이다.[51] 물론 이를 결정하는 것은 군인들의 몫이 아니다. 어떠한 이유로 설명을 하든 민간인 거주 지역에 대한 핵폭탄의 투하는 정당화될 수 없다.

만약 미국에게 최후의 상대가 일본이 아닌 독일이었다면 핵폭탄을 사용할 수 있었을까? 나는 쉽지 않았을 것이라고 생각한다. 중세 이후로

---

51 역사에 가정은 없겠지만, 만약 미국과 일본이 협상을 하였다면 한반도는 일본의 세력권으로 남게 되었을 가능성이 많다. 그렇게 되었다면 동족상잔의 비극 6·25 전쟁은 없었을 것이다. 그러나 과연 오늘날까지 대한민국이 존재할 수 있을까?

그 중요성이 감소되기는 했지만, 가치관과 종교를 잣대로 적을 분류하는 행위는 지금까지도 발견되고 있다. 인도 항로를 개척한 바스쿠 다가마 시대부터 유럽 국가들은 자기들끼리 싸울 때와 투르크(이슬람교도)와 싸울 때 다른 규칙을 적용했다. 독일도 2차 대전 시 프랑스, 영국 등 서구 국가(앵글로색슨)와 싸우는 규칙과 소련(슬라브)과 싸우는 규칙을 달리했다. 미군도 비슷한 관점을 갖고 있었다. 자신들과 비슷한 외모를 갖고 이탈리아, 프랑스 등지에서 마주했던 독일군과 태평양 전선에서 미군 함대를 향해 가미카제식으로 달려들고, 전투에서 패배할 때는 할복자살을 감행하는 일본군은 미군에게 분명 달리 취급해야 할 적이었다. 일본과의 전투에서 인종 차별적 고정 관념은 무엇보다 우선시되었고, 그 결과 태평양 전쟁은 자비 없는 전쟁이 되었다. 또한 지정학적으로도 일본은 대륙과 떨어져 있는 섬나라이기 때문에 원자폭탄의 피해가 다른 나라에 영향을 미치지 못한다는 점도 고려되었을 것으로 보았을 때, 유럽 대륙의 한가운데에 자리잡은 데다가 자신들과 비슷한 외모를 갖고 있는 독일군에 대한 핵폭탄 투하는 적어도 일본만큼 쉽지는 않았을 것이다.

반드시 적을 섬멸殲滅해야만
승리가 보장되는가?

"마르크스를 러시아 혁명의 이념적 아버지로 보듯이 클라우제비츠를
제1차 세계 대전의 이념적 아버지로 여기는 것은 마땅하다." - 존 키건

군사 문제를 논함에 있어서 동양의 '손자'와 서양의 '클라우제비츠'를
제외하고는 그 어떤 것도 논할 수 없을 정도로 두 사람이 전쟁에 끼친 영
향은 지대하다. 손자는 우리가 잘 알고 있듯이 부전승不戰勝의 개념을 주
장했다. 즉, 싸우지 않고 이기는 것이 가장 좋은 것이며, 싸우는 것은 싸
움이 불가피할 경우이고 이는 차선의 방법이라고 말했다. 반면, 클라우
제비츠는 적의 철저한 파괴를 최고의 승리로 간주했다.[52] 즉, 적 군사력
의 파괴, 영토의 점령, 나아가 적의 의지력 분쇄가 최상의 승리라고 말했
다. 따라서 클라우제비츠에게 있어서 전쟁은 총력전이 되고 극단적으로

---

52 클라우제비츠는 전쟁을 현실의 다양한 요소들 없이 이론적 차원의 전쟁을 의미하는 절
대전쟁absolute war과 현실에서 벌어지는 현실전쟁real war으로 구분하고 현실전쟁을 다
시 총력전total war과 제한전limited war으로 구분했다. 그의 책 '전쟁론'은 주로 총력전 위
주로 기술되었는데, 이는 그가 말년에 제한전에 대해서도 언급하려고 생각했으나 '전쟁
론'을 수정하기 전에 죽었기 때문으로 보고 있다.

치달을 수밖에 없게 된다.

1916년에 독일과 프랑스는 베르됭 전투를 치렀다. 이 전투는 세계 제1차 대전의 대표적 전투가 되었는데, 그것은 이 전투가 영토 획득이나 전선 돌파가 아니라 단지 상대방의 군인을 학살하는 것을 목표로 했기 때문이다. 독일 참모총장 팔켄하인이 베르됭 공격을 지시한 것은 단지 가능한 많은 프랑스군 방어 병력을 포병의 사정거리 안으로 끌어들여 살상하기 위해서였다. 팔켄하인은 대규모 살상을 통해 프랑스군의 전쟁 의지를 약화시킬 수 있을 것이라 희망했다. 수백 문의 대포가 쏟아지는 포화 속에서 수많은 프랑스 병사가 사라져 갔다. 또한 프랑스군의 동일한 반격으로 수많은 독일군 병사들도 함께 사라져 갔다. 그럼에도 불구하고 독일군은 프랑스군의 전쟁 의지를 꺾는 데 실패했다. 베르됭 전투에서 발생한 인명 피해는 전율을 느끼게 한다. 아무런 소득도 없이 55만 명의 프랑스군 병사와 43만 명의 독일군 병사가 전사하거나 부상을 당하였다. 과연 손자가 다시 태어나 그 광경을 목격했더라면 뭐라고 말을 했을 것인지 궁금하지 않을 수 없다. 당시 클라우제비츠를 가장 강하게 비판한 사람은 영국의 리델 하트이다. 그는 클라우제비츠를 가리켜 "대중을 현혹한 가짜 메시아"라고 비난하면서, "모든 장군들이 클라우제비츠가 키운 붉은 피의 와인에 중독되었다"고 분개했다.

그렇다면 클라우제비츠의 군사사상이 왜 그때 탄생하였을까? 라는 궁금증이 생긴다. 이는 나폴레옹의 등장과 프랑스 혁명 등 역사적 사건과 궤를 같이하는 정신적 사조인 낭만주의의 등장과 관련이 있다. 일반적으로 낭만주의의 등장은 1790년경에 시작되어 1850년경까지 계속되었다고 본다. 낭만주의의 등장 이전에는 계몽주의가 모든 부분에 영향을 미치고 있었다. 계몽주의는 인간 이성에 대한 신뢰를 전제로 한다. 따라서 군사적 계몽주의는 전쟁에 대해 이성적인 개념을 강조하고 과학에 의해 증명된 공식과도 같은 법칙과 원리를 추구했다. 반면, 군사적 낭만주의는 전쟁이 과학의 논리가 아니라 인간의 심리적 요소와 의지意志에 의해 지배된다고 믿었다. 따라서 군사적 계몽주의 입장에서 보면 전쟁은 보편적인 법칙이 지배하고 예측 가능한 것이어야 하므로 우연성을 부정했고 지휘관이 기술적 능력을 발휘함으로써 손실 없이 전쟁을 치를 수 있다고 생각했다. 그러나 군사적 낭만주의는 전쟁에서의 우연성을 인정했으며 그 때문에 아무리 지휘관이 뛰어나다고 하더라도 전투에서의 손실은 필연적인 것으로 받아들였다. 이것이 결국 '전쟁이란 나의 의지를 적에게 강요하는 것'이 되었고, 최종적인 승리를 위해서는 개별적인 적의 격퇴가 아닌 적의 의지 자체를 굴복시켜야 하며, 이를 위해서는 적의 병력을 섬멸해야 한다는 생각으로 발전하게 된 것이다. 당시 베를린의 지성인들과 교류를 하고 있던 클라우제비츠를 비롯한 군사적 낭만주의자들은 칸트의 결론, 즉 "자연 세계는 과학적 법칙에 따라 움직이기 때문에 과학적 방법론을 적용할 수 있지만, 인간의 감정과 행위에는 그런 정확성을 적용하는 것이 부적절하다"는 주장에 동조했다. 다시 말해, 전쟁은 복잡성을 가진 인간의 행위이기 때문에 전쟁에 대한 연구에서 과학적 결론을 도출하기는 어렵다는 것이었다.

그러나 미국의 전쟁사가인 빅터 데이비스 핸슨은 저서 『살육과 문명 Carnage and Culture』에서 서구의 이러한 섬멸전 사상이 위에서 생각하듯

근현대에야 확립된 것이 아니라 고대에 이미 생겨났으며, 그 기원은 그리스에서 비롯된 자유, 민주주의, 합의 정치, 투표권을 가진 시민 등의 문화적 요인이라고 말한다. 기원전 333년 마케도니아의 알렉산드로스와 페르시아의 다리우스 3세가 맞붙었던 이수스 전투에서는 단 하루만의 전투로 그리스 용병 2만 명과 페르시아군 5만에서 10만 명이 죽었다. 특히 마케도니아의 밀집 보병은 승리가 결정된 뒤에도 몇 시간이고 살육을 감행하여 적군을 섬멸했다. 그들의 목표는 지역 확보가 아니라 적군 섬멸에 있었다. 헨슨은 그 원인을 당시 그리스 세계에서 선호하던 '정면 대결' 사상에서 찾는다. 당시 그리스인들은 아무런 계략이나 매복도 사용하지 않고 오로지 적군을 완전히 파괴할 또는 명예롭게 죽으려는 의도로 한낮에 적을 빤히 바라보는 평원에서 정면 대결을 벌이기를 원했다. 기원전 8세기에서 6세기에 중산층 농민들에게까지 시민권이 확대되자 공동체를 방어하는 임무는 재산을 소유한 농민들의 몫이 됐다. 그들은 직접 표결을 통해 언제, 어디서 싸울지를 결정했고 중장 보병으로 정면 대결을 벌이길 원했다. 가급적 빨리 전투를 끝내고 집으로 돌아가서 농사를 지어야 했기 때문이다. 또한 분쟁을 해결하고 명료하게 하는 가장 경제적인 방법은 치열한 타격전이라고 생각했다. 마침 사유 재산 소유를 기반으로 등장한 시민 의식은 치열한 전투를 견딜 수 있게 해 주었다고 헨슨은 주장한다.

"알렉산드로스가 전쟁에서 죽인 적군敵軍, 그리고 이후 몇 년간의 진압 과정에서 죽인 민간인의 수치에 견줄 만한 기록은 카이사르가 갈리아에서, 코르테스가 멕시코에서 치른 전투 정도이다."

어쨌든 프랑스 혁명으로 인해 만들어진 군대는 '징병제'라는 새로운 형태의 군대로서 자국 국민들로만 병력을 충원했고, 이들 시민 병사는 국민과 조국을 위해 헌신한다는 신념을 갖게 되었다. 왜냐하면 그 시민 병들은 공화국 군대가 패배하여 다시 왕정으로 돌아간다는 것의 의미를 너무나도 잘 알고 있었기 때문이다. 즉, 왕정복고는 시민으로서의 권리와 기회, 사유 재산의 박탈을 의미했다. 국민 대다수가 농민 출신이었기 때문에 그들은 구시대의 봉건적 의무를 증오했으며, 새로 취득한 농토를 귀족들에게 빼앗기기를 원하지 않았다. 국민과 조국에 대한 헌신을 생각하는 시민병의 등장으로 이전까지 실시하지 못했던 다양한 전술을 선보일 수 있었다. 구시대에는 병사들의 탈영이 두려워 지휘관의 통제가 가능한 엄격한 직선 대형이 주를 이루었지만, 시민병들의 군대는 유연한 형태의 새로운 전술을 도입할 수 있었다. 집중 사격이 효과를 발휘하는 상황에서는 횡대로 늘어서는 선형 전술을 활용했고, 행진과 돌격 시에는 기동성이 뛰어난 종대 대형으로 전환했다. 또한 적을 교란하거나 공격을 준비할 때는 산개 대형을 취했다. 직선 대형을 전개할 공간이 없을 때는 병사들 각자가 산개하여 스스로 엄폐물을 찾고 목표를 공격하는 척후병의 역할을 했다. 이 글을 읽고 있는 오늘날 많은 사람들은 위와 같은 시민병들의 전투 대형을 당연하게 여길지도 모르지만, 프랑스 혁명 이전만 해도 병사들은 왕이나 봉건 영주, 또는 돈을 주는 고용주와의 계약에 의한 약간의 충성심만 있었을 뿐, 국가와 국민을 위한다는 대의명분이 없었다. 따라서 자발적 참여가 아닌 계약에 의한 참여가 전부였던 병사들에게 자유로운 전투 대형의 변화를 주기는커녕 오히려 전투 대열을 이탈하거나 탈영을 걱정해야 했다. 국가와 국민을 위한다는 숭고한 정신으로 무장한 시민병들이 등장함에 따라 비로소 전투 대형의 변형을 줄 수 있었고, 이런 변형은 전술의 다양성을 극대화시켜 많은 승리의 원동력이 되었다.

또한 구시대의 군대에서는 보급이 원활하지 않으면 병사들이 충실히 복무하지 않을 것이라 생각했지만, 작전 중의 현지 조달(주로 현지 약탈)을 위해 병사들을 분산시키는 것도 탈영에 대한 우려 때문에 꺼렸다. 따라서 모든 물품을 조달하기 위해 복잡한 보급 체계를 유지했고, 이것이 부대의 기동성을 크게 떨어뜨렸다. 그러나 혁명 정부는 병사들을 신뢰했으므로 필요한 경우에는 약탈을 통한 현지 조달을 할 수 있었다. 이는 대단히 중요한 변화였다. 중앙 정부의 보급 체계에 전적으로 의존하지 않고 현지 조달을 시행함으로써 기동성을 유지할 수 있었고 자원이 풍부한 지역을 점령하는 한, 프랑스군은 적군보다 훨씬 멀리, 신속하게 작전을 전개할 수 있었다.

전쟁이 과학의 영역에 속하는지, 예술의 영역에 속하는지에 대한 논쟁은 여러 세기에 걸쳐 계속되었으며, 이는 쉽게 결론지을 수 있는 문제가 아니다. 군사적 계몽주의는 전쟁을 과학의 문제로 본 반면, 군사적 낭만주의는 이를 예술의 영역으로 보았다. 따라서 군사적 낭만주의는 공학적 원리가 아닌, 인간 심리와 성격의 역할을 중시했다. 나폴레옹은 "전쟁에서 사기와 정신력이 3/4를 차지하며, 수적 요소는 나머지 1/4일 뿐이다."라는 명언을 남겼다.

사기와 정신력이
전쟁에 미치는 영향력은?

강한 정신력은 반드시 물질력을 이긴다고 일본인들은 부르짖었다. "만일 우리가 숫자를 두려워했다면 전쟁은 일어나지도 않았을 것이다. 적의 풍부한 자원은 이번 전쟁으로 처음 만들어진 것은 아니다"

– 마이니치 신문

태평양 전쟁에서 지금까지 서양인의 눈으로 본 서양 사람들의 의식 세계와는 전혀 다른 반응을 보이는 일본인의 모습에 충격을 받은 미국은 일본인의 의식 세계에 대한 연구를 시작했고, 그 결과 미국의 문화 인류학자인 루스 베니딕트Ruth Benedict는 그의 저서 『국화와 칼』에서 다음과 같이 말했다.

"서양의 군인들은 최선의 노력을 다한 후에 중과부적衆寡不敵이란 점을 알면 항복을 한다. 그들은 항복을 한 뒤에도 여전히 자기들은 명예로운 군인이라고 생각하며, 그들이 살아 있음을 가족들에게 알리기 위해 자신의 명단을 본국으로 통지하는 데 아무런 부끄러움이 없다. 반면 일본인의 경우 이를 전혀 다르게 인식한다. 일본인에게 군인의 명예란 죽을 때까지 싸우는 것이다. 절망적 상황에 몰렸을 때는 집단적 자살을 하던가 해야지 절대로 항복해서는 안 된다. 만일 부상당했거나 기절하여 포로가 되었을 경우에는 '일본에 돌아가면 얼굴을 들고 다닐 수 없다'고 여겨 명예를 잃게 된다고 믿는다. 서양 여러 나라의 군대에서는 전사자가 전체 병력의 1/4 혹은 1/3에 이를 경우에는 그 부대는 저항을 단념하고 손을 드는 것이 자명한 이치로 되어 있다. 항복자와 전사자의 비율은 통상 4대 1이다. 그런데 뉴기니의 홀란디아 전투에서 일본군이 처음으로 가장 많이 항복한 경우에도 그 비율이 1대 5였다. 이것도 북부 미얀마에서의 1대 120에 비하면 현저한 진보였다.[53] 항복이라는 치욕은 일본인의 의식 속에 깊이 박혀 있었다. 또한 미군 포로가 자기 이름을 본국 정부에 보고하여 자기들의 생존을 가족에게 알려달라고 한 일을 참으로 어처구니없고 경멸스러운 일이라고 생각했다."

미국인의 입장에서 보면 전투기에 구명 도구를 설치하는 것은 당연한 조치이고, 안전을 위해 권장해야 할 사항이지만 일본인은 그런 생각을 하는 것 자체가 비겁하다고 생각했다. 즉 죽느냐, 사느냐의 위험을 감수하는 것이 훌륭한 태도이지, 위험 예방책을 먼저 세우는 것은 경멸의 대상이 되었던 것이다. 이런 측면에서 나폴레옹이 "전쟁에서 사기와 정신력이 3/4을 차지하며, 수數적 요소는 나머지 1/4일 뿐이다."라는 언급

---

53 북부 미얀마 전투에서 일본군 포로와 전사자의 비율은 142명 대 17,166명, 즉 1대 120이었다. 그나마 포로가 된 120명은 대부분 부상자이거나 기절한 자였다.

이 동서고금의 진리라면 태평양 전쟁의 승패는 미군보다 강한 정신력을 보여 준 일본에게 돌아갔어야 한다. 그러나 역사는 그렇지 않다는 것을 보여 주었다.

태평양 전쟁 당시 일본군의 전쟁 수행 과정을 조직 경영의 측면에서 분석한 일본의 노나카 이쿠지로는 그의 저서 『왜 일본제국은 실패하였는가?』에서 전쟁에 필요한 필수 보급 물자까지도 강한 정신력으로 극복할 수 있다는 잘못된 자신감으로 패한 '임팔 작전'에 대해 이렇게 말하고 있다.

"버마와 인도 국경 지대의 '임팔 작전' 당시 일본군의 15군 사령부에서 열린 회의에서 우스이 보급참모가 보급이 원활한 것 같지 않다고 말하자, 무타구치 사령관이 벌떡 일어나서 '뭐라고? 그딴 걱정은 하지 마, 적을 만나면 총구를 하늘에 대고 3발만 쏘아 보라고! 그러면 자동으로 항복하게 돼 있어!'라면서 자신만만해 했고, 부족한 식량과 탄약에 대한 대비에는 무관심하였다. 그리고 이러한 요인은 전투에 패한 결정적 원인이 되었다."

일본인에게 있어 군대란 인간을 한계에 이를 정도로 맹훈련을 시켜 정예 장병으로 만드는 곳이라는 생각이 지배적이었고, 이 때문에 정신력만 강하면 반드시 승리한다는 신념이 만연했다. 그러나 전쟁은 강한 정신력만 가지고는 승리할 수 없음을 많은 전쟁 결과가 증명하고 있다. 특히 일본과 미국의 태평양 전쟁은 이를 대표적으로 보여 준다. 합리성이 결여된 강한 정신 무장은 교조적 도그마에 빠져 건전한 판단을 저해함으로써 오히려 승리에 방해가 된다. 만주, 중국에 이어 홍콩과 싱가포르에서도 총검 백병전으로 무장한 일본군이 승리를 거두자, 일본군은 화력에 기대지 않아도 충분히 승리할 수 있다는 자신감으로 화력의 중요성과 발전에 관심을 두지 않았다. 그러나 과달카날 전투 이후에는 화력의 중요성을 충분히 인식할 수 있었음에도 불구하고, 누군가 그 중요성에 대해 언급을 하는 순간 그는 정신력이 나약한 자로 낙인이 찍힐 수밖에 없는 분위기였기에 아무도 감히 이를 언급할 수 없었다. 일본 해군 역시 미드웨이 해전 패전 이후에는 거함거포巨艦巨砲에 의한 해전보다는 항공모함의 효과가 훨씬 크다는 것을 인식했음에도 불구하고, 당시로서는 전 세계에서 가장 큰 46cm 구경을 가진 거함 야마토와 무사시에 대한 기대를 저버리지 못하다가 제대로 활용도 못 하고 침몰당하고 말았다. 전쟁에서는 정신력도 물리력도 모두 중요하다.

장교에게 『지휘책임』이란?

장교가 되는 것은 평범한 병사가 되는 것과 다르다. 장교는 민간의 어느 분야에서도 볼 수 없을 정도의 막중한 책임을 감당해야 한다. 왜냐하면 이들은 살상 및 파괴의 수단을 관리 및 통제하고 있기 때문이다. 장교에게는 숭고한 책임과 의무가 따른다. 이를 보여 주는 사례를 소개하면 다음과 같다.

1945년 필리핀 전역이 종료된 후 일본군의 야마시타 대장은 사형을 선고받았다. 당시 그의 책임은 '예하 부대들의 작전을 통제해야 한다는 지휘관으로서의 의무를 제대로 이행하지 못해 부하들이 야만적인 행위를 자행하게 되었다는 점'이었다. 야마시타는 변호인을 통해 당시는 예하 부대를 자신이 통제할 수 있는 입장이 못 되었다고 주장했다. 즉, 자신은 미군의 성공적인 공격으로 인해 통신 및 지휘 체계가 무너지면서 퇴각 당시 북부 루손의 산악 지역으로 인솔한 일부 부대에 대해서만 효과적으로 통제할 수 있었는데, 이들은 잔혹한 행위를 하지 않았다는 것이다. 그러나 재판부는 이를 받아들이지 않고 사형을 언도했다. 지휘관으로서 평소부터 장병들이 잔혹 행위를 하지 못하도록 교육 및 훈련시켰어야 했는데, 이를 하지 못한 책임에서 벗어날 수 없다는 것이었다. 즉 야마시타 대장에게는 엄격한 지휘 책임이 적용된 것이다. 일반 장병들의 범죄 행위는 고발하는 검사 측에서 그 잘못을 입증해야 한다. 그러나 지휘관은 일단 모두 죄가 있다고 가정하고 잘못이 없음을 지휘관 자신이 입증해야 한다. 그만큼 지휘관의 책임은 무겁고 엄중하다.

야마시타 대장에게 사형을 언도했을 당시 맥아더 장군은 다음과 같이 말했다.

"피아와 무관하게 군인은 무장하지 않은 나약한 사람들을 보호할 의무가 있습니다. 군인의 존재 이유와 본질은 바로 이것입니다."

군의 지휘관은 법적 책임을 논하기에 앞서 다음과 같은 두 가지의 도덕적 책임에 대해 생각해야 한다. 첫째, 작전계획 수립 시 민간인의 부수적 살상을 제한하기 위한 조치를 적극 강구해야 한다. 즉, 자신이 명령하는 행위의 결과를 개관하여 희생되는 인명의 수와 예견되는 효과를 비교하여 희생보다는 이점이 많은지를 늘 고민해야 한다. 필요한 희생은 감수하되, 무고한 희생이 되지 않도록 해야 한다는 의미이다. 둘째, 전쟁규칙을 이행하기 위한 조치를 적극 강구해야 하며 자신의 부하들에게도 교육을 통해 일정 기준 이상의 도덕적 수준을 유지하도록 해야 한다. 전투로 인해 많은 사람이 죽거나 다친 경우, 이는 대부분 지휘관이 책임을 져야 한다. 왜냐하면 지휘관의 경우 이러한 살상을 방지 또는 최소화할 권한과 능력을 갖고 있다고 간주하기 때문이다. 만약 이를 감당하지 못할(특히 육체적, 도덕적 용기) 사람은 장교, 특히 지휘관이 되어서는 안 된다. 그래서 우리의 선배님들께서는 이렇게 말했다. "지휘관이 되려는 자, 녹색 견장의 무게를 견뎌라!"[54]

지휘관 견장과 관련된 나의 일화 한 가지를 소개하겠다. 2019년 코로나가 한창일 때, 나는 인사사령부 인사행정처장 직책을 수행하고 있었고, 당시 남영신 참모총장님 주관으로 인사참모부와 인사사령부 합동 업무보고를 하고 있었다. 업무보고 중간에 잠시 티타임이 있어 커피를 마시면서 대화를 나누던 중간에 인사참모부의 한 처장께서 필자에게 최근 코로나 대응 관련 육군의 지침을 예하 부대에 하달하는 데 어려움이 있다고 말했다. 그것이 무엇이냐고 물었더니, 예하 부대 지휘관들의 성향이 다 달라 어느 지휘관은 개략적인 지침을 하달하면 알아서 자신의 부대에 맞게 적용하는 반면, "그렇게 개략적으로 하달하면 어떻게 하란 말이냐? 좀 더 구체적이고 세부적인 내용으로 하달해 달라"는 지휘관들도 많아 어느 정도 수준에서 육군 지침을 내려야 할지 그 기준을 잡기가 어렵다는 말이었다. 그 말을 듣고 있던 나는 순간 화가 나서 소리쳤다.

"아니 그러면 견장은 왜 달고 있죠? 견장을 달았으면 자신이 알아서 시행하고 자신이 책임지면 되지, 예하 부대마다 임무, 상황, 특성 등이 모두 상이한데, 어떻게 그 많은 부대를 대상으로 구체적이고 세부적으로 지침을 하달합니까? 그러면 전시에 적군이 사격을 가해 오면 그때마다

---

54 영국의 대문호 세익스피어가 권력에 집착하는 헨리4세를 꼬집고자 그의 희곡에서 "왕관을 쓰려는 자, 그 무게를 견뎌라"라고 쓴 문장에서 연유함.

쏠까요? 말까요? 매번 상급 부대에 물어보고 승인받으면서 전투할 겁니까? 자신 없으면 견장 떼야죠!"

아뿔싸, 그런데 나의 이 외침 소리를 옆에서 커피를 드시던 장군분들과 총장님께서 다 들으셨다. 순간 분위기가 싸해졌다. 그 순간 총장님의 말씀이 일품이었다. "인행처장, 나는 견장 안 달았어…!" 총장님의 말씀에 분위기는 금방 풀어졌다. 물론 웃자고 하신 말씀이었다. 그러나 거기에는 깊은 의미가 있다. 육군참모총장이라는 직책은 견장을 착용하는 직책이 아니다. 영어로 말하자면 'Commander'가 아니라 'Chief of Staff'이다. 즉, 군령軍令을 담당하는 것이 아니라 군정軍政을 담당한다. 반면, 작전사령관, 군단장, 사단장, 여단장, 대대장 등은 'Commander'로 녹색 지휘관 견장을 달고 있다. "지휘관 견장"의 무게와 의미에 대해서는 언젠가 보다 구체적으로 언급하도록 하겠다.

전쟁 범죄戰爭犯罪의 책임은
어디까지 물을 수 있을까?

책임이 있는 자를 올바로 색출하는 문제는 정당성의 논거에서 매우 중요하다. 왜냐하면 전쟁에서 우리가 인지 가능한 전쟁 범죄가 있다면 우리가 인지 가능한 전범이 있어야 하고 궁극적으로 그 사람에게 책임을 물어야만 하기 때문이다. 책임질 사람을 올바로 지명하거나 전쟁에서 목격되는 고통을 고려해 책임자를 지명하고 심판하면 '정당한 전쟁'의 논거가 획기적으로 강화된다. 만약 책임질 사람이 없다면 '전쟁에서의 정당성'은 현실 세계에서 실현 불가능한 개념이 된다.

전쟁 규칙의 위반과 관련하여 일반 용사들이 제기하는 항변은 기본적으로 두 가지가 있다. 첫째는 '전투의 열기'와 이 열기에 의한 열정 내지는 광기에 관한 것으로, 전투 현장은 이성이 지배하는 공간이 아니라 참혹함과 흥분, 고통과 좌절 등이 혼재된, 인간이 평상시 경험할 수 있는 상황이 아니기 때문에 불가피하게 전쟁 규칙을 위반할 수밖에 없다는 것이다. 둘째는 군기와 이것이 요구하는 복종에 관한 것으로, 엄격한 규율이 지배하는 군대 조직에서 부여된 임무 달성과 군 조직의 단합을 위해서 어쩔 수 없었다는 항변이다. 그러나 이와 같은 상황에도 불구하고 전쟁 규칙은 준수되어야 하며, 자신을 보호해야 한다는 명분으로 전쟁 규칙을 위배하는 것이 정당화될 수 없다. 항공기와 여객선의 승무원이 승객을 위해 목숨을 바쳐야 하는 것과 마찬가지로 군인은 민간인을 위해 자신의 목숨을 바쳐야 한다. 직업군인은 물론, 징병제로 징집된 일반 용사들의 경우도 마찬가지이다. 왜냐하면 군인은 단순한 도구가 아니기 때문이다.

간혹 전투 중인 용사들의 전투 의지를 높일 목적으로 포로 또는 적국의 민간인에 대한 폭력 행위를 조장하거나 장려하는 경우가 있는데, 이는 '용기'의 본질을 잘못 이해하고 있는 것이다. 제대로 기강이 정립되어 있는 군대는 자신을 가장 잘 통제하고 있을 뿐만 아니라 직분에 적합한 방식으로 자제력을 발휘하는 부하들로 구성된 집단이고, 이러한 집단이 가장 잘 싸운다는 점은 역사가 증명해 주고 있다. 불필요한 폭행과 살인은 용기와 강인함을 보여 주는 것이 아니라 '히스테리'를 보여 주는 것이다. 항복하려 하는 군인을 사살한 경우는 특별한 사정이 없다면 사살한 사람에게 책임이 있다. 또한 살인 행위를 방지할 권한이 있었다면 이 같은 살인을 묵인하고 조장한 장교에게 전적으로 책임이 있다.

무지無知는 평범한 용사들에게서 공통적으로 목격되는 현상이다. 자신이 가담하고 있는 전역戰役이 전승에 필수적인 부분인지, 뜻하지 않은 민간인의 살상이 수용 가능한 수준인지 등에 대해서 알 수 없다. 전투 현장에 있는 각개 용사는 좁고 제한된 시각으로 인권의 위배가 보이지 않을 수도 있다. 일반적으로 전쟁에 관한 책임은 군인보다는 정치가에게 있듯이, 전역 또는 전투에 대한 책임은 일반 용사보다는 지휘관에게 있다. 원거리에서 전투를 수행하는 경우 그는 자신이 죽이고 있는 무고한 사람들과 관련해서 책임이 없을 수도 있다. 포병의 포수와 무인기 조종사들의 경우 자신이 직접 공격하는 표적에 대해 구체적으로 인지하지 못할 수도 있기 때문이다. 그러나 월남전에서 미라이의 사례가 보여주듯이 평범한 용사들의 무지無知에도 나름의 한계는 있다. 당시 공판에서 육군의 판사가 "평범한 상식과 이해력이 있는 사람이 해당 상황에서 불법이라고 알고 있는 명령을 받은 경우 군인들이 명령에 복종하지 않기를 우리는 바라고 있다"고 말했듯이, 무고한 사람임을 알고 있는 상태에서 살해한 경우에는 일반 용사들도 기소되어 유죄를 선고받은 사실을 기억할 필요가 있다. 일반 용사들은 징집되어 싸우지 않을 수 없는 입장에 있다. 그러나 징집 자체로 인해 용사들이 무고한 사람을 죽여야만 하는 것은 아니다. 공격받은 군인은 싸워야 할 것이다. 그러나 적의 침략도, 적의 공격도 무고한 사람을 살해해야 할 이유는 되지 못한다.

전쟁과 종교는 어떤 관계인가?

많은 사람들이 "종교는 역사상 모든 중요한 전쟁의 원인이었다"는 말에 동의하는 듯하다. 아마도 이것은 중세 십자군 전쟁, 종교 재판, 그리고 30년 전쟁(1618년~1648년) 등의 영향일 것이다. 그러나 가까운 예로 세계 제 1, 2차 대전만 해도 종교가 원인이 되어 시작되었는가? 그렇지 않다. 전쟁사 연구자들은 사람들이 전쟁을 하는 이유에는 수많은 사회적, 물질적, 이념적 요인이 관련되어 있으며, 그 가운데에서도 가장 중요한 것은 빈약한 자원을 둘러싼 경쟁이라고 말한다. 그러나 종교가 인류의 모든 폭력적 전쟁에 책임이 있는 것이 아니라는 점을 인정하는 사람들조차도 여전히 종교가 본질적으로 호전성을 갖고 있다는 말만큼은 당연하게 받아들이곤 한다. 특히, 일신교는 관용을 모르며, 사람들은 일단 '신神'이 자기편이라고 믿으면 타협은 불가능해진다고 주장한다.[55]

초기 모든 국가는 그 나라 나름의 독특한 성격을 규정하는 신화에 의지했다. '신화'라는 말이 현재는 힘을 잃어 사실이 아닌 것, 또는 현실적

---

55 카렌 암스트롱, 『신의 전쟁』, 교양인, p.12

으로 일어날 수 없는 것 등을 의미하는 경향이 있으나, 근대 이전에는 사실 여부를 떠나 그 나라 또는 그 민족의 정체성과 정서를 반영했으며, 그들의 현재 또는 가까운 미래의 행동에 청사진을 제공하는 역할도 수행했다. 당장 우리의 단군 신화만 하더라도 "하늘 신의 아들인 환웅이 신단수 아래에 내려와 신시神市를 열고 많은 무리를 거느리며 세상일을 주관하다가 웅녀와 결합하여 단군을 낳았고, 이 단군이 고조선을 건국했다"는 내용이다. 지금 생각해도 사람이 곰과 결혼해서 사람을 낳는다는 것을 그대로 믿을 수는 없다. 그러나 당시 짐승과 결합하여 건국의 시조가 태어났다는 신화, 특히 곰을 조상신으로 하는 토템 신앙은 시베리아 일대에 분포한 퉁구스족과 고아시아족 사이에 널리 퍼져 있는 신앙으로, 주요 고대 국가의 건국 신화로 알려져 있으며 단군왕검의 홍익인간弘益人間이라는 원리, 즉 사람을 널리 이롭게 한다는 사상은 지금까지도 우리 민족의 정체성 형성에 큰 영향을 미치고 있음을 알 수 있다. 마찬가지로 메소포타미아의 수메르인들에게도 신화가 있었고, 그 신화에는 항상 신들이 등장한다. 도시마다 각각의 수호신이 있었고 도시는 이 신의 영토로 관리되었다. 따라서 이곳에서 종교는 공동체의 정치적, 사회적, 가정적 구조 안에 자리를 잡고 사회에 전체적인 의미 체계를 제공했에 개인적인 영적 체험이라는 근대의 '종교' 개념과는 달리 기본적으로 정치적인 일이었으며 개인적 신앙의 기록은 전혀 남아 있지 않았다.[56]

현재 우리는 종교와 정치가 엄격하게 분리된 세상에 살고 있다. 어떤

56 카렌 암스트롱, 『신의 전쟁』, 교양인, pp.41~42

사람이 특정 종교를 믿는다고 해서 그를 정치적으로 억압하지 않는다는 의미이다. 내가 사관생도 시절만 해도 모든 생도는 기독교, 불교, 천주교 중 하나를 의무적으로 선택하여 일요일 오전에는 반드시 종교 행사에 참석해야만 했다. 그러나 현재는 종교를 믿을 자유가 존중되는 만큼, 종교를 믿지 않을 자유도 존중되어야 한다는 인권적 배려로 무교無敎도 일종의 종교로 인정받고 있다. 대한민국에서 오늘을 살고 있는 우리들은 어릴 때부터 특정 종교에 대한 강압을 받지 않고 자라 왔기 때문에 종교의 자유를 자연스럽게 받아들이고 있고, 당연히 종교와 정치는 분리되어야 한다고 생각할 수 있다. 그러나 서양에서는 30년 전쟁(1618~1648) 이전, 그리고 우리나라에서도 19세기 중반까지만 해도 특정 종교에 대한 정치적 박해가 있었고, 당시 사람들은 단지 종교적 믿음 때문에 목숨을 바치기도 했다. 종교와 정치의 분리는 서양에서부터 시작되었다. 유럽에서 종교 개혁을 둘러싼 신학적 언쟁 때문에 신교와 구교가 갈라져 피비린내 나는 전쟁을 30년 동안 하면서 많은 희생이 있었고, 이로 인해 종교가 정치로부터 분리되어야 한다는 생각을 하게 되었다. 이러한 생각은 대단히 혁신적인 생각이었으며 이후 종교로 인한 전쟁이 줄어드는 원인이 되기도 했다.

현대에 들어서는 종교 자체가 전쟁의 직접적인 원인이 되는 경우는 드물다. 대부분의 경우 종교 자체보다는 역사, 민족, 경제적 불평등, 정치권력의 독점, 사회적 불평등 등 다양한 원인들과 종교 문제 등이 복합적으로 작용한다. 우리는 모든 것이 빠르게 변하고 있는 4차 산업 혁명의 시대를 살고 있다. 과거 종교가 전쟁의 원인인 경우가 많았다면 이제는 종교가 전쟁을 예방해야 하고, 만약 전쟁이 불가피하다면 그 과정에 있어서도 선한 전쟁이 될 수 있도록 역할을 해야 한다. 그러나 인류 차원의 전쟁 방지, 또는 국가 차원의 전쟁 예방은 국제기구 또는 국가에 속한 정치가들의 몫이다. 따라서 군인들은 전쟁 속에서의 윤리, 즉 전쟁의 수단과 방법에 관해 관심을 가져야 한다. 그것은 군인이 폭력의 수단을 직접 관리하고 있기 때문이다.

얼마 전에 육본 군종감실 주관으로 선봉대 교회(용인)에서 있었던 '전장윤리 결심수립절차' 세미나에 참석하였다. 하루 동안의 짧은 세미나였지만 나는 많은 것을 느꼈다. 첫째는 모든 기독교, 천주교, 불교 군종장교들이 종파와 관계없이 한목소리로 군종장교의 중요성을 강조했으며, 전시 군종장교의 역할에 대한 자부심이 충만했다는 점이다. 둘째는 대령급 수뇌부들의 전투에 대한 관심과 몰입도의 증가였다. 오전 세미나가 끝나고 점심을 함께하게 되었는데, 그분들의 모든 대화 내용이 군사적 용어였다. 목사님, 신부님, 법사님 모든 분들이 군복을 착용하고, 전구작전 상황, Centrix-K, KJCCS, 전술적 결심수립절차, 임무변수 METT+TC[57], 작전변수PMESII-PT[58] 등에 관해서 이야기를 하고 있었다. 이전에는 볼 수 없었던 참신한 광경이었다. 그 순간만큼은 그분들이 진

---

57 작전을 수행하는 과정에서 부대 또는 전투력 운용에 미치는 영향에 대한 상황평가와 판단의 기준을 제공하는 요소로, 임무(Mission), 적(Enemy), 지형 및 기상(Terrain and Weather), 가용부대(Troop available), 가용시간(Time available), 민간요소(Civil consideration)를 말한다. (군사용어사전(2017) - 육군본부)

58 작전환경을 기술하기 위해 사용되는 일련의 광범위한 정보의 범주를 말하며, 정치(P), 군사(M), 경제(E), 사회(S), 정보(I), 기반시설(I)의 6가지에 물리적 환경(P), 시간(T)를 추가한 것임. (합동연합작전 군사용어사전(2020) - 합동참모본부)

정한 군인으로 느껴졌다. 셋째는 준비한 유인물의 내용이었다. '전장 윤리'라는 용어는 매우 생소할뿐더러 자칫하면 고리타분하고 사변적이라 뜬구름 잡는 식으로 다루어질 수 있는데, 이를 실제 전장에서 지휘관의 결심을 지원할 수 있도록 전술적 결심수립 절차에 착안하여 '윤리적 결심수립 절차EDMP: Ethical Decision Making Process'라는 실질적인 방법론을 적용했다는 점이다. 이러한 방법론을 적용하기 위해서는 사전에 많은 고민과 연구가 있어야 했는데, 알고 보니 이미 1년 전에 TF가 편성되어 연구를 하고 있었다.

유인물의 모든 내용을 다 소개할 수는 없어서 몇 가지만을 발췌하면 다음과 같다. 먼저, "전장 윤리가 무엇인가?"를 정의하는 부분에서 "윤리적으로 납득되지 않는 전쟁의 승리는 진정한 승리라 할 수 없다"라는 표현이 나오는데, 나는 전적으로 동의하며 그것이 이 글을 쓰는 이유이기도 하다. 또한 "왜 군종장교가 전장 윤리를 다루어야 하는가?"라는 질문에 "각 종교야말로 생의 의미, 죽음의 이해, 나아가 사후의 교리 등에 관한 내용을 본질적 측면에서 다루고 있고, 종교적 가르침을 몸소 실천하는 사람들이 바로 부름받은 군종장교이기 때문"이라는 대답 또한 나에게 깊은 울림을 주었다. 마지막으로 '법은 최소한의 윤리'라는 지적이었다. 사실 모든 것이 법대로만 해결된다면 전장 윤리의 문제는 법무 장교들의 문 앞에서 종료될 것이다. 그러나 앞서 언급했듯이 전쟁에서는 법으로 해결할 수 없는 사각지대가 너무 많을 수밖에 없고, 보이지 않는 곳에서의 갈등과 혼란은 군종장교의 등장을 열망할 수밖에 없을 것이다. 더불어서 군종장교들마저 다가가지 못할 전투 현장에서의 어두운 등잔

밑을 고려한다면 전쟁에 임하는 모든 사람들, 특히 장교로 임관해야 할 사관생도와 사관후보생들은 위에서 언급한 전장 윤리에 대해 깊이 생각해 보고, 자신의 것으로 내면화해야 할 것이다.

각 종교는 전쟁에서의 살인을
어떻게 바라보는가?

육군본부 군종실에서 작성한 전장윤리 결심수립절차는 군종장교들
이 지휘관에게 전장 윤리에 관한 조언을 하는 데 목적이 있다. 그러나 나
는 그 내용이 지휘관에게 조언을 할 수 있을 뿐만 아니라, 전투 현장에
있는 개별 군인들에게도 대단히 유용하게 적용될 수 있다고 생각한다.
마침 전술한 세미나 자료에 전장 윤리에 관한 개별적 종교의 관점에 대
한 내용이 있어 이를 간략히 소개하고자 한다. 왜냐하면 개별 종교의 입
장을 아는 것이 각자 다른 종교를 갖고 있는 장병들에게 자신의 종교 입
장뿐만 아니라 타 종교의 입장도 이해할 수 있는 기회를 제공하기 때문
이다. 아래의 내용은 세미나 자료에서 발췌한 주요 내용이다.

먼저 기독교의 입장을 소개하면, 전쟁에서 살인의 문제와 관련하여
십계명 중 6계명인 "살인하지 말라"라는 말의 히브리 원어를 분석해 볼
때 동사 '라자흐'의 용법 자체가 법에 의해 사람을 처형할 때와 전쟁에서
사람을 죽이는 것을 가리키는 용도로는 사용되지 않았음을 지적하며 십
계명의 "살인하지 말라"는 계율은 전쟁터에 나가서 사람들을 죽이는 군

인에게는 적용되지 않음을 언급한다. 또한 베드로 전서 2장 14절[59]과 로마서 13장 4절[60]의 말씀을 인용하면서 쳐들어오는 외적들에 맞서 스스로를 방어해야 할 도덕적 책무를 지는 것은 성경의 가르침에 비추어 합당하다는 입장을 밝히고 있다. 즉, 성경은 국가가 생명 보호와 정의 유지를 위해서 제한적으로 선택할 수 있는 마지막 방법으로서 전쟁을 제시하고 있음을 알 수 있다.

반면에 천주교의 관점에서는 2,000년이 넘는 오랜 역사만큼이나 성서적 해석의 입장과 그것이 시대별로 적용된 방법의 변천을 함께 다룬다. 성서적 입장으로 구약에서는 전쟁을 '선택된 이스라엘 백성을 보호하고 그 신앙을 수호하기 위한 정당한 수단'으로 여긴다. 즉 이스라엘 민족의 입장에서 보면 전쟁은 하느님에 의해 명령을 받은 종교적 정당성을 갖춘 수단이었고 또한 성전聖戰이었으며 그들의 민족을 위한 전쟁은 하느님의 전쟁이 되었다. 신약에서는 예수님께서 군 복무를 전혀 반대하지 않으셨고 당연하게 여기셨다는 이유를 들어 전쟁을 단죄하지 않으셨음을 지적한다. 역사적 이론의 변천과 관련해서, 고대는 아우구스티누스가 전쟁의 정당성에 대해 처음 언급했으며 그는 선한 사람들에 의해 수행되는 자비의 전쟁은 배척하지 않는다고 했으며, 정당한 전쟁이

---

59 베드로 전서 2장 14절: "혹은 그가 악행하는 자를 징벌하고 선행하는 자를 포상하기 위하여 보낸 총독에게 하라" 이는 국가가 존재하는 것은 악행하는 자를 징벌하고 선행하는 자를 포상하기 위한 것이라고 이해할 수 있다.

60 로마서 13장 4절: "그는 하나님의 사역자가 되어 네게 선을 베푸는 자니라 그러니 네가 악을 행하거든 두려워하라 그가 공연히 칼을 가지지 아니하였으니 곧 하나님의 사역자가 되어 악을 행하는 자에게 진노하심을 따라 보응하는 자니라" 하나님이 악을 행하는 자들을 막기 위해 국가에게 칼을 가질 권한을 주셨다.

되기 위해서는 올바른 지향, 합법적 통치자에 의한 전쟁 수행, 전쟁 수행의 올바른 의도가 요구된다고 하였다. 그리고 그의 이러한 사상은 중세에 들어 토마스 아퀴나스에게 이어져 정당한 전쟁의 조건으로 전쟁을 명령할 군주의 권위가 필요하고, 정당한 이유가 있어야 하며, 그 의도가 옳아야 한다고 하였다. 그러나 근대에 들어서 신대륙의 발견과 더불어 유럽이 열강들은 아메리카 원주민들과의 전쟁에서 '정당한 전쟁' 이론을 채용, 그것을 악의적으로 확대 해석하여 원주민들의 복음화라는 명목으로 그들의 침략 전쟁을 '정당화'하였다고 말한다.

그러나 두 차례의 세계 대전을 겪고 핵무기를 비롯한 대량 살상 무기의 등장을 경험한 현대에 와서는 전쟁 수용에서 평화 유지로 노선을 선회했다. 제2차 바티칸 공의회에서 채택한 헌장 중 「기쁨과 희망Gaudium et spes」 에 전쟁에 대한 언급이 있다. 헌장은 "매우 중대하게 공동체에 가해진 부정에 대한 방위의 절대적 필요성은 만일 다른 수단으로 이를 저지하지 못할 때 오늘날에도 정당한 전쟁의 이유가 될 수 있다. 모든 평화적인 타협을 시도해 본 후라면, 한 국가에 대한 방위권을 인정하지 않을 수 없다. 그러나 전쟁은 어떠한 이유로든 필요악이다."라는 것과, "전쟁이라고 해서 윤리적인 법칙이 무시되지 않는다. 무기로 싸우지만, 전쟁 중에도 윤리적인 원칙은 유효하다."라는 내용을 포함하여 '정당한 전쟁' 뿐만 아니라 '전쟁에서의 정당성'에 대해서도 논하고 있다.

초기 불교의 가르침은 어떠한 경우에도 폭력의 사용을 허용하지 않았다. 왜냐하면 그 가르침의 밑바닥에는 지혜와 자비가 있는데, 그 핵심은 비폭력과 연기, 즉 공空사상에 근거하고 있기 때문이다. 따라서 부처님의 가르침 중에 가장 중요한 것은 비폭력이자 불살생不殺生, 곧 평화이다. 이는 세상의 모든 것이 인연으로 이어져 있는 연기緣起의 세계이기 때문이다. 즉, 이것과 저것이 존재하려면 서로가 서로에게 존재하게 되는 필수 조건이 될 수밖에 없고, 나의 미래는 다른 사람의 미래와 뗄 수 없는 깊은 관계가 있다고 생각한다. 그러나 대승불교에 들어와서는 극악한 죄를 범하고도 부끄러워할 줄 모르는 오만한 사람이나 집단에 대해서는 압력을 넣어 강한 힘으로 꺾어야 하지만, 그렇지 않고 사소한 동기에서 악을 저지른 심약한 사람에게는 도리로서 깨우쳐 주어야 한다고 말하고 있다. 그리고 이러한 사상은 우리나라에서 호국 불교의 사상으로 발전하게 된다. 다만 호국 불교에서 추구하는 전장 윤리는 상대방을 이기고 빼앗기 위해 행동하는 폭력이나 전쟁이 아니라, 지키고, 살리고, 계도하는 대승 보살행의 구현으로서 폭력과 전쟁을 부분적으로 허용하는 것이다. 즉 우리가 잘 아는 서산대사 휴정(1520~1604)이나 사명대사 유정(1544~1610) 등의 군사적 활동은 모두 왜적의 침략으로부터 선량한 백성들과 풍전등화 같은 나라를 지키기 위함, 즉 방어적 행위였음을 밝히고 있다.

1916년 소태산 대종사의 진리에 대한 깨달음으로 시작된 원불교에서는 강대국 앞에 선 약소국의 아픔에 대한 현실적 고뇌가 돋보이는데, 이는 원불교가 일제 강점기와 6.25 전쟁의 혼란을 몸으로 체험하면서 성장해 왔기 때문이다. 따라서 대종사의 언행록인 『대종경』에는 "세상은 강과 약 두 가지로 구성이 되었으니 강자와 약자가 서로 마음을 화합하여 각각 그 도를 다하면 이 세상은 영원한 평화를 이루려니와 만일 그렇지 못하면 강자와 약자가 다 같이 재화를 입을 것이요, 세상의 평화는 영원히 얻지 못하리니…"라고 언급하여 약자가 강자가 되지 못하면 끊임없이 전쟁의 고통 속에서 살 수밖에 없다는 현실적인 논리를 전개하였다. 또한 2대 종법사 정산종사는 『건국론』을 통하여 나라를 바로 세우는 방향을 제시하였는데, 제5장 국방론에 국방군의 건설과 유지 등에 관한 언급을 함으로써 강자가 되기 위해서는 국방이 필요함을 언급한 것으로 볼 때 전쟁의 불가피성을 인정한 것으로도 볼 수 있으며, 이는 현대 국제 정치의 '힘에 의한 평화'와 그 맥을 함께한다고도 할 수 있다.

이와 같이 국군에서 군종장교가 있는 네 교단 모두 기본 입장은 비폭력적이며, 전쟁은 모든 수단을 다 활용한 다음 최후의 수단으로 활용되어야 한다는 점에는 일치를 보이고 있다. 다만 중세 서양의 정신세계를 지배했던 천주교의 경우 과거에 겪었던 나쁜 선례의 경험을 인식한 까닭인지 보다 더 평화 지향적 자세를 견지하고 있으며, '전쟁의 정당성' 뿐만 아니라 '전쟁 수행에 있어서의 정당성'에 대해서도 언급하는 등 보다 구체적이라는 것을 알 수 있다.

전쟁과 과학 기술은
공생 관계인가?

"제3차 대전에서 어떤 무기로 싸우게 될지는 예측할 수 없어도, 제4차 대전에서 사용될 무기는 확실하게 알 수 있습니다. 그것은 바로 돌멩이와 몽둥이입니다." - 알베르트 아인슈타인

우크라이나-러시아 전쟁이 한창 진행 중인 지금, 대한민국 국군은 AI, 무인, 로봇 등 첨단 과학 기술을 기반으로 한 국방력 건설에 박차를 가하고 있다. 특히, 오늘(2023.4.25) 신문에는 북한의 핵과 미사일의 위협에 대응하기 위해 '한국형 고고도미사일방어체계'로 불리는 장거리 지대공미사일 L-SAM을 개량한 신형 L-SAM을 개발하여 2035년까지 전력화한다는 보도가 있었다. 새로 개발되는 L-SAM은 북한의 극초음속 미사일 '화성-8형'을 요격할 수 있을 것이라고 한다. 더불어 각종 무기 체계에 첨단 과학 기술을 접목하는 시도가 지속적으로 이루어지고 있다. 머지않은 시기에 AI에 의해 통제되는 무기 체계가 등장할 것이다. 과거의 전쟁은 대부분 싸우는 지역 또는 싸우는 사람, 도구 등에 있어서 제한적인 경우가 많았다. 그러나 근대 민족 국가의 출현 이후 전쟁은 총력전

의 양상을 띠고 있다. 전쟁이 총력전의 양상을 띠게 된 이유로는 여러 가지 원인이 있겠지만 가장 주된 이유는 전쟁을 수행하는 인간이 총력전을 가능케 하는 도구를 갖게 되었기 때문이다. 그리고 그 도구들은 과학이 제공했다. 사람을 죽일 수 있는 더 좋은 도구들을 찾는 전쟁의 그칠 줄 모르는 탐욕과 완벽한 승리를 보장할 수 있는 치명적 무기에 대한 연구는 세계 문명을 변화시킨 과학 혁명의 주된 추진력이었다. 과학 혁명의 기반이 된 기초적인 원리들은 거의 전적으로 군사적인 필요에 의해 만들어진 것이었다.

기원전 1800년경 남부 중앙아시아의 야만족 중 누군가에 의해 놀랄 만한 과학적 성취가 이루어졌다. 그것은 허브(차륜 중심부로 바퀴살이 모여드는 형태)식의 차륜 두 개가 고정된 차축을 돌도록 만든 것이었다. 이른바 고대 전차의 출현으로, 이것의 기본적인 형태와 원리는 오늘날 도로를 누비고 있는 모든 현대식 차량에 적용되고 있는 것과 동일하다. 기원전 1,274년, 이집트의 파라오 람세스 2세는 군대를 이끌고 오늘날의 레바논 북부 지역인 카데시로 진격했는데 당시 동원한 전차가 약 5,000대에 달했다. 기원전 1,400년경 아르메니아와 발칸의 부족들은 지표면에서 별로 깊지 않은 곳에 묻혀 있는 이상한 적갈색의 광물을 발견했다. 그 광물을 채굴하고 화로에서 제련한 다음 물속에 넣어 냉각시킨 뒤 다시 열을 가하고 나면 전혀 새로운 기적의 물질이 탄생한다는 사실을 알게 되었다. 그것은 '철'이라고 불리는 금속이었다. 카데시 전투에서 람세스 2세와 맞붙은 무와탈리 2세의 히타이트는 이 철을 차축에 사용한 전차를 동원했다.

기원전 334년, 알렉산드로스가 13세가 되었을 때 아버지 필리포스는 아들에게 과학을 가르칠 가정교사를 임명했다. 그 가정교사는 다름 아닌 아리스토텔레스였다. 결과적으로 알렉산드로스는 역사상 가장 박식한 과학 지식을 지닌 정복자가 되어 페르시아, 이집트, 메소포타미아, 중앙아시아, 인도에 이르는 거대 제국을 일구었다. 알렉산드로스는 기원전 323년 이른 나이에 죽고 말았다. 그러나 그는 죽기 전에 역사상 과학에 가장 큰 공헌으로 평가받는 일을 했는데, 그것은 바로 자신의 이름을 따서 건설한 이집트의 도시 알렉산드리아에 무세이온Museion이라는 '왕실 과학 연구 기관'을 건립한 것이다. 이 기관에 주어진 과제는 공학, 천문학, 지질학, 도로 건설, 지표면의 측량 그리고 전쟁 기계의 개발 등이었다. 무세이온에서는 르네상스에 이르는 근 1,800년 동안 다양한 과학의 꽃이 만개했다.

서기 378년에 로마 황제 발렌스는 몸소 5만의 대군을 이끌고 고트족 정벌에 나섰다. 로마군은 고트족 본진이 내려다보이는 하드리아노폴리스(현 터키 에디르네) 근방에서 공격을 개시했다. 그러다 난데없이 말 등에 올라탄 엄청난 고트족 무리의 습격을 받았다. 고트족 기병들은 화살을 쏘아 가며 로마군을 칼로 자르고 베었다. 세 시간이 채 지나지 않아 고트족은 4만 명 이상의 로마군을 살육했는데, 전사한 로마군 중에는 발렌스 황제도 있었다. 기병이 전장의 주역을 맡는 시대가 개막한 것이다.

1415년 10월 25일, 프랑스 북부 작은 마을 아쟁쿠르 근방의 평야는 간밤에 쏟아진 폭우로 진창이 되어 있었다. 6개월 전 노르망디에 상륙했던 영국 원정군은 1만 2천 명이었으나 현재는 절반도 남지 않았다. 반면 프랑스군은 5,000명의 정예 기사를 비롯한 1만 5천 명의 보병이 함께 있었다. 객관적인 전력은 단연 프랑스가 우세했으나 프랑스군은 이상한 것을 보았다. 그 무기는 그것을 쏘고 있는 사람보다도 30cm 이상 큰 활이었다. 수천 명의 궁수들이 저마다 1분에 15발의 화살을 발사해 대자, 프랑스군의 시체는 산더미처럼 쌓여 갔다. 마침내 한 시간 반이 채 지나지 않아 대학살은 끝났다. 거의 1만 명에 달하는 전사자와 1,000명에 가까운 포로를 남기고 프랑스군은 퇴각했다. 그러나 영국군은 단지 113명의 병사를 잃었을 뿐이었다. 하드리아노폴리스 전투 이래 1,000년 이상의 기간 동안 천하무적이었던 기병이라는 무기 체계가 전멸해 버린 것이다. 전장의 주도권은 다시 보병에게로 기울기 시작했다. 영국군이 사용한 무기는 장궁이라는 것이었다. 장궁은 12세기 후반 웨일즈에서 처음 등장했다고 알려졌으며, 길게는 1,188년까지 올라간다. 가장 확실한 것은 장궁은 보통의 활로는 잡기가 불가능한 먼 거리의 사냥감을 더 정확하게 맞힐 사냥용 무기로 개발되었다는 점이다. 현대 과학의 용어를 빌면 '자가합성궁'이라는 것으로 그 의미는 활의 구조 안에 활이 최대한 효율적으로 기능하는 데 필요한 모든 요소들을 담고 있다는 뜻이다.

그러나 이러한 가공할 위력으로 최고의 무기로 군림하던 장궁의 지배는 아쟁쿠르 전투가 있은 지 정확히 35년 뒤, 1450년의 어느 피비린내 나는 오후에 종언을 고하고 만다. 프랑스의 북부 몬티니 마을에서 영국군은 평상시와 마찬가지로 장궁수 부대를 최전방에 배치하고 전투에 임했다. 그러나 프랑스군은 영국군의 최전방 대열에서 100야드(약 91m)나 떨어진 멀찍한 곳에서 진군은 멈추고 철로 만든 종 같은 큰 단지를 준비하고 있었다. 그들은 그 단지 안에 분말을 쏟아부은 다음 그 위에 돌덩이를 집어넣었다. 그 순간 수백 개의 돌덩이들이 영국군을 향해 날아가기 시작했다. 불과 몇 분 만에 4,500명의 장궁수들 중에서 3,774명이 전사했고, 그들은 단 한 발의 화살도 날리지 못했다. 대포가 출현한 것이었다. 이로써 거의 100년간이나 지속되었던 영국의 프랑스 지배는 끝이 났다.

프랑스의 경이로운 무기는 사실 1415년 아쟁쿠르에서 태동한 것이나 다름없었다. 당시 프랑스를 통치하던 샤를 7세는 영국군의 장궁에 맞서는 전적으로 새로운 접근방식이 필요하다고 판단했다. 그는 대륙에서 찾을 수 있는 최고의 과학자, 기술자, 그리고 공학자들을 끌어들였다. 그리고 그들을 조직화하여 전면적인 군사 연구 개발 계획을 수립했다. 그들에게 하달된 명령은 간단한 것이었다. "장궁을 물리칠 수 있는 결정적인 무기를 빠른 시일 안에 개발하라!" 그리고 그 명령은 35년 후에 완결되었다. 프랑스에서는 기술적 혁신이 계속 이루어졌다. 보헤미아의 연금술사들이 개발한 과립 형태의 화약은 그 이전의 화약보다 훨씬 안전했고, 어떤 기후에서도 항상 제 기능을 발휘했다. 그리고 포신을 만들 때 교회의 종탑에서 영감을 얻어 청동 주물을 이용함으로써 강력한 대포를 대량으로 만들 수 있게 되었다. 또한 대포에 기동력을 부여하기 위해 바퀴를 부착하였으며, 원하는 사거리를 계산하기 위해 포신을 조정하는 스크류형 기계 장치를 발명하기에 이르렀다. 그러나 대포에도 약점이 있었는데, 바로 대포를 발사하는 사람이었다. 보병 대형으로부터 100야드 이상 떨어져 있는 포병은 단거리 발사용 보병 무기에는 손상을 입지 않았다. 그러나 보병이 그 포병을 위협에 빠뜨릴 수 있는 다른 무기로 무장한다면 어떻게 될까? 그런 통찰의 결과 에스파냐 사람들은 '불 막대기' 혹은 '손대포'라고 부르는 것을 만들어 냈다. 그로부터 20년 만에 초기의 손대포는 포병들에게 무시무시한 위협이 되는 무기로 발전했고, 군사 과학의 역사에서 다가올 다음 차례의 혁명을 예고했다. 그 무기는 바로 화승총의 모양을 길게 늘여서 만든 머스킷, 즉 소총이었다.

　나폴레옹을 만든 것도 과학이었고, 그를 몰락시킨 것도 과학이었다. 나폴레옹의 주 무기는 대단한 기동성과 빠른 발사 속도를 갖춘 그의 마술 같은 야포부대였다. 나폴레옹은 과학 기술의 경쟁에서 프랑스가 선두의 자리를 확고하게 유지할 수 있도록 대단한 노력을 기울였다. 그는 프랑스의 MIT라 할 수 있는 에콜 폴리테크니크를 설립해 포병 장교와 군사 공학자들이 최신 과학과 기술의 발전상을 숙지할 수 있게 했다. 또한 프랑스의 화학자들이 완전무결한 화약을 확보할 수 있도록 독립적인 국영 연구 단체를 조직했다. 그들은 암모니아의 산화 작용을 이용해 화약의 핵심 성분인 질산칼슘을 추출하는 방법을 개발했다. 군사적인 관점에서 볼 때 산업 혁명은 총포의 파괴력과 사거리를 강화해 온 지속적인 군사 기술의 발전과 결합되어, 이제 대량의 무기로 중무장한 대규모의 병력을 유지하는 데 필요한 핵심적인 과학 기술적 요구 사항들을 충족시켜 나가기 시작했다. 와트의 증기 기관으로 동력을 얻게 된 군수 공장은 엄청난 분량의 총포류와 탄환을 원형과 동일하게 생산해 낼 수 있게 되었다. 1909년 독일의 화학자 프란츠 하버의 경이로운 발견은 그가 몸담고 있던 과학 분야를 온통 들뜨게 만들었다. 대기 중에 있는 질소를 고정해 암모니아를 합성하는 암모니아 합성법을 개발한 것이다. 그 방법을 이용하면 저렴한 비용으로 농업용 비료를 대량으로 생산할 수 있었다. 그의 발견은 토지 면적당 산출량을 100배 이상 증대시켰다.

1차 대전 중에 독일 최고사령부는 그에게 접근했다. 적의 참호 속에 투입하여 그들을 참호 밖으로 몰아낼 수 있는 화학 물질을 만들어 낼 수는 없을까? 하버는 처음에는 염소 가스를 개발하였으나 별 효과가 없자, 독가스를 개발하고자 했다. 1916년에 독일 육군은 화학전 전담국을 창설하고 하버를 책임자로 앉혔다. 그는 마침내 '포스겐'이라는 독가스를 개발했다. 이는 몇 초 만에 사람을 죽일 수 있는 강력한 독극물이었다. 하버는 전시에 과학자가 행해야 할 최고의 의무는 인류나 순수 과학에 봉사하는 것이 아니라, 바로 조국에 봉사하는 것이라고 생각했다. 그러나 자신의 남편이 인류를 파멸로 몰고 갈 수도 있는 독가스를 개발한다는 사실을 인정하고 싶지 않았던 그의 아내 클라라 임머바르는 남편이 그 일을 중지하기를 진정으로 바랐고, 친한 친구인 아인슈타인에게 말려 줄 것을 간청했다. 아인슈타인은 전쟁에 관련된 그 어떤 과학적 연구도 거부한 바 있었다. 그러나 아인슈타인도, 자신도 남편의 의지를 꺾지 못하게 되자 그녀는 결국 자살로 생을 마감했다.

수학이 전쟁에 개입하게 된 이유는 수학이라는 학문만이 유일하게 현대식 암호 생성 기계의 보안 장치를 뚫을 수 있는 방법을 약속했기 때문이다. 그리고 그 기술은 수학자 앨런 튜링Alan Turing의 봄베Bombe[61]와 더불어 은밀히 시작되었다. 자판을 두드릴 때마다 어마어마한 수학적

---

61 앨런 튜링이 2차 세계 대전 동안 독일의 암호 작성기인 에니그마를 해독하는 것을 돕기 위해 만든 초기 컴퓨터의 일종이다.

가능성을 생성할 수 있는 보다 크고, 보다 빠르고, 보다 훌륭한 암호문 작성 기계가 등장하면 그 기계를 따라잡을 수 있는 더 빠르고 강력한 컴퓨터가 개발되었고, 이런 과정이 반복되면서 컴퓨터의 능력은 비약적으로 향상되었다. 다시 말해 암호를 만드는 자와 이를 해독하려는 자 사이의 끝없는 전쟁은 전적으로 수학이라는 이론의 전쟁터에서 치러졌다. 앨런 튜링은 당시 영국에서 동성애가 심각한 범죄 행위로 여겨지던 시대에 갖가지 동성애 행각을 드러내다 결국 1952년 체포되었고 동성애 행위를 막을 수 있는 치료를 받게 되었다. 그러나 그로 인해 각종 부작용에 시달리다 결국 1953년 청산가리를 주입한 사과를 깨물어 먹고 자살했다.

1974년이 되어서야 영국의 독일 암호 해독 관련 작전 내용이 공개되었고, 사람들은 끊임없이 인간의 생존 방식에 혁명을 일으키고 있는 컴퓨터의 아버지가 튜링이었다는 것을 알게 되었다. 오늘날 세계적인 기업으로 주목받고 있는 '애플'이라는 회사의 로고가 한 입 베어 먹은 사과의 모습을 하고 있다는 것은 그 어떤 이유에서든 앨런 튜링의 죽음이 상징하는 것과 연관이 있음을 암시하고 있다. 수학자이자 과학자인 앨런 튜링은 2차 세계 대전을 승리로 이끈 전쟁 영웅이었을 뿐만 아니라 컴퓨터의 아버지이자, 세계 최초의 해커, 그리고 인공지능AI이라는 개념을 최초로 생각해 낸 사람이었다. 그러나 여기서 중요한 점은 만일 '전쟁'이 없었다면 독일의 암호 제조기 '에니그마'도 없었을 것이고, 영국의 암호 해독기도 없었을 것이며, 컴퓨터의 아버지 앨런 튜링도 없었을 것이라는 점이다. 튜링의 생애와 관련된 일이 공개되기 전까지 우리는 세계 최초의 컴퓨터를 1946년 2월, 미국에서 공개된 '에니악ENIAC'으로 알고 있었다. 1만 7천여 개의 진공관을 사용한 30톤짜리 괴물인 에니악은 펜실베이니아 대학의 모클리와 에커트가 만들었는데, 이 또한 미 육군이 포탄과 미사일의 탄도 계산을 위해 개발한 것이었다. 더불어 오늘날 우리가 가장 많이 이용하고 있는 인터넷 또한 군사적 용도를 위해 개발되었다는 것은 대부분의 사람들이 알고 있는 상식이 되었다.

미국의 경우 과학자를 징집하지는 않았지만, 그렇다고 그들을 보호하지도 않았다. 종전이 된 후에 미국은 그것이 엄청난 실수였음을 깨달았다. 1942년에서 1945년까지 미국은 약 1만 명의 과학 계통 박사 학위 소지자를 잃었다. 전쟁이 종결되고 소련과 새로운 충돌 국면에 빠져들게 된 상황에서 미 군부와 정계의 수뇌부들은 완전히 공황 상태에 가까운 위기의식을 느끼게 되었다. 미국의 첩보 부대는 핵 과학을 제외한 독일의 과학이 미국의 과학보다 수십 년은 앞서 있다는 사실을 발견했다. 일본의 경우에는 더욱더 충격적이었다. 미군 요원들은 일본에서 이시이의 생물학 무기 프로그램을 발견했다. 그것은 미국의 초보적인 생화학전 병기들에 비해 매우 놀라운 기술 수준과 규모를 보여 주었다. 대부분의 미국인들은 원자폭탄이나 B-29 폭격기 같은 경이로운 무기들을 떠올리며 자국의 과학 기술이 훨씬 우월하리라 생각하고 있었지만, 첩보 부대들은 그렇지 않다는 진상을 알고 있었다. 미국인들은 위기의식을 느끼고 '페이퍼클립 작전'을 시행했는데, 이 작전의 목표는 두 가지였다. 하나는 교육 체계를 정비하여 전시에 발생한 과학 인력의 결손을 보충하는 한편, 포로로 잡은 과학 인재들을 활용하여 미국의 과학을 신속하게 재건하는 것이었고, 다른 하나는 포로로 잡은 인재들이 소련으로 넘어가는 것을 막는 것이었다. 이후 수백 명의 독일 과학자들이 미국의 통제하에 감쪽같이 사라졌고, 일본의 이시이와 731부대 소속의 과학자들도 마찬가지였다. 당시 미국인들의 사고를 지배한 것은 일종의 국가 편의주의였다. 상대방이 어떤 살인을 저질렀든, 과학적 지식이 있고 미국에 도움이 된다면 발탁했다. 그 포로들 중에 위베르투스 스트럭홀트 박사는 고공비행용 기압복, 우주 캡슐용 인공 대기 장치, 우주 비행사를 훈련시키기 위한 무중력 상태를 만들 수 있는 기반을 제공했고, 아르튀어 루돌프는 미국이 달에 아폴로 우주선을 쏘아 올릴 때 사용한 추력 750마력의 거대한 새턴 로켓을 개발했다.

전쟁에서 결정적인 무기의 필요성은 과학의 비약적인 발전을 낳았고, 과학의 발전은 인류의 문명을 한 단계씩 발전시켜 왔다. 그리고 이제 과학은 국가와 한 몸이 되었다. 그 점에 있어서는 우리 대한민국 군대도 마찬가지이다. '국방개혁 4.0'은 철저하게 첨단 과학 기술을 기반으로 하고 있다. 그리고 머지않은 장래에 AI가 전장을 누비게 될 것이다. 과학 기술의 발전 못지않게 전쟁 윤리와 AI 윤리에 대해서 우리가 고민해야 하는 이유이다.

기업은 전쟁을 통해서
성장했다?

오늘을 살고 있는 우리들에게 '기업'이라는 단어는 매우 친숙하다. 그리고 '기업'하면 먼저 삼성과 현대, 그리고 LG, 한화, 롯데 등 우리나라의 대기업을 떠올릴 것이다. 4년 전 러시아의 모스크바 공항에 도착했을 때 공항 라운지를 뒤덮은 삼성과 LG의 모니터, 그리고 공항을 나와서 마주치는 대형 전광판에서 번쩍이는 현대자동차의 광고를 보면서 가슴 뿌듯함을 느낀 적이 있었다. 그리고 현재 많은 기업들이 작년 2월 발발한 우크라이나-러시아 전쟁을 겪으면서 이런 혼란한 상황에서도 어떻게 하면 기업 경영을 더 잘할 것인가, 그리고 이 전쟁이 자신의 기업에 어떤 영향을 미칠 것인가를 열심히 계산하고 있을 것이다. 한편, 오늘도 총성이 오가는 우크라이나-러시아 전쟁의 최전선에는 러시아의 용병 그룹인 바그너 그룹이 치열한 전투를 벌이고 있다. 2004년 6월 이라크에서 반군 세력에게 피랍되어 살해된 고 김선일씨가 속한 회사가 미국의 대표적 민간 군사 기업[62]인 켈로그 브라운 앤드 루트Kellogg Brown & Root의

---

62 민간 군사 기업PMC: Private Military Company은 전투활동이나 첩보활동, 병참지원, 군사 훈련 및 기술 지원 등 전쟁과 관련된 일을 대행하는 민간 회사를 말한다.

한국계 하청 업체였다는 것을 생각해 보면, 이미 우리에게 민간 군사 기업은 멀지 않은 곳에 있는 듯하다.

헤겔은 근대 사회의 핵심적인 단위 조직을 국가라고 예언한 바 있으며, 마르크스는 지역 공동 사회Commune를 내세웠고, 레닌과 히틀러는 정당이라고 주장했다. 그 이전에는 성직자들이나 철학자들이 사회를 움직이는 중심축을 교회, 장원, 또는 군주 등이라고 말한 바 있다. 그러나 『기업, 인류 최고의 발명품』이라는 책을 저술한 존 미클스웨이트와 에이드리언 올드리지는 세상을 움직이는 원동력은 기업이라고 말한다.

기업의 기원을 딱 떨어지게 언급하는 것은 쉽지 않다. 기원전 3,000년경 메소포타미아는 단순한 물물 교환 이상의 상거래 관행을 자랑했고, 유프라테스강 유역에서 상업 활동을 했던 수메르인들도 재산권 보호를 위해 계약이라는 제도를 발전시켜 나갔다고 한다. 이후 기원전 2,000년부터 1,800년에 이르기까지 번성했던 아시리아인들은 이런 제도를 한층 더 다듬어 나갔으며, 후에 발견된 당시의 기록을 살펴보면 통치자가 장로 그룹, 상인, 여러 개의 도시와 권력을 분점했다는 사실을 알 수 있다. 또한 합작 계약서를 이용했다는 흔적도 발견되는데, 계약 조건에 따라 '아무르 이슈타르'라는 상인이 운영하는 펀드에 14명의 투자자들이 26조각씩의 금을 투자했고, 본인도 네 조각을 투자했다는 이야기가 전해진다. 4년간 이 펀드를 운영했던 아무르 이슈타르는 총 이익금의 1/3을 자기 몫으로 챙겼다고 한다.[63] 이후에는 페니키아인과 아테네 사람들까

---

[63] 『기업, 인류 최고의 발명품』 존 미클스웨이트·에이드리언 올드리지, 유경찬 역, 을유문화사, 2004, p.30

지 이 제도를 답습했고, 이후 이런 관행은 지중해 전역으로 번져 나갔다.

로마 시대 때 세금 징수를 목적으로 만들었던 기업 성격의 조합 Societates은 보다 적극적인 성격을 보였다. 초기에는 세금 징수가 몇몇 기사들에게 위임되었으나, 제국의 관할 영토가 넓어지고 부과금의 규모도 한 사람의 귀족이 징수를 전부 책임지기에는 부담스럽게 되자, 제2차 포에니 전쟁에 즈음해서는 조합원 각자가 자기 몫의 지분을 가지고 참여하는 주식회사 성격의 조합으로 변모해 갔다. 이 조합은 해외 정벌에 동참하여 병사들에게 칼과 방패를 공급하는 상업 수완까지 발휘하였다. 18세기 유명한 법률가였던 윌리엄 블랙스톤은 주식회사[64]는 전적으로 로마인들이 만들어 낸 걸작품이라고 주장한 바 있다. 12세기 때는 내륙 지방인 피렌체와 다른 도시에서 약간 상이한 합작 방식이 등장했다. 가족들이 공동 출자하여 무한 책임을 지고 운영하던 '콤파니아 Compagnia'란 가족 회사 제도였다. 부도가 나면 출자자 모두가 엄한 벌을 받는 것은 물론, 노예로 전락할 수도 있었기 때문에 조직 내 출자자 상호 간의 신뢰가 경영의 불문율이었다. 콤파니아란 단어는 Cum(같이)과 Panis(빵)란 라틴어의 합성어로 '빵을 함께 나누어 먹다'란 뜻이며, 오늘날 Company(회사)가 여기서 유래했다.

1525년 67세의 나이로 사망하기까지 오랜 세월 동안 야코프 푸거Jakob

---

64 주식회사株式會社는 주식을 발행하여 자본금을 충당하는 회사를 말한다. 회사의 규모가 커지면 자본금을 개인 돈으로 대는 것에는 한계가 있고, 이 한계를 극복하기 위해 주식을 발행하여 타인의 돈을 가져다 쓸 수 있도록 하되, 주식을 산 사람은 주식만큼의 이익을 받도록 한 것이다.

Fugger[65]는 자신의 기업(야코프 푸거와 형제의 아들들)을 유럽에서 가장 중요한 금융 및 투자 회사로 키우게 된다. 합스부르크 왕조와의 오랜 유대 관계를 통하여 야코프와 그의 대리인들은 신성 로마 제국 황제들의 선출과 당시 황제가 감당하기 힘들 정도로 엄청나게 증대되는 전쟁 비용을 지원했다. 사망 시점에 알려진 푸거의 재산 규모는 인류 역사상 최고라 알려지고 있다. 푸거 형제들은 채무 불이행을 초래하거나 군주의 악감정을 사는, 피해가 막심한 결과를 피해 나가는 정확한 경로를 찾아냈다. 또한 당시 은과 구리의 생산 증대에 따른 광산업의 활황을 이들 형제처럼 잘 이용한 사람들도 없었다. 푸거가 가진 자본은 영토를 확장하려는 합스부르크 왕실의 야망과 기술의 혁신으로 지펴진 과학의 불씨에 들이붓는 휘발유와 같았다.

그 과정에서 푸거는 믿기 어려울 정도로 부유해졌다. 십자군의 세금과 면죄부 판매의 수익금이 멀리 헝가리, 폴란드, 그리고 스칸디나비아에 있는 교회의 전초 기지에서 로마로 가는 길의 베네치아의 금융 시장을 통과했다. 베네치아의 부두에는 영국의 양모, 인도의 향신료, 피렌체의 환어음 등 중세 무역의 귀하디 귀한 모든 것이 모이고 있었다. 여기에 더해 푸거 집안은 일찍이 1476년부터 교회를 위한 자금 이체 업무를 처리했다. 율리오 2세와 레오 10세에게 면죄부 판매의 수익금을 전달하는

---

65 독일의 은행가. 조상으로부터 물려받은 재산을 바탕으로 은행, 광산 등에 손을 대어 막대한 부를 축적했다. 그는 신성 로마 제국의 황제인 막시밀리안 1세를 후원해 황제가 되는 것을 도와주는 대가로 합스부르크의 소유였던 울름 백작령을 비롯한 여러 영지를 구입하고 여러 이권을 챙겼다. 그는 유럽 최고의 부자로 이름을 떨쳤으며, 막시밀리안 1세가 죽자 그의 손자인 카를 5세가 황제가 되는 것을 도왔다.

업무도 여러 차례 처리했다. 가장 유명한 거래는 1516년에 주교가 될 성직자의 관저를 구입하는 데 필요한 자금을 대출해 준 것이었다. 대출금은 면죄부 판매를 통하여 상환되었고, 푸거 회사는 수익금을 로마로 송금했다. 그러나 이것이 의도하지 않았던 결과를 초래했다. 면죄부 판매를 위하여 채택된 착취적 마케팅이 마르틴 루터를 괴롭힌 나머지, 루터가 종교 개혁의 도화선에 불을 지피게 된 것이다. 아이러니하게도, 1518년 제국의 당국자가 루터의 위험한 발언을 해명하도록 소환했을 때, 루터가 자기방어를 위해 해명한 근거가 야코프 푸거의 호화로운 저택이었다.

1397년 '메디치 은행'을 설립한 조반니 디 비치 데 메디치Giovanni di Bicci de' Medici의 가문은 4명의 교황과 2명의 프랑스 왕비를 배출하는 한편, 중세 문예 부흥을 지원했던 후원자이기도 했다. 주목할 점은 메디치 가문이 1434년까지 교황과 관련된 모든 사업을 장악하고 있었다는 점이며, 또 수입의 절반 이상이 교황의 여행 때마다 주변에서 모든 것을 챙겨주었던 로마 지점에서 나왔다는 사실이다. 기독교인들은 이자를 받아서는 안 된다는 교회의 지침에 순응하기 위해 금융 자본가들은 메디치 은행을 필두로 이자 대신 보상금으로 외국 화폐를 받거나 아니면 정부의 인허가 또는 현물을 수령함으로써 그 대가를 받았다. 중세 초 교회법과 로마법을 연구하던 법률가들은 법인法人Corporate person이라는 것에 눈을 뜨기 시작했다.

법인法人이란 자연인이 아니면서 법률적 권리와 의무를 지니는 대상을 의미한다. 즉, 법적으로 인정될 경우 실제 사람은 아니지만 특정 단체를 사람으로 인정한다는 의미로, 법인은 인간과 달리 먹지도, 마시지도, 잠을 자지도, 병들거나 늙지도, 죽지도 않지만, 사람과 똑같이 재산을 보유하고 세금을 내며, 은행에서 대출을 받을 수 있다는 것을 의미한다. 예컨대 '삼성'이라는 법인은 이병철, 이건희 회장이 사망해도, 본사 건물이 매각되어도 유지된다. 새로운 경영진이 채워지고, 새로운 건물을 구입하면 되는 것이다. 주주도 마찬가지이다. 주주는 계속 바뀌게 될지라도 법인이 존재한다면 그 순간까지는 누군가가 주주의 역할을 수행하고 있을 것이다. 그렇다고 법인이 절대 죽지 않는 불사신이라는 것을 의미하는 것은 아니다. 법에 의해 탄생했기 때문에, 법에 의해 사망 판정(법원에서 법인 해산 판결)을 받으면 오너와 주주가 있고 자산과 건물이 있다고 하더라도 그 순간 그 법인은 사라진다. 결국 법인이라는 것은 인간이 만들어 낸 상상물일 뿐이다.

그럼에도 불구하고 그 파급 효과는 엄청났다. 만약 법인이 없었다면 오늘날과 같은 기업 활동은 불가능했을 것이다. 더구나 책임의 한계를 명확히 정한 유한 책임 법인의 등장은 오늘날과 같은 거대 기업이 등장할 수 있는 토대를 마련해 주었다. 현재 대부분의 기업 영문 명칭에는 Ltd(Limited의 약자)가 포함되어 있다. 이것은 유한 책임을 진다는 의미이다. 그렇다면 무한 책임과 유한 책임의 차이는 무엇인가? 내가 개인 사업으로 치킨집을 운영하다가 빚을 지고 망하면 집을 팔아서라도 그 책임을 져야 한다. 하지만 법인으로 등록해서 사업을 하다가 빚을 지고 망하면 그냥 회사만 파산 처리해 버리면 된다. 내 돈으로 회사 빚까지 갚을 필요가 없다. 따라서 사업을 할 때는 어느 정도 이상의 규모가 되면 개인

사업자보다 법인으로 등록하는 게 훨씬 안전하고 유리하다. 그래서 회사를 운영하는 사람들은 거의 대부분이 이렇게 운영한다. 이 경우 개인 사업자는 빚에 대해 무한 책임을 지는 것이고, 법인은 유한 책임을 지는 것이다. 그러면 법인이 진 빚은 누가 책임을 지는 것인가? 법인이 진 빚은 은행과 사회 전체가 부담을 진다. 그리고 은행에게 가는 부담도 결국은 국민 전체에게 가는 것이다. 즉, 사업가의 부담을 국민과 국가가 덜어 주겠다는 것이 '유한 책임 법인 제도'를 운영하는 근본 취지이다. 한마디로 말해 "국가와 국민들이 뒷감당을 할 테니 사업가 너희들은 마음껏 사업을 해라!"는 것이다.

얼마 전까지 대우조선해양의 경영이 어려워 공적 자금 몇조 원이 투입되었는데, 이런 경우도 그러한 예이다. 그러면 왜 이런 제도를 만들었을까? 무한 책임 제도하에서는 어떤 사업에 참여했다가 잘못되면 자신의 전 재산을 잃을 수밖에 없었다. 집이 압류되거나 감옥에 보내지기까지 했다. 이런 상황이라면 누가 남이 하는 사업에 자기 돈을 투자하겠는가? 그래서 초기 투자 사업은 가족이나 가까운 친척, 친구들이 하는 사업 중심으로 발전하게 된 것이다. 그러나 이런 상태에서는 대규모 사업이 번창할 수가 없게 된다. 그런데 영국에서 아시아 쪽의 식민지 사업을 담당할 대규모 사업체가 필요하게 되었다. 막대한 자본이 필요한 사업이었기 때문에 투자 자본을 모으기 위해서는 또 다른 인센티브가 필요했다. 이때 엘리자베스 여왕이 특별히 유한 책임이라는 혜택 조항을 마련한 것이 시초가 되었다. 이 회사의 이름이 '동인도 회사'이다. 이후 이 회사는 승승장구 했다.

'동인도 회사'는 전성기 때는 인도인 1,900만 명을 지배했고, 20만 명의 군인들을 고용하기도 했다. 이렇게 처음 시도된 '유한 책임'이라는 개념은 세계 곳곳으로 퍼져 나갔고, 영국도 1845년부터는 유한 책임을 모든 기업으로 확대했다. 이러한 시스템을 기반으로 성장한 대기업들은 미국이 경제 대국의 맨 윗자리를 차지하는 동력 역할을 톡톡히 해냈다. 1851년 빅토리아 여왕 시대 영국에서 만국 박람회가 개최되었을 때 미국은 자신들에게 할당된 공간조차 채우지 못했다. 그러나 1913년에 들어서자 미국은 세계 산업 생산량의 36%를 차지했던 반면, 독일은 16%, 영국은 14%밖에 차지하지 못했다. 19세기 말에서 20세기 초에 탄생한 미국의 거대 기업이 근대 미국을 이끈 견인차임에는 틀림없다.

대규모 전쟁은 이들 기업들을 가만히 놔두지 않았다. 기업들이 대규모로 전쟁에 동원된 것이다. 호치키스는 기관총을 공급했고, 쿨만, 생 고뱅, 알레 카마르크(현재 알루미늄 제조업체 페시네의 전신)는 국영 병기창과 화약 제조창에서 화약과 폭약, 군용 가스를 생산했다. 브레게, 파르만, 코드롱, 미쓰비시 같은 항공기 업체들도, 르노, 푸조, 벤틀리, 벤츠 같은 자동차 제조사들도 결정적인 도약을 했다. 미국의 듀폰사는 제1차 세계대전을 통해 보온복이나 낙하산 등을, 제2차 세계 대전을 통해서는 실크를 대체하는 나일론을 개발하여 나일론이 들어가지 않는 군수품이 없을 정도로 인기를 독차지하면서 거대 기업으로 도약했다. 네덜란드의 전자 회사 필립스는 제1차 세계 대전 중 군 병원에서 사용할 엑스레이 기계를 만들기 위해 전구를 개량해 진공관과 브라운관을 만들었고, 이후 기업을 크게 발전시켰다. 메릴린치도 제1차 세계 대전을 계기로 성장한 기업

중 하나다. 당시만 해도 사람들은 주식 투자에 관심이 없었다. 하지만 전쟁을 거치면서 사람들이 주식 투자를 하게 되었고, 이때 메릴린치는 월스트리트로 진출해 금융회사에 팔던 주식을 일반 시민들에게 팔기 시작하면서 급속도로 성장하기 시작했다. GM도 제1차 세계 대전 과정에서 탄생한 대량 생산 자동차에 색상과 모델을 다변화해서 시장에 내놓으면서 성장했다. 제1차 세계 대전 이후 등장한 영향력 있는 사업가들 상당수는 전쟁 당시 군인이었다. 조직 운용, 명령과 통제 등에 능숙한 사람들이었기 때문이었다. 최초의 경영 컨설팅 업체 중 하나인 부즈 앨런 해밀턴 Booze Allen & Hamilton의 설립자인 에드윈 부즈Edwin G. Booz가 대표적이다. 그는 원래 대학에서 심리학을 연구한 심리학자였다. 제1차 세계 대전 때 군대에서 심리학자, 조직 연구자로서 일하면서 물자 보급과 관련된 일을 했다. 1, 2차 세계 대전을 거치면서 만들어진 각종 조직 관리 이론과 인사 관리 기법, 물자의 생산과 물류의 흐름에 관련된 효율적인 방식 등은 지속적으로 기업의 혁신을 만들어 냈고, 혁신된 기업은 전쟁에 활용되었다.

제2차 세계 대전 때까지 미국은 전시 군수를 거의 전적으로 병기창 시스템에 의존했다. 병기창은 군軍이 직접 통제하는 국영 무기 공장과 창고를 말한다. 전쟁이 발발하면 정부는 병기창을 설치해 거기서 무기와 군수품을 조달했고, 전쟁이 끝나면 병기창을 철거했다. 그러나 제2차 세계 대전이 끝나면서 모든 것이 바뀌었다. 미국 정부는 병기창 시스템을 폐지한 후, 과학-산업-군부가 융합된 네트워크로 대체했다. 군산 복합체가 출현한 것이다. 이에 따라 무수한 대, 중, 소규모의 방위 산업체가 출현해 군대에 각종 장비를 공급했다. 군산 복합체는 무기와 군수품의 생산과 보급을 주도하게 되었고, 군에서 전역한 예비역 단체들과 함께 미국의 여론을 주도하는 권력 단체가 되었다. 따라서 미국에서 군軍을 폄하하는 행위, 특히 선거에 출마한 정치인에게 그런 행위는 거의 재앙에 가까운 일이 되었다. 미국의 정치인은 어느 자리에 가든 거의 의무처럼 "미군을 존경한다"라는 발언을 해야만 했다. 버락 오바마 대통령도 선거 운동 기간에 자기는 하버드 대학교에서 공부를 마친 후 입대하려고 했으나 졸업 무렵 진행 중인 전쟁이 없어서 그러지 못했다는 변명 같지 않은 변명을 해야만 했다.

이런 군산 복합체는 무기와 군수품을 팔 시장이 중요하다. 이들에게 후진 독재 국가는 좋은 먹잇감이 된다. 독재자들은 서구 선진국이 무기를 구입하라고 제안하면 대부분 두말없이 받아들인다. 인권과 민주주의의 옹호자라는 이미지가 강한 서구의 무기 구입 제안은 자신의 정권이 인도주의적 정당성을 인정받았다고 선전할 만한 소재가 될 수 있기 때문이다. 실질적인 이유도 있다. 권력을 유지하기 위해서는 군부의 충성심을 확보하는 것이 필요한데, 선진국과의 무기 교역을 통해 리베이트를 받고 이것을 군부에 나누어 줄 수 있기 때문이다.

아프리카와 중동에 자리잡은 나라들은 석유 판매로 막대한 수입을 올리고 있으나, 서구의 꼭두각시 노릇을 하는 지배 정권은 그 돈을 정유 시설과 연구소 등에 투자하는 대신, 고가의 스포츠카를 사들이고 유럽의 호화 주택을 구입하는 데 탕진한다. 그러는 동안 국민들은 물질적, 정신적 빈곤에 시달릴 수밖에 없다. 이 대목에서 우리는 고 박정희 대통령을 존경하지 않을 수 없다. 우리나라도 한때 미국의 원조를 받고 미제 무기를 구입해야 안보를 유지할 수 있던 시절이 있었다. 하지만 박정희 대통령은 여느 신생국 지도자들과 달리 달러나 호화 자동차, 호화 주택을 요구하는 대신 과학 기술 연구소를 원했고, 그 결과물이 KIST(한국과학기술연구소)이다. 오늘날 우리는 베트남에게 V-KIST를 지어 주고 우리의 노하우를 전수해 주고 있다.

올해는 그 어느 때보다도 K-방산의 위상이 높다. 작년에 폴란드와의 대규모 수출계약(K-2 전차, K-9 자주포, FA-50 경공격기, 다연장 로켓 천무 등 약 17조 원) 이후에도 루마니아, 말레이시아, 이집트, 호주 등 다양한 국가에서 계약을 요청하고 있어 올해는 200억 달러(약 26조 2천억 원)를 목표로 하고 있다고 한다. 주요 방산 업체들은 지금까지 수주한 물량만으로도 향후 5년간은 먹고 살 수 있을 정도라며 즐거운 비명을 지르고 있다. 우리나라가 이렇듯 방위 산업의 위상을 높일 수 있었던 것은 많은 다른 요인이 있었겠지만, 무엇보다도 현대로템, 한화에어로스페이스, KAI, LIG넥스원 등 대기업이 존재했기 때문에 가능했다. 문어발식 확장이라고 마냥 대기업을 비판할 일은 아니다. 반면 대기업도 기업 윤리를 철저히 준수하고, 기업의 사회적 책임을 다할 필요가 있다. 러시아의 위협에 대비해 자국의 방위력을 강화하는 폴란드에 무기를 수출하는 경우와 독재자가 자국민의 피를 빨아먹는 국가에 무기를 수출하는 경우는 분명 다르기 때문이다.

적敵과 전염병,
누가 더 치명적인가?

"인류의 근대사에서 주요 사망 원인이었던 천연두, 인플루엔자, 결핵, 말라리아, 페스트, 홍역, 콜레라 같은 여러 질병들은 동물의 질병에서 진화된 전염병이다. 역설적이지만 유행병을 일으키는 이 세균들은 오늘날 대부분 인간들에게만 감염되고 있다. 제2차 세계 대전에 이르기까지 전투 중 죽은 사람보다 전쟁으로 발생한 세균에 희생된 사람이 더 많다."

ㅡ 재러드 다이아몬드

농경 사회의 시작과 더불어 인간 사회에 나타난 부정적인 영향 가운데 하나는 전염병이다. 물론 수렵과 채집 시대에도 전염병은 존재했다. 대부분 생존에 필요한 식량을 얻기 위해 열매를 채집하고 동물을 사냥하다가 생긴 상처를 통해 감염되었다. 그러나 수렵과 채집 시대의 전염병은 공동체를 유지하는 데 심각한 문제는 아니었다. 이동 생활을 하던 당시의 사람들은 전염병이 생기면 다른 지역으로 이주했기 때문에 전염병으로 인한 사망률은 상대적으로 낮았다. 반면 농경으로 인한 정착 생활을 시작한 사람들에게 전염병은 공동체의 생존에 심각한 영향을 미쳤다. 인간이나 동물과 함께 살면서 영양분을 빼앗는 벌레를 과학자들은 '기생충'이라고 부른다. 기생충은 인간과 동물 모두에게 전염병을 옮긴다. 농경이 시작된 이후 야생동물이 가축화되어 인간과 함께 살게 되자 인간 사회에서 기생충에 의한 전염병이 자주 발생했고, 이것은 때로 인류를 심각하게 위협했다. 1519년 코르테스는 아즈텍 제국을 정복하기 위해 600명의 스페인군을 이끌고 멕시코 해안에 상륙했다. 이후 2,000만 명에 달했던 멕시코 인구는 1618년에 160만 명으로 줄어들고 말았다. 천연두의 영향이었다.

유럽 역사에서 가장 큰 영향력을 미친 전염병은 14세기 유행했던 흑사병이었다. 쥐벼룩에 의해 전파되는 흑사병은 치사율이 90%나 되는 매우 무서운 감염병이었다. 이때 번졌던 흑사병은 몽골에서 시작되었다고 한다. 병에 감염된 타타르족 사람들이 이 병을 흑해 연안의 크림 반도 일대로 전파시켰고, 이곳에 있던 제노바의 식민 도시 카파(고대의 이름은 테오도시아. 현재의 이름은 우크라이나/러시아 페오도시야)를 공격하던 타타르인들은 견고한 성벽을 깨뜨리지 못하자 병에 감염된 시체들을 성 안으로 던졌다. 양측 모두에게 많은 사상자가 발생하자 타타르 사람들은 포위망을 풀고 물러났지만, 병은 다시 북쪽으로는 러시아, 동쪽으로는 인도와 중국에까지 번져 나갔다. 그리고 전쟁에서 살아남아 제노바로 돌아간 이탈리아 상인들을 따라 서쪽으로도 이동한 뒤 전 유럽으로 퍼져 나가기 시작했다. 이후 유럽은 막대한 피해를 입었다. 당시 유럽 인구의 30~50%, 특히 이탈리아, 스페인, 프랑스 남부 등은 70~80%가 사망한 곳도 있다고 한다. 전쟁은 새로운 문물과 사상을 전파하기도 했지만, 이렇듯 전염병이라는 치명적인 위험도 전파했다.

미국의 남북전쟁은 1861년부터 1865년까지 미국 연방이 북부와 남부로 분열되어 발생한 전쟁이다. 많은 사람들이 남북전쟁의 원인을 흑인 노예 제도만으로 생각하는데, 사실 전쟁의 진짜 원인은 오래전부터 존재해 왔던 미국 사회의 지역 갈등이었다. 19세기 초 미국은 동북부에서 점차 서쪽으로 영토를 개척해 나갔다. 1803년에 프랑스로부터 루이지애나를 구입했고, 1819년에는 스페인으로부터 플로리다를 사들였다. 미시시피강 유역까지 영토가 확대되자 애팔래치아산맥을 넘어 서쪽으로 이주하는 사람들이 증가했다. 1818년 미국 최초의 철도가 개통되었다. 메릴랜드주 볼티모어에서 중북부에 있는 오하이오주까지 연결하는 철도였다. 최초의 철도는 바람이나 말의 힘으로 움직였지만, 영국에서 증기기관차를 수입하면서 미국 내 여러 지역에서 본격적으로 철도가 건설되었다. 그러나 여전히 북동부와 북서부를 연결하는 철도가 대부분이었다. 특히 북부에서는 제철 공업과 광산업, 운수업 등이 발달하면서 철도의 필요성이 더욱 급증했다. 반면, 남부에서는 여전히 대규모 플랜테이션 농장에서 흑인 노예의 노동력을 이용해 면화나 담배, 쌀 등을 생산했는데, 당시 남부에는 약 200만 명의 흑인 노예가 있었다.

노예제는 연방이 세워졌을 때부터 뜨거운 감자였다. 계몽주의의 영향으로 노예 제도는 도덕적으로 '사악한 것'이라는 인식이 확산되고 있었으며, 미국 독립 선언서의 영향으로 인간이 최소한 자유, 생명, 그리고 행복을 추구할 권리가 있다는 사상이 퍼지기 시작했다. 문제는 이러한 사상이 당시 미국에서 당연하게 여겨졌던 노예제에 정면으로 반한다는 것이었다. 이로 인해 노예제의 수익성이 노예제를 유지할 만큼 좋지 않았던 북부에서는 노예제 폐지 운동이 일어났고, 상대적으로 수익성이 좋았던 남부에서는 노예제를 계속 유지하자는 운동이 일어났다. 1860년 대통령 선거가 열리자 민주당에서는 스티븐 더글러스가 후보로 지명되었고, 공화당에서는 에이브러햄 링컨이 후보로 지명되었다. 선거 결과 링컨이 승리하여 대통령에 당선되었다. 링컨의 당선 이후 사우스캐롤라이나주를 필두로 여러 남부 주들이 연방 탈퇴를 선언했다. 이들은 1861년 앨라배마주에 있는 몽고메리에 모여 '남부 연합'을 설립하고, 제퍼슨 데이비스를 대통령으로 선출했다. 이렇게 연방은 분열되기 시작했다. 노예 해방을 주장하는 북부의 급진주의자들은 링컨에게 노예 해방 선언을 촉구했다. 링컨은 남북전쟁이 노예 해방을 위한 전쟁이 아니라 연방을 유지하기 위한 전쟁이라고 생각했다. 1862년 노예 해방을 촉구하는 한 신문사에 그는 다음과 같은 편지를 보냈다.

"이 전쟁에서 가장 중요한 목적은 연방을 유지하는 것이지, 노예 제도의 유지나 폐지가 아니다. 단 한 명의 노예도 해방하지 않고 연방을 유지할 수 있다면 나는 그렇게 하겠다. 만일 모든 노예를 해방해서 연방을 유지할 수 있다면 나는 그렇게 하겠다"

당시 링컨의 답변은 남북전쟁이 노예 해방이나 노예제 폐지 때문에 발생한 전쟁이 아니라는 것을 보여주고 있다. 그러나 남부에서 생산되는 면화를 수입하던 영국이 개입하면 남부의 편에 설 것을 우려한 링컨은 영국의 간섭을 막고자 남부 지역의 노예를 해방하기 위해 1863년 노예 해방을 선언했다. 그리고 1865년 1월 연방 의회는 미국 전역에 걸쳐 노예 제도를 금지하는 법안을 통과시켰다.

남북전쟁 동안 발생한 군인 전사자 수는 약 62만 명이었다. 미국 역사상 가장 많은 전사자가 발생한 전쟁이었다. 그러나 이 가운데 전투로 사망한 사람은 전체 사망자의 약 1/3에 불과했다. 2/3는 대부분 전염병으로 사망했다. 가장 심각한 전염병은 세균성 이질이었다. 세균성 이질은 주로 환자의 배설물을 통해 시겔라균에 감염되어 발생한다. 발열이나 복통, 구토, 피가 섞인 설사가 주된 증상이다. 남북전쟁 당시 북군에서는 약 4만 5천 명이, 남군에서는 약 5만 명이 세균성 이질로 사망했다. 미국 남북전쟁 당시 전쟁터의 위생 상태는 매우 심각했다. 의사들은 소독도 제대로 하지 않은 채 의료용 도구를 사용했고, 환자들은 마취제나 진통제 없이 통증을 이겨 내야만 했다. 물론 당시에는 세균성 이질이 발생하는 이유도 명확하게 규명하지 못했다. 조지아주 앤더슨빌에는 국립묘지가 있다. 이 국립묘지는 남북전쟁 당시에는 남군의 가장 큰 포로수용소였는데, 수용소의 상황은 말할 수 없이 끔찍했다. 식량은 터무니없이 부족했고 물은 오염되어 있었으며, 비위생적인 환경 때문에 포로수용소에 갇힌 북군 병사들 사이에 치명적인 전염병이 돌 수밖에 없었다. 가장 빈번하게 발생한 전염병이 바로 세균성 이질이었다. 당시 앤더슨빌 수용소가 수용할 수 있는 인원은 1만 명 정도였다. 하지만 수용소에 갇힌 사람은 약 5만 명 정도였고, 이 가운데 1만 5000여 명이 이 전염병으로 사망했다. 이렇게 끔찍한 환경은 포로들이 끈질기게 탈출을 시도하는 계기가 되었고, 남군은 탈출을 막기 위해 수용소 주변에 울타리를 친 뒤 울타리를 넘는 사람들은 무조건 사살했다. 당시 이 울타리를 죽음의 선이라고 불렀는데, 오늘날 마감 시한을 의미하는 '데드라인dead line'은 바로 여기에서 유래했다.

1918년 11월 11일에 독일이 항복하면서 제1차 세계 대전은 끝났다. 미국이 이 전쟁에 참여한 기간은 6개월에 지나지 않았지만, 이 기간에 유럽으로 파병한 병력은 약 50만 명이었다. 참전을 위해 미국 전역에서는 대규모의 병력 소집이 있었는데, 캔자스주에 있는 펀스턴 병영에서 치명적인 전염병이 발생했다. 환자는 섭씨 38도 이상의 고열과 통증, 무기력 등의 인플루엔자 증상을 보였다. 그러나 이를 관심 있게 본 의사는 거의 없었다. 1918년 봄에 발생한 이 병은 유럽으로 파병된 병력과 함께 이동하면서 한 달 만에 유럽 전역으로 퍼졌다. 당시 유럽에서 규모가 있으면서도 제1차 세계 대전에 참전하지 않은 국가는 스페인이었는데, 참전국들은 이 전염병에 대해 보도를 통제했지만 스페인 언론은 이 인플루엔자에 대해서 빈번하게 보도했다. 이후 많은 사람들이 이 전염병을 '스페인 독감'이라 불렀다. 최근 일부 학자들은 이 전염병을 스페인 독감 대신 '1918 인플루엔자'라고 불러야 한다고 주장한다. 당시 미국 전역에서 모집된 병력은 미국 내에서는 기차로, 유럽의 전쟁터로는 수송선으로 이동했다. 기차와 수송선은 모두 스페인 독감이 광범위하게 확산하는 데 중요한 매개체였다. 1918년 가을에는 매달 25만 명 이상의 해외 파견군이 유럽으로 이동했다. 결국 서부 전선에서도 인플루엔자는 급속하게 퍼지기 시작했다. 이 인플루엔자로 미국에서 사망한 사람은 약 67만 명이었고, 전 세계적으로는 5,000만 명 이상이 사망했다.

6·25 전쟁 기간에도 많은 전염병이 돌았다. 당시 장티푸스, 두창, 발진
티푸스 등이 급속하게 퍼졌다. 이 기간 동안 전염병 관리는 주한 유엔 민
간 원조 사령부UNCACK가 맡았다. 동시에 주한 유엔 민간 원조 사령부
는 전염병 방역을 위해 모든 인구에 백신 접종을 실시했으며, DDT를 살
포했다. 그리고 영유아 정기 예방 접종이라는 보건 의료 체계도 마련했
다. 만 12세까지 받는 예방 접종의 역사가 시작된 것이다. 이때부터 한
국에 공중 보건 의료가 자리 잡았다. 그런데 예방 접종과 DDT 살포 같
은 보건과 위생의 시행은 일상에서 강압적이고 폭력적으로 수행되었다.
DDT는 인간, 가축, 수로, 우물, 가옥 등에 무차별적으로 뿌려졌다. DDT
는 독성이 강해서 소량으로만 사용해야 하고 피부에 노출되면 안 되었
지만, 당시 한국에서는 그 위험성이 크게 부각되지 않았다. 그것은 DDT
가 소독약으로 파리, 모기 등의 박멸제로 쓰이고, 급성 전염병인 발진티
푸스 또는 유행성 뇌염을 예방하는 약이었기 때문이었다. 당시 예방 접
종은 방역증 발급과 검사로 이루어졌는데, '예방주사증'으로 불리는 방
역증 소지 여부로 통행과 외출을 통제받았으며, 방역증이 없으면 식량
배급을 받지 못했다. 방역증은 국민을 통제하며 국민과 비국민을 가르
는 경계선으로 작용했다.

2020년 '코로나19'가 전 세계적으로 확산되었다. 그리고 군대에서도
예외는 아니었다. 군대 내의 감염병 증가는 안보 문제와 직결되었다. 군
대의 구성원들이 감염이 된다는 것은 군사력 운용에 제한이 생긴다는
것이고, 이는 곧 국가 방위의 근간이 흔들린다는 것을 의미하기 때문이

다. 또한 군에서도 그동안은 전통적으로 군사적 위협에만 관심을 갖고 있었으나 감염병을 비군사적 위협[66]의 하나로 간주하면서 크게 주목하게 되었다. 미군은 2019년 보건 안보 전략Global Health Security Strategy의 발표를 통해 어느 한 국가만이 잘한다고 보건 안보의 도전적 요소가 해결되는 것이 아니므로 범국가적 협력도 강조했다. 대한민국과 육군은 '코로나19'에 비교적 잘 대처했다. 그러나 미래에는 언제, 어떤 상황으로 새로운 감염병이 출몰할지 아무도 모른다. 이번 사태를 계기로 성숙된 방역체계가 잘 유지되고 더욱 발전하여 어떤 감염병의 위협에도 잘 대처할 수 있기를 기대해 본다.

---

66 국가 및 비국가행위자가 군사력 이외의 수단으로 위협을 가하거나, 자연적 요인에 의하여 국가 안보가 위태롭게 되는 것. 군사적 위협에 대비되는 개념으로서, 테러, 사이버공격, 국제범죄, 대량 난민 발생, 환경오염, 재난, 감염병, 대규모 불법 파업, 폭동 등이 있다.

민간 군사 기업은
용병傭兵에서 유래했다?

"매춘이 세계에서 가장 오래된 직업이라면 우리 용병은 세계에서 두 번째로 오래된 직업이다." – 20세기 어느 용병대원의 말

우크라이나-러시아 전쟁이 한창인 현재, 우리 귀에 익숙한 단체가 있다. 바로 러시아의 용병 집단 '바그너 그룹'이다. 바그너 그룹은 러시아의 민간 군사 기업PMC으로 러시아의 기업가인 예브게니 프리고진Yevgeny Prigozhin과 스페츠나츠[67] 지휘관 출신인 드미트리 웃킨Dmitry Utkin이 2013년에 공동으로 설립했으며, 러시아의 예비역 군인들을 고용해서 러시아의 이익이 걸린 전쟁에 용병으로 투입하고 있다. 이들은 시리아 내전(2011년)에서 아사드 정부군을 지원했고, 돈바스 전쟁(2014년)에서 돈바스 분리주의자들을 지원한 것으로도 유명하다. 그렇다면 왜 이런 단체들이 현대전에서 그 존재감을 드러내는 것일까? 그들은 이렇게 전쟁에 참여함으로써 무엇을 얻고 있으며, 러시아 정부는 왜 그들을 활용하

---

67 러시아 및 독립국가연합 소속 국가에서 다양한 군 소속기관에 소속되어 있는 특수부대를 통칭한다.

는 것일까? 세상에 공짜는 없다고 하는데, 러시아 정부와 바그너 그룹은 서로 어떤 이익을 주고받는 것일까? 이 문제의 실마리를 풀 수 있는 최근의 기사가 있어 소개한다. 뉴욕 타임스는 5월 6일 다음과 같은 보도를 했다.

"바그너 그룹은 푸틴의 지원으로 아프리카의 금 매장량 3위인 수단의 금광 채굴권을 장악하여 막대한 부를 축적하고 있다. 또한 이들은 리비아, 중앙아프리카공화국, 말리, 모잠비크, 시리아 등 각국의 분쟁에 개입해 독재자나 반군 수장 등 현지 고용주의 뒤를 봐주고 그 대가로 금과 다이아몬드 채굴권, 무기 독점 거래권 등을 챙겨 오고 있다. 미 행정부는 금 채굴 등으로 벌어들인 막대한 수익이 푸틴의 수중으로 들어가 서방의 대러 경제 제재 효과를 떨어뜨릴 것을 우려하고 있다"

이 기사만으로도 러시아의 푸틴과 바그너 그룹의 프리고진 사이에는 모종의 거래가 있음을 유추해 볼 수 있다. 푸틴은 막강한 권력을 가지고 있는 반면, 우크라이나-러시아 전쟁에서 자국 국민의 희생이 가장 부담이 된다. 반면 프리고진은 많은 용병을 거느리고 있지만 이들을 먹여 살릴 돈이 필요하다. 서로에게 필요한 수요와 공급이 우크라이나-러시아 전쟁에서 일치함을 알 수 있다. 즉, 권력자는 자국의 국민을 대신해서 피를 흘릴 자가 필요하고, 피를 가진 자는 돈이 필요한 것이다. 비단 이런 관계가 현대에 와서 성립된 것은 아니다.

기원전 401년, 페르시아의 왕 아르타크세르크세스 2세Artaxerxes II의 동생 키루스는 형의 왕위를 노리고 바빌론으로 쳐들어가기 위해 대규모 군대를 모집했다. 이때 소크라테스의 제자이면서 플라톤과 함께 공부했던 그리스의 크세노폰이 그리스인 1만 명을 모집해 키루스의 원정에 참여했다. 그러나 전투에서 참패하고 고용주 키루스마저 전사하자 크세노폰은 막다른 골목에 다다르게 되었다. 그가 할 수 있는 일은 어떻게 해서든지 고국 그리스로 다시 살아 돌아가는 일이었다. 크세노폰은 그리스 군인 1만 명을 이끌고 온갖 고초를 겪으면서 아르메니아에서 흑해 연안을 지나 소아시아까지 장장 6천 킬로미터나 되는 거리를 지나 간신히 고국 아테네로 귀환할 수 있었다.

독자들은 왜 그리스인 1만 명이 6천 킬로미터나 떨어진 페르시아에 있는 키루스를 위해 그 먼 원정길에 올랐는지 궁금할 것이다. 그렇다. 이때 크세노폰을 따른 그리스인 1만 명은 용병傭兵이었다. 좀 더 정확히 말하면 페르시아의 키루스에게 고용된 용병이었던 것이다. 1만 명이나 되는 그리스 용병 부대가 페르시아 왕가王家 형제들의 전쟁에 참여한 것은 그들이 키루스를 존경하거나 좋아해서도, 크세노폰의 연설에 감동을 받아서도, 전쟁을 좋아해서도 아니었다. 그들 대부분은 생활이 궁핍했기 때문에 바다를 건너 용병이 되기로 한 것이다. 즉 먹고 살기 위해서, 피를 팔기 위해서 전쟁에 참여한 것이었다.

로마 제국 초기만 해도 병역은 로마 시민의 긍지였다. 즉, 병역의 임무는 로마 시민만이 할 수 있는 권리이자 의무였다. 그러나 계속되는 정복 전쟁으로 속주屬州에서 막대한 부가 흘러들어오면서 화폐 경제가 발달하고 중소 토지 소유자는 몰락하기 시작했다. 이후 병력 소집이 원활하지 않게 되자 기원전 107년 집정관으로 선출된 평민 출신 가이우스 마리우스는 병역 자격을 폐지하였다. 즉, 로마 시민만이 이행할 수 있었던 병역을 이제는 아무나 지원하면 할 수 있게 된 것이었다. 이것은 징병제에서 지원병제로의 전환을 의미했다. 군대에 지원하면 급료를 받을 수 있으니, 이것은 실업 대책의 일환이기도 했다. 이제 로마의 군역은 시민의 의무가 아니라 직업으로 바뀌게 되었다.

이전까지 로마의 군단은 상비군이 아니었고, 전쟁이 필요할 때마다 편성되었다. 따라서 전쟁이 끝나면 병사들은 실업자가 될 수밖에 없었기에 자신의 생계를 군단장에게 의지해야 했다. 장군들은 막대한 빚을 지면서까지 병사들을 양성했고 결국은 그 빚을 갚기 위해 병사들을 활용해야 했다. 이때의 병사들은 장군들의 개인적 병사, 즉 사병私兵이었다. 이러한 사병을 기반으로 장군들이 권력 다툼을 벌이면서 로마는 내란으로 빠져들었고, 최후의 승자인 카이사르가 제정帝政(황제가 정치를 담당)의 길을 열었다. 그러나 이때만 해도 많은 속주민이 로마 시민권을 얻기 위해서 군대에 지원했다. 당시 속주민은 25년의 군 복무를 마치면 로마 시민권을 얻을 수 있었기 때문이다. 그러나 212년 카라칼라 황제가 모든 자유민에게 로마 시민권을 준다는 '안토니누스 칙령'을 발표하면서 속주민이 군대에 지원할 매력을 크게 떨어뜨렸다. 힘들고 위험한 일을 하지 않아도 로마 시민이 될 수 있게 된 것이다. 결국, 제국 내의 사람들이 군대에 지원하지 않으면서 병력을 채울 수 없게 되자, 이민족인 게르만족을 용병으로 고용하기에 이르렀다. 이후에는 우리가 잘 아는 바와 같이 용병대장 오도아케르에게 서로마 제국은 멸망하고 말았다.

결국 마리우스 황제 때부터 시작된 군사 기구의 용병화는 제국을 붕괴시켰고, 중세를 맞이하는 결정적 계기가 되었다. 로마의 역사는 징병제를 폐지하고 지원병제를 검토하고 있는 현재의 대한민국에게 많은 점을 시사한다. 혹자는 우리가 일반 병사들에게 충분한 경제적 급여를 줄 수 있는 능력만 되면 지원병제를 도입하는 것이 유리하다고 주장하나, 병역 문제는 단순히 경제적 지원 능력만의 문제가 아니다. 내가 조국을 지켜야 한다는 마음가짐과 결별하고 누군가가 대신 나라를 지켜 주고 나는 그를 위해 돈(세금)만 내면 된다는 생각은 국가 방위에 대한 근본적 생각을 흔든다는 것을 명심해야 한다. 특히 일반인보다 많이 가졌거나 특권을 가진 자가 힘들고 어려운 일을 기피하는 풍조는 나라를 망국으로 이끄는 지름길임을 역사는 보여 주고 있다.

중세의 시인 프라이당크Freydank는 이렇게 노래했다.

"신은 세 개의 신분을 만드셨다.

기도하는 사람,

싸우는 사람,

경작하는 사람"

즉, 어떤 집단이 군사 전문가가 되어 전사 계급을 형성하고, 경작하는 농민을 지배하는 구도가 생겨난 것이다. 이 계급의 정점에는 왕이 있었고 전사 계급에는 우리가 잘 아는 기사騎士가 있었다. 봉건시대의 정규군인 기사가 영주에게 봉사하는 최대의 길은 군역軍役이었다. 일반적으로 군역을 이행하는 기간은 연간 40일이었고 원정 지역도 따로 정해져 있었다. 그 제한 지역을 넘어서 출정할 때는 당연히 특별 수당이 요구됐다. 더구나 갑옷, 투구, 검, 창, 방패 등 고가 장비를 갖추어야 하는 기사는 늘 돈에 쪼들릴 수밖에 없었기에 군역이 없는 기간에는 다른 지역에 출정하여 추가 수입을 얻어야 했다. 설상가상으로 1348~9년 흑사병이 전 유럽을 휩쓸면서 농민들의 생활은 피폐해지고 소영주에 해당하는 기사들도 생활이 어렵게 되었다. 이제 기사들은 영주에게 무상으로 제공했던 군역을 돈으로 대신 지불하고, 용병으로 일해서 그 돈을 웃도는 현금을 버는 데 집중하게 되었다. 영주 역시 한 해 중 40일만 제한된 지역에서 활용할 수 있는 기사보다는 그들이 내는 돈으로 용병을 고용하는 편이 더 쉽고, 기간과 지역의 제한을 뛰어넘는 효율성 높은 군대를 얻게 되었음을 알았다. 이렇게 해서 기사 용병 시대가 출현한 것이다.

이탈리아 도시 국가 피렌체가 군사력을 용병에 의존하기 시작한 것은 13세기 말부터였다. 모직물을 중심으로 경제가 성장하자 부유한 시민과 소시민의 빈부 격차가 생겨났고, 부유층이 정권을 독차지하는 현상이 나타났다. 그리고 전쟁은 부유한 상인들의 상품 판로 확대를 위한 수단이 되어 버렸다. 그러자 소시민들이 병역을 기피하기 시작했다. 부유한 시민들도 경제 활동에 바빠서 병역을 기피하고 돈으로 해결하려고 했다. 그렇게 해서 '병역 면제세'가 신설되었다. 병역 면제를 공식화한 것이다. 정권을 장악한 사람들은 병역 면제세로 모은 돈으로 프랑스, 스페인, 독일 등에서 흘러들어 온 용병 기사단을 군사력으로 활용하기 시작했다. 즉 경제가 발전하면서 피렌체 역시 여느 도시 국가들처럼 애향심에 의존하던 시민 개병 제도가 무너지고 용병이 군사력의 주력이 되는 길을 밟은 것이다. 한편, 많은 용병대장은 전투에서 승리하면 고용주가 위험인물로 생각하여 기피하게 되었고, 반대로 패배하면 패배했기에 해고되었다. 곧 그들은 전투는 적당히 하는 것이 좋다, 즉 이기지도 않고 지지도 않는 것이 무엇보다도 중요하다는 것을 깨달았다. 그래서 서로 맞붙은 용병대장들은 미리 짜고서 싸움을 질질 끌었다. 이런 현상을 보고 『군주론』을 썼던 마키아벨리는 '사기극 전쟁'이라고 비판했다. 당시 이탈리아에는 이런 형태의 전쟁이 많았다.

관광이라는 산업이 출현하기 이전까지 스위스는 험준한 산들이 우뚝 치솟은 척박한 산악 지대에 불과했다. 가축을 키우고 우유를 치즈로 만들어 먹는 낙농 경제로 근근이 살아갔기에 여자들의 노동력만으로도 유지할 수 있는 소규모 경제 형태였다. 험준한 산간 지역에서 생활하면서 단련된 튼튼한 체력을 가진 남자들이 할 일은 별로 없었다. 그들은 돈을 벌기 위해 타지로 나갈 수밖에 없었고, 당시 대규모의 고용을 보장하는 최대의 산업은 단연 전쟁이었다. 이렇게 해서 스위스 남자들은 용병의 길로 들어섰다. 그들의 최대 고객은 프랑스였다. 프랑스를 위해 3백 년 동안 50만 명이 넘는 스위스 용병이 목숨을 잃었다고 한다. 프랑스와 스위스 간의 정식 용병 계약은 1474년에 시작되었다. 이후 스위스 용병들의 명성이 알려지게 되자 프랑스뿐만 아니라 로마 교황, 이탈리아의 도시들, 신성 로마 제국 등이 앞다투어 스위스 용병을 찾기 시작했다.

남부 독일은 유력 제후보다는 약소 제후들이 밀집되어 있는 지역이었다. 게다가 이 일대는 교회의 지배를 받지 않는 수많은 영지가 산재해 있었다. 또한 북독일에 비해 토양이 비옥하여 전통적으로 남자 자식들에게 토지를 균일하게 나눠 주는 상속 제도를 채택하고 있었다. 따라서 세월이 지날수록 농지는 많은 자식들에게 쪼개지고, 농민들은 세대가 지날수록 점점 더 가난해졌다. 그리고 더 이상 나눠 줄 경작지가 없게 되자 그들은 모두 영세 농민으로 전락했다. 결국 물려받을 경작지가 없어 소작인이 되거나 가까운 도시에 난민으로 흘러 들어갈 수밖에 없는 처지가 된 농가의 차남, 삼남 등은 한 가닥 희망을 품고 용병에 지원했는데, 이들이 그 유명한 독일의 용병 '란츠크네히트Landsknecht'이다.

스위스 용병은 국가에서 관리했으나, '란츠크네히트'는 민간 기업가들이 관리를 했다. 이 민간 기업가들이 바로 용병대장이다. 오늘날로 치면 러시아의 용병 그룹 바그너의 창업자 드미트리 우트킨인 셈이다. 황제와 제후들이 용병대장에게 모병 특허장을 교부하면 이 특허장은 최고 권력자와 용병대장 사이에 교환하는 일종의 용병 계약서이자 용병대장에 대한 임명장이 되었다. 이런 용병 부대들은 비용이 많이 드는 식량, 피복 등 병참 지원 등에는 관심을 두지 않았다. 대신 그런 일들은 민간 사업자에게 하청을 주었다. 이렇게 해서 빵, 고기, 수프, 맥주, 와인 등의 식량 조달과 배급은 모두 민간인 상인들에게 맡겨졌다. 이들 상인은 식량뿐만 아니라 무기, 탄약, 갑옷과 투구 등 생활에 필요한 모든 잡화를 취급했다. 그들은 또한 각종 약탈품을 병사들로부터 싼값에 매입했으며, 힘든 병사들을 위해 술집과 도박장을 열었고, 요리, 시중, 세탁, 재봉, 간호를 담당하는 여성들을 데리고 다니기도 했다. 이 과정에서 상인들은 당연히 용병대장에게 뇌물을 상납했고, 거기에 드는 비용은 고스란히 상품의 가격에 포함되었다. 오늘날 우리가 볼 수 있는 민간 군사 기업의 전형을 이때부터 찾아볼 수 있는 것이다.

당시에는 이런 형식적인 민간 형태의 병참 지원이 많아서, 1개 연대가 6천 명이라면 거의 그와 맞먹는 수의 민간인이 연대 뒤를 따랐다. 용병부대의 병사들은 용병대장의 고용주가 누구인지는 관심이 없었다. 그들에게는 고용주가 어느 나라 군주인지, 적이 누구인지, 누구를 위한 전쟁인지가 전혀 중요하지 않았다. 그들의 관심은 오로지 "어느 용병대장을 따라가야 급료를 밀리지 않고 받을 수 있으며, 더 많은 약탈품을 얻을 수 있는가"였다. 이들에게는 스위스 용병과 달리 전쟁이 끝나고 돌아갈 고향이 없었다. 용병 일에 몸을 담그면 고향에서는 냉대를 받았다. 따라서 돌아갈 고향이 없는 전역병은 걸식을 하며 행상인, 유랑인, 집시처럼 떠돌아다니게 되었고, 일부는 무전취식, 도둑질, 노상강도, 방화, 살인 등을 저지르고 다녔다. 병사들은 자기 목숨을 담보로 받은 월 4굴덴의 급료를 술과 도박과 여자에게 탕진하는 생활에 빠져 그날그날 되는 대로 살았다. 이 병사들에게 '란츠크네히트'는 그들의 삶 자체였고 고향이었다.

"이날 여기에서 세계사의 새로운 시대가 시작된다!" 독일 대문호 괴테가 한 말이다. 그가 말한 '이날'이란 1792년 9월 20일이고, 여기란 프랑스 중북부 샹파뉴 지방의 동쪽 끝에 있는 발미Valmy였다. 이날 프랑스 혁명 세력은 절체절명의 위기에 처해 있었다. 발미에서 동맹군(오스트리아-프로이센)의 공격을 받은 혁명군은 무너지기 직전이었다. 그때 혁명군 사이에서 갑작스레 "프랑스 국민 만세!"라는 소리가 들려왔다. 그것은 프랑스 국왕 만세가 아니라 틀림없이 프랑스 '국민' 만세였다. 이 소리는 순식간에 전국으로 퍼져 나갔다.

프랑스 병사들은 이때 처음으로 '조국'을 의식한 것이다. 이렇게 해서 유럽 역사상 최초의 국민군이 탄생했다. 이전까지의 전쟁은 조국을 위한 전쟁이 아니라, 특정 황제나 왕 또는 가문, 그리고 종교 또는 돈을 위한 전쟁이었다. 그러나 이제는 조국 프랑스를 위한 전쟁을 하게 된 것이다. 그리고 조국을 위한 혁명군이 황제나 왕을 위한 용병 부대를 이겼다. 따라서 이것은 용병 부대의 종언을 알리는 시작이기도 했다. 이때 동맹군에 참가했던 브라운슈바이크 바이마르 공작의 수행원으로서 그 격렬한 포격전의 현장에 있었던 괴테는 그 현장을 보고 위와 같이 외친 것이다. 그러나 이렇듯 끓어오르는 조국애를 등에 업고 승승장구하던 나폴레옹의 군대도 그가 황제의 자리에 앉아 자기 자신의 제국을 위한 전쟁에 돌입하자, 이제는 프랑스군이 유럽 다른 나라에 대한 침략국이 되어 버렸다. 나폴레옹 점령하 독일의 철학자 피히테Fichte가 '독일 국민에게 고함'이라는 연설을 통해 조국 방위를 호소한 것이 그 좋은 예이다. 이후, 프랑스에서는 징병 기피자가 급격하게 증가했다. 나폴레옹이 패배한 이유는 프랑스 혁명이 유럽 각국으로 퍼져 나가는 것을 두려워한 유럽의 군주들이 대동단결하였기 때문만은 아니었다. 프랑스 국민들이 나폴레옹 전쟁을 더 이상 '국민 전쟁'으로 보지 않았기 때문이다. 병사들의 징병 기피와 탈주자의 증가가 그것을 증명해 주고 있다.

용병 제도는 각국의 국민군 탄생과 함께 유럽 국가들의 군사 기구에서 사라졌다. 그러나 용병은 살아남았다. 일부는 외인부대의 부대원으로, 일부는 민간 군사 기업의 종업원으로 변신했다. 프랑스 외인부대는 1831년 3월 10일, 프랑스 국왕 루이 필리프가 프랑스 외인부대 창설에 관한 칙서를 공포하면서 시작되었다. 당시 알제리 식민지를 관리하는 데 애를 먹고 있었고 특히 식민지 전쟁에서 자국의 젊은이들이 희생되는 것이 부담스러웠던 프랑스는 이때 골치 아픈 망명객들, 도피자들, 부랑자들 그리고 군대 해산으로 불만에 찬 군인들을 모아 외인부대를 창설하여 알제리로 보내기로 했다. 이것이 외인부대의 창설 배경이다. 물론 프랑스 외인부대는 중세 유럽의 용병 부대와는 성격이 다른 면이 있으나, 이들 또한 돈을 받고 무력을 제공한다는 점은 동일하다.

민간 군사 기업으로 가장 널리 알려진 기업은 남아프리카 공화국의 이그제큐티브 아웃컴즈Executive Outcomes이다. 1989년 남아공 민간협력국 요원을 지낸 이번 발로우Eeben Barlow에 의해 설립된 가장 효율적인 군사공급 기업으로, 며칠 만에 정예 전투 부대를 조직하고 배치할 능력을 갖춘 대표적인 기업으로 알려져 있다. 또한 민간 군사 기업의 참여는 미국이 걸프전을 수행할 당시 직원 1인당 군인 50~100명이었던 것이, 이라크전에서는 직원 1인당 군인이 10명일 정도로 증가했다. 지금은 회사명이 바뀌었지만 한때 가장 유명했던 미국의 민간 군사 기업으로는 1998년 네이비 실 대원들이 설립한 '블랙워터'가 있는데, 이 기업의 명칭은 웬만한 군사 마니아들은 다 알고 있을 정도이다. 오늘날 이렇듯 민간 군사 기업이 등장하는 것은 지구상에 그만큼 수요가 있고, 공급이 따라준다는 이유일 것이다. 그러나 이들은 군인이 아니다. 조국을 위해 봉사, 헌신하지도 않고 인권에 대한 존중도 현역 군인만 못하다. 기업에 속해 있으니 이윤만 보장하면 어떤 일이든 한다. 미국의 '블랙워터'가 회사명을 바꾼 이유이다. 현대판 용병 부대라 말해도 전혀 틀리지 않을 것이다.

용병傭兵은 왜 서양에서만
발전했을까?

중세에 어느 수도사가 용병대장 호크우드를 보고 "신이 당신에게 평화를 내리길!"이라며 공손하게 인사를 했더니 호크우드가 "이 빌어먹을 놈들아! 신이 나에게 평화를 내리면 나는 뭘 먹고 살라는 말이냐?"라고 소리쳤다.

이탈리아의 도시 국가 시에나에는 다음과 같은 일화가 전해져 내려온다. "적군에게 포위되어 패하기 직전에 어느 용병대장의 용감한 지휘로 도시는 안전하게 되었다. 시민들은 용병대장에게 감사를 표하고 보답하기 위해 기나긴 의논을 하였으나 결론을 내리지 못했다. 그때 어느 시민이 그를 죽여 우리 도시의 성자聖者로 만들자고 제의했고, 시민들은 그 의견에 모두 동의했다." 시에나의 일화는 그저 우화지만, 용병대장들은 종종 실제로 고용주의 손에 제거되기도 했다. 리미니의 영주이자 용병대장이었던 로베르토 말라테스타는 페라라 전쟁에서 베네치아군을 이끌고 교황 식스토 4세에게 승리를 안겨 준 한 달 뒤 로마에서 병으로 죽었는데, 고용주에게 암살당했다는 의혹이 있다. 물론 용병대장 역시 고용주에게 만만한 존재는 아니었다. 르네상스기 이탈리아 북부의 강국이었던 밀라노 공국은 평민 출신 용병대장 조상을 둔 스포르차 가문이 지배했다.

용병의 역사에 대해서 연구하면서 궁금한 점이 생겼다. 용병에 관한 자료를 찾아보면 대부분이 유럽과 관련된 자료이지 동양, 특히 중국, 한국, 일본 등의 문화권에서는 용병을 찾아보기 힘들다는 것이었다. 물론 임진왜란이 끝나고 많은 수의 일본군이 본국으로 귀환했지만 갈 곳 없는 낭인이 되자 스페인과 포르투갈 등 유럽 동방 무역의 선두 주자들이 운영하는 동남아시아의 용병 부대에 대거 뛰어들었다는 자료는 있다. 이때 일본에 끌려간 조선인들도 용병으로 또는 노예로 팔려 나가기도 했다. 그러나 이들이 용병을 운영하는 주체가 아니었다는 점에서 이는 동양의 용병 제도라 볼 수 없다. 그렇다면 왜 서양에서만 그토록 오랜 세월 동안 용병이라는 제도가 발전해 왔을까? 이 질문에 대한 명확한 답변을 내놓은 문헌은 찾지 못했다.

매춘과 용병은 모두 인간이 가진 가장 원초적인 자산인 몸을 파는 것이다. 다만 그 매매 대상이 '여자'인 경우 우리는 그것을 매춘이라고 불렀고, '남자'인 경우 용병이라 불렀다. 요즘 용어로 말하면, 여자는 성性을 판 것이고, 남자는 피(생명)를 판 것이다. 오늘날 인류가 이토록 발전한 경제를 이룰 수 있도록 한 경제학적 이론의 두 기둥 중 하나는 리카르도, 마르크스를 비롯해 이들에게 동조하는 학자들이 언급했던 '노동가치설'이고, 그 노동의 기초는 인간의 육체이다. 육체는 성性의 본류本流이자 피의 주인인 것이다. 그런데 왜 동양에서는 이런 생각들이 나타나지 않았던 것일까? 어떻게 서양인들은 국가와 사회라는 것이 인간들이 서로 계약을 맺은 결과물이라는 생각을 하게 된 것일까?

첫 번째로 강력한 중앙 권력의 존재 여부 차이 때문이다. 모두가 잘 알고 있듯이 중국에서는 춘추 전국 시대를 제외하고는 대부분의 시기에 강력한 중앙 권력이 존재했다. 우리나라도 일찍부터 고구려, 백제, 신라 등 강력한 고대 국가가 존재했다. 따라서 국가는 굳이 용병을 살 필요가 없었다. 자신의 지배하에 있는 모든 영토와 그 안에 있는 모든 것이 자신의 것이므로 자신의 백성이 군역을 담당하는 것은 당연한 일이었고, 백성들도 그렇게 여겼다. 반면 서양에서는 꽤나 오랜 기간 동안 강력한 중앙 권력이 존재하지 않았다. 초기 그리스의 국가도 도시 국가였다. 작은 도시 국가들끼리 투쟁하고 경쟁했다. 그리고 도시 국가 수준에서는 막대한 비용이 드는 상비군을 운용할 수 있는 경제력이 뒷받침되지 못했다. 따라서 그때그때 필요한 경우에만 비용을 지불하고 활용할 수 있는 군사력이 용병이었던 것이다.

중세 유럽에는 사투私鬪라는 것이 성행했다. 사투란 강력한 공권력이 미치지 못하던 시기에 법이 아닌 당사자 간의 싸움으로 분쟁을 처리하는 제도를 말한다. 기사들은 보수를 바라고 그 싸움의 조력자로서 분쟁지에 모여들었다. 사투는 고발인과 피고인이 결투로써 재판의 흑백을 가리는 일종의 '결투 재판'이었다. 영국에서는 1819년까지 합법이었던 이 결투 재판은 대리인을 고용하는 일이 많았는데, 이들도 용병의 일종이라고 볼 수 있다. 용병 기사들은 이런 사투의 현장을 일부러 찾아다니거나 사투를 빌미로 도시나 마을을 약탈하기도 했다. 결국 강력한 중앙 권력이 존재하지 않을 때는 어떤 형태로든 용병이 등장하기 쉬웠다. 강력한 로마 제국이 등장했을 때는 국가에서 상비군을 운용했으므로 용병이 필요 없었으나, 중앙 권력의 약화와 더불어 용병이 활성화되었고, 로마 제국의 멸망 이후에는 용병의 전성기 시대가 도래하게 된다.

두 번째로 화폐 경제의 발달 여부이다. 동양은 토지가 농사를 짓기에 알맞아 농업이 발달했고, 서양은 토양이 척박해서 농사보다는 상업이 발달했다. 그리스의 도시 국가도 상업을 통해 고도의 문명을 일구어 냈다. 문제는 화폐 경제가 발달하면서 토지에서 산출되는 부보다 상업을 통해서 얻는 부가 많아지며 중소 농민들이 몰락하게 되고, 사람들은 화폐, 즉 돈의 중요성에 더 매몰되게 된다. 이런 상황에서는 군사력도 돈을 주고 사서 쓴다는 생각이 아주 자연스럽게 형성된다. 돈이 있는 사람은 돈으로 병역의 의무를 대신하고 국가를 통치하는 사람도 그들이 낸 돈으로 용병을 사서 쓰는 것이 훨씬 경제적이라는 생각을 하게 되는 것이다. 반면, 동양 사회는 오랫동안 농업 위주의 사회였다. 농업사회는 씨를 뿌리고, 모를 심고, 추수를 하려면 많은 노동력이 필요하기 때문에 상호 협동을 기반으로 한다. 필요한 것도 대부분 물물 교환을 통해 해결한다. 따라서 아주 작은 수확의 차이를 두고 내가 이익이니 네가 손해니 하는 등 계산할 필요가 없었다. 올해 개똥이네가 이익을 봤고, 소똥이네가 손해를 봤으면 내년에는 소똥이네에 더 많은 배려를 하면 그만이었고, 서로 부족한 것은 십시일반 알아서 배려를 했다. '계약'이라는 개념이 발달할 필요가 없었던 것이다. 반면, 무역을 하는 서양에서는 철저한 계약이 필수였다. 배가 이동하다 침몰할 수도 있고, 물건이 이동하다 상할 수도 있고, 도적에게 빼앗길 수도 있다. 따라서 올해 이런 무역을 했다고 해서 내년에도 올해처럼 동일한 상품을 동일한 조건에 팔 수 있다고 장담할 수 없다. 결국 서로 손해를 보지 않기 위해서는 이번 거래와 관계된 정확한 계약이 사전에 이루어져야 했다.

'계약契約'이란 상호 동등한 자격을 기반으로 한다. 절대적 권력자 없이 고만고만한 도시 국가들이 있으니 당연히 계약이 성행할 수밖에 없다. 계약이란 어느 한쪽이 파기했을 경우 다른 한쪽이 이의를 제기할 수 있고, 조건에 부응하지 않을 때는 무력을 행사해서라도 자신의 주장을 관철할 수 있을 때 성립한다. 어느 한쪽이 절대적 힘을 갖고 있고 다른 한쪽이 무조건적인 복종의 관계에 있을 때는 '계약'이 필요 없다. 그냥 절대적 권력자가 가져가면 그만이다. 동양 사회에서는 절대적 권력자가 늘 존재했다. 따라서 사람들은 그 사람의 통치 아래 서로 협동하며 사는 것이 가장 현명한 방법이었다. 문제가 생기면 절대자에게 찾아가 해결해 달라고 하면 되었다. 설사 그 결과가 나의 마음에 들지 않더라도 절대 복종해야 했고, 그것이 세상의 순리였다.

반면 서양 사회에서는 로마 제국 붕괴 이후 절대적 권력자가 존재하지 않았고 많은 중소 국가들이 난립했다. 따라서 수많은 전쟁과 약탈, 파괴에 시달려야 했고, 특히 그 작은 영주 국가마저 없는 무정부無政府 상태가 되면 주민들의 생활은 야생의 밀림과 같은 생활이 되었다. 그래서 토마스 홉스는 세상을 '만인에 대한 만인의 투쟁' 상태라고 말했다. 이런 상황에서는 절대 권력자가 나타나 질서를 잡아 주는 것이 훨씬 안전했고, 시민들도 그런 상황이 오기를 원했다. 그래서 그 절대 권력자를 '국가'라고 했으며, '리바이어던'이라고 했다. 사람들은 안전과 자기 보존을 위해 '사회 계약'을 체결했고 따라서 국가의 권력에 무조건 복종해야 한다고 말한 것이다. 반면 동양 사회에서는 엄격한 신분상의 위계가 있었다. 어떻게 내가 감히 나라와 임금과 주인과 선배와 계약을 체결할 수 있다는 말인가? 윗사람이 주면 감사한 것이었고 안 주면 그만이었다. 애당초 계약이라는 것은 있을 수 없었다.

세 번째로 생각해 볼 수 있는 것은 동양적 사상과 서양적 사상이 각자 지닌 기본 가치관의 차이이다. 동양은 유교를 비롯하여 불교, 도교 등의 영향을 받았는데, 이들 사상의 공통점은 도덕과 윤리를 중요시했다는 점이다. 먹고살기 힘들어서 남의 물건을 약탈하는 집단은 어느 사회에나 있었지만, 동양 사회에서 그들은 도둑이 되거나 산적山賊이 되었으면 되었지, 용병이 되는 일은 없었다. 용병이란 그 용병을 활용할 집단이 있어야 한다. 서양에서 용병을 고용한 고용주는 대부분 황제나 왕, 또는 교황이었다. 다시 말해 국가 또는 교황청에서 돈 받고 폭력을 대신 제공하는 용병을 정식으로 인정하고 그들과 계약을 맺은 것이다. 이것은 서양에서는 국가가 용병 집단과 계약을 함에 있어 아무런 도덕적, 윤리적 제약을 받지 않았고, 그들의 활용성과 경제적 가치만을 고려했음을 의미한다. 반면, 동양에서는 돈 받고 무력을 대신 제공해 주는 집단은 산적이나 도둑에 해당했고 이들은 국가에서 제거해야 할 사회의 악惡이었지 이용하고 활용해야 할 계약의 대상이 아니었다.

온 백성의 우러름을 받아야 할 임금이 제거해야 할 도적 집단과 계약을 맺는다는 것은 도덕적, 윤리적으로 도저히 용납할 수 없는 일이었다.

중세 유럽을 풍미했던 용병 '란츠크네히트'는 동양 사회의 시각에서 보자면 큰 규모의 산적과 다름이 없었다. 실제로 그들이 저지른 만행은 이루 말할 수가 없었다. 1527년 로마를 약탈한 그들의 만행은 8일 동안이나 계속되었고, 그들의 약탈이 얼마나 철저했으면 에라스무스는 이 사건을 두고 '한 도시의 파괴가 아니라 한 문명의 파괴이다'라고 말할 정도였다. 1526년 신성 로마 제국 황제 카를 5세에 의해 승인된 남미 베네수엘라에 대한 '란츠크네히트'의 약탈은 스페인의 코르테스와 피사로의 점령과는 비교가 되지 않을 정도로 잔인한 학살의 연속이었다. 그리고 그것은 기독교적 복음의 전파라는 그럴싸한 포장으로 장려되기도 하였다. 절대 권력이 없었던 중세에 제후국이나 왕들이 자신들의 이익을 위해 용병을 활용한 것은 그럴 수 있다고 치자. 그러나 진정한 절대 권력(현세와 내세)을 갖고 있으면서, 신을 대리한다고 하는 교황도 자신 또는 교회의 이익을 위해 용병을 활용했다는 것을 어떻게 이해해야 할까? 당시 교황에게 도덕과 윤리란 과연 무엇이었을까?

21세기로 접어든 오늘날, 아무리 중앙 집권화된 국가라 할지라도 기업 활동에 대해서는 그 어느 때보다 자유를 보장한다. 더불어 현재는 하나의 기업이 한 국가에만 머물지 않고 국가와 국가를 넘나드는 다국적 기업인 경우가 즐비하다. 또한 현재는 그 어느 때보다 화폐 경제가 발달해 있고, 동서양 문화의 활발한 교류와 세계화로 서로의 사상적 특이성이 한 방향으로 수렴하여 한 물줄기로 흐르고 있다. 이제는 동양이나 서양이나 '용병'이라는 식물이 잘 자랄 수 있는 토양이 만들어졌다고 볼 수 있다. 이러한 조건은 대한민국이라고 해서 예외일 수는 없다. 용병의 활동 영역은 우선 의식주를 해결할 수 있는 단순한 보급품, 일반 물자, 식료품 등에서부터 시작해 군용 물자, 장비, 무기, 탄약 등으로 확대될 것이다. 그러나 나는 거기에도 한계는 있어야 한다고 생각한다. 적어도 북한을 주적으로 대치하고 있는 현 상황이 변하지 않는 한, 전투원을 용병으로 대체하는 것은 결단코 반대한다. 힘들고 위험하다고 병역의 의무를 거부하고 돈으로 사고자 한다면 그 결과는 뻔하다는 것을 역사는 증명하고 있기 때문이다.

한국 육군에게 『임무형 지휘』란?

대한민국 육군은 2018년 '임무형 지휘'를 육군의 지휘철학으로 공식 채택하였다. 육군이 '임무형 지휘'를 지휘철학으로 채택하였다는 의미는 불확실성이 난무하는 전투에서 싸워 이길 수 있는 부대를 만들기 위해 모든 장병이 '임무형 지휘'의 기본 정신을 내면화하도록 해 전투 현장에서 이를 활용하겠다는 것이다. '임무형 지휘'에 대해서는 2019년 육군교육사령부에서 발간한 교육참고(8-1-14) 『임무형 지휘』에서 다음과 같이 정의하고 있다.

"임무를 효과적으로 완수하기 위하여 상급 지휘관은 예하 지휘관에게 명확한 지휘관 의도와 과업을 제시하고 가용 자원을 제공하며, 예하 지휘관은 상급 지휘관 의도와 부여된 과업에 기초하여 자율적이고 창의적으로 임무를 수행하는 것이다."

쉽게 풀어서 말하면, 상급자와 하급자 간의 상호 신뢰를 바탕으로 상급자가 하급자를 믿고 목표를 제시하면, 하급자는 상급자의 지휘 의도

안에서 자신이 책임지고 임무를 완수하는 것이다. 물론 말은 쉬워도 총탄이 오가는 전쟁터에서 이를 실천하기는 쉽지 않을 것이다. 상급자의 입장에서 보면 하급자를 웬만큼 신뢰하지 않고서는 뭔가 모자라고 미숙해 보이는 하급자의 행동에 간섭하고 싶은 유혹에서 벗어나기가 어렵다. 일이 잘못되면 부대 전체가 희생당하는 최악의 상황까지도 각오해야 하기 때문이다. 반면 하급자의 입장에서 보면 상급자가 구체적 지시를 하지 않았기 때문에 내가 하는 행동이 상급자의 의도에 맞는 것인지 잘못된 것인지를 확인할 수 없기 때문에 자율적으로 행동하기가 쉽지 않다. 그럼에도 불구하고 대부분의 군사 선진국들은 지휘철학의 개념으로 '임무형 지휘'를 채택하고 있다. 그것은 클라우제비츠가 말한 전쟁의 3요소, 즉 전쟁의 불확실성, 우연성, 마찰 요소 때문이다. 이는 "아무리 잘 짜여진 전술, 작전상의 계획이라도 첫 총성이 울리는 순간 쓸모가 없어진다"고 말한 몰트케의 명언을 통해서도 확인할 수 있다. 능력과 한계가 명확한 인간이 만든 계획이란 늘 불완전할 수밖에 없고, 말단 부대의 지휘관에게 자율권을 주어야만 계획의 불확실성과 마찰을 극복하고 주어진 임무를 달성할 수 있다는 역사적 경험의 산물로부터 얻은 교훈일 것이다.

그러나 이런 임무형 지휘가 성공적으로 작동하기 위해서는 독특한 지휘문화指揮文化가 군대의 밑바닥에 자리 잡고 있어야 한다. 프로이센과 독일 장교단에는 명예와 상황에 의해 정당화될 때는 장교가 명령에 불복종하는 미덕을 발휘한 이야기와 사건들이 종종 회자 된다. 대표적인 예로 프리드리히 대왕은 장교들의 불복종을 많이 참아 내야 했다. 7

년 전쟁 중이던 1758년 8월 25일, 조른도르프에서 러시아군과 맞붙은 프로이센군의 첫 번째 교전 상황은 매우 좋지 않았다. 당시 최연소 장군인 프리드리히 빌헬름 폰 자이틀리츠는 50여 개의 기병 중대 전력을 보유했지만, 그때까지 전장에 투입하지 않고 있었다. 그때 시종무관이 나타나서 왕은 지금 이 시점이 기병이 공격하기에 적절한 시점이라고 생각한다고 전했다. 그러자 자이틀리츠는 "지금은 때가 아니다"라고 대답했다. 이후 두 번이나 더 왕의 공격명령이 하달되었고, 화가 난 왕은 지금 즉시 공격하지 않으면 그의 목을 취할 것이라고 말했다. 이에 자이틀리츠는 "전투가 끝나면 내 머리를 기꺼이 전하께 내어 드릴 테니 그때까지는 내 머리는 내가 알아서 하겠다고 전해라"라고 대답하면서 공격을 하지 않았다. 그는 자신이 결심한 시점에 공격에 돌입했고 마침내 그날의 전투를 승리로 이끌었다. 흥미롭게도 왕의 명령을 어긴 자이틀리츠에게 전승의 공로를 돌린 사람은 바로 프리드리히 대왕이었다. 이와 같이 독일군 장교들에게 기대되는 자주성이라는 것은 언제나 불복종의 의미를 내포하고 있었고, 이를 모든 사람들이 어느 정도 인정하는 전통이 유지되고 있었다.

제2차 세계 대전 직전인 1938년, 독일 육군 총참모장 루트비히 베크 Ludwig Beck는 동료들에게 "지식, 양심과 책임감에 따라 명령을 이행하지 말아야 할 때가 바로 군사적 복종의 한계이다."라는 말을 함으로써 자신의 양심에 따른 판단으로는 불복종을 해도 된다는 여지를 남기기도 하였다. 이처럼 프로이센과 독일군 장교들 사이에서는 부하들의 자주성을 광범위하게 용인해 주었고, 심지어 자율적 행동을 하지 못하는 장교는 지식과 양심, 책임감이 없는 군인으로 생각하는 문화적 전통이 있었다. 이런 문화적 전통이 기본 바탕에 깔려 있었기 때문에 독일군은 제2차 세계 대전에서 임무형 지휘를 성공적으로 수행할 수 있었던 것이다.

임무형 지휘의 성공과 정착은 결코 쉬운 일이 아니다. 미군은 1982년 임무형 지휘를 공식 교리로 채택했고, 이를 작전적 환경에서 활용하기를 기대했다. 모두가 알고 있다시피, 1991년에 있었던 이라크와의 전쟁(사막의 폭풍 작전)은 미군의 압승으로 끝이 났다. 많은 사람들이 '거의 완벽한 공지전투' 작전이 수행되었다고 찬사를 아끼지 않았다. 그러나 전훈 분석을 통해 나타난 임무형 지휘의 측면을 살펴보면 미흡한 점이 많았다. 로버트 레온하드Robert Leonhard는 다음과 같이 말했다.

"사막의 폭풍 작전은 위에서 아래로 엄격히 통제되었다. 군단 이하 제대에 주도권, 또는 더 중요한 기동의 선택권에 대한 여지는 전혀 없었다. 전 제대 지휘관들은 언제 어디서 이동하는지 통제받았으며, 그들의 목표를 위한 자신들만의 길 찾기는 허용되지 않았다. 자연적으로 연합군 부대는 단지 측방의 아군과 접촉을 유지하면서 마치 엄격하게 훈련받은 마케도니아식 방진처럼 사단과 여단들이 공격 간 측익 부대와 같이 행진하고, 숙영하고, 정렬하여 적 방어의 강점과 약점들을 파괴하면서 앞으로 쓸고 나갔다." [68]

---

68   에이탄 샤미르, 『지휘의 변혁』, 스탠포드 연구소, p.129

또 다른 증언자는 복잡한 통신과 무기 체계가 전 제대 행동의 독자성을 실제로 증대시키는 이런 환경에서 임무형 지휘는 애초에 실종되었으며, 미군 지상군 기동에 대한 중앙 집권화 통제는 지휘관이 계획에서 이탈하는 것을 용서하지 않았다고 말했다. 당시 지휘관이었던 슈워츠코프는 걸출한 개성을 지닌 뛰어난 지휘관이었지만, 과격한 성질의 소유자로 그의 부하들은 그와 다른 의견을 개진하거나 문제점을 부각할 수 없었다. 당시 합참의장을 했던 콜린 파월Colin Powell은 훗날 "거기에는 슈워츠코프에게 그가 실수하고 있다고 말하려는 사람이 아무도 없었다"라고 했다. 당연히 슈워츠코프 본부 내에는 실제의 현장 상황과 작전적 이해에 대한 인식의 차이가 생겨나기 시작했다. 이 차이는 부정확한 보고로 더 커졌고, 결국 이라크 공화국 수비대는 거의 피해를 입지 않고 빠져나갔다. 공화국 수비대의 파괴 실패는 후세인 왕조를 보호했고, 12년 후인 2003년 두 번째 전쟁의 씨앗이 되었다.

2003년에 있었던 이라크 전쟁(이라크 자유 작전)에서는 대대급 또는 여단급의 기동에 의한 '선더런' 작전처럼 기동전과 임무형 지휘의 성공적 사례도 있었으나, 전쟁 후에 나타난 '대반란전' 상황에서는 충분하지 못했음이 밝혀졌다. 2008년에 발행한 최종 보고서에 따르면 미 육군은 계획 수립 당시부터 부정확한 훈련, 본부의 준비 미흡, 기초적인 우발 계획 준비의 실패 등 잘못된 가정을 바탕으로 한 나머지 해당 작전을 통해 누구의 어떤 의도가 구현될 것인지도 몰랐고, 교전 규칙도 명확하지 않아서 동료 살해와 같은 사고들이 발생했고, 예하 부대원들에 대해 불필요하게 엄격한 대우를 하는 사태를 초래했다고 분석했다.

반면 영국군에서는 임무형 지휘의 도입이 꽤 성공적으로 이루어졌다. 전문성이 높은 소규모 부대들이 광범위한 임무를 부여받아 성공적으로 임무를 완수했고, 그 부대들은 민첩성과 전문주의의 전통을 유지했다. 또한 대영 제국에서 유래한 군사 행동 정책은 부하들에게 어느 정도 독자성과 행동의 자유를 보장해 왔다. T. E. 로렌스 대령, 일명 '아라비아의 로렌스'같은 독자성을 높이 사는 마음가짐 또한 이 전통의 요소 중 하나였다. 반면 그들은 대규모 작전적 수준의 기동과 전투에는 경험이 부족했다. 그럼에도 불구하고 이러한 영국군의 특성은 탈냉전 이후에 등장하는 저강도 분쟁[69]이나 반란 진압 상황에서는 장점으로 작용하였다.

1976년 미군의 야전교범 100-5 『작전』에서의 능동 방어는 작전적 주도권을 확보할 것을 주장하였으나, 현실적으로는 측면 기동을 하면서 제병협동을 통한 화력 주도의 방어에 초점을 맞춘 것이었고, 화력, 기동 및 다양한 영역의 전투 상황에서 수적 우위의 소련군을 기술적 우위로 제압하는 것이었다. 그러나 영국의 나이젤 배그널Nigel Bagnall은 네 가지 측면에서 미군과 달랐다. 첫째, 과도한 기술에 의존하지 않는다. 둘째, 군 간의 상호운용성에 초점을 둔다. 셋째, 근접 항공 지원에 의존하지 않는다. 넷째, 영국군이 지원 불가능할 정도로 종심 깊이 침투한 상태에서 작전을 종결하지 않는다는 것이었다. 이것은 앞선 기술력과 풍부한 자원에 바탕을 둔 미군의 작전보다 인적 자원의 개발을 통해 적의 우위를 상

---

69 정치적, 사회적, 경제적 또는 심리적 목표 달성을 위해 실시되는 제한적인 분쟁.

쇄하는 데 더 비중을 둔 것이었다. 임무형 지휘가 영국군의 정식 교리로 채택된 것은 1995년이다. 당시 교범은 임무형 지휘에 대해 명확하게 기술했고, 영국군의 최우선 지휘 스타일로 간주되었다. 2005년에 수정된 『지상작전』은 "지휘관은 그들이 원하는 효과를 정의해야 하며, 예하 지휘관에게 그것을 깨닫는 자유를 허용해야 한다"고 기술하고 있다.

이스라엘은 두 차례(3차 및 4차 중동전쟁)의 전쟁을 성공적으로 수행하였다. 그러나 1982년의 레바논 전쟁과 팔레스타인 민중 봉기(인티파다. 1987~1993)로 인해 군에 대한 전문 직업 정신과 지휘 체계에 대한 비난의 목소리가 쇄도하였다. 앞선 세대에서는 독자적인 연구와 전쟁 경험을 통해 부족한 부분을 채울 수 있었지만, 후대는 반지성주의反知性主義적인 경향과 함께 대부분 경계 작전과 소규모 작전 경험만 쌓은 탓에 임무형 지휘가 쇠퇴하였다. 특히 이스라엘 군인들은 군사 이론 연구보다 야전 경험을 신성시하는 문화적 비추이즘Bitzu'ism행동주의의 영향으로 교리적 문헌발간에 매우 소극적이었고, 거의 최신화되지도 않았다. 또한 군사 전문가를 배척하는 시온주의[70]자 기풍인 농부 군인의 뿌리를 갖고 있었다. 그러다 샤이, 루빈, 나베흐, 야론 등에 의해서 임무형 지휘가 다시 부활했고, '작전적이론연구소'를 중심으로 고급 지휘관을 위해 설치한 과정을 통해 교리에 대한 열띤 논쟁이 일기도 하였다. 그러나 2005년 잘못된 행정 관리로 인해 작전적이론연구소는 해체되었고 연구소를 이끌던 나베흐와 티마리는 사임하였다.

---

70 유대주의라고도 불리며, 팔레스타인 지역에 유대인 국가건설을 목적으로 한 민족주의 운동을 말한다.

2차 레바논 전쟁(2006년) 때는 공군 장군 단 할루츠Dan Halutz의 주도로 화력 및 기술적 우위를 기반으로 한 미군의 교리인 '효과 기반 작전'을 적용하였다. 결과는 대실패였다. 효과 기반 작전은 정치인들을 위해 공군의 위용과 사상자 없는 승리를 보여주고자 한 것에 불과했다. 결과적으로 지상 공습이 최종적으로 승인되었을 때 과감한 기습으로 주도권을 확보하기 위해 훈련된 공수부대의 작전은 취소되고, 부대를 보호한다는 명목으로 단순 보병으로 활용하였으며, 사상자 발생에 대한 두려움으로 상세 관리Micromanagement를 만들어 냈고, 작전을 위해 집결한 네 개의 사단은 급하게 다른 용도로 전용되었다. 선봉 사단의 사단장 갈 허쉬Gal Hirsch는 불명확한 명령을 하달했으며, 부하들은 명령을 해독하지도, 확고한 계획으로 전환하지도 못했다. 여단장들은 모니터 화면에 비친 정보를 기초로 상황평가를 발전시키느라 후방에 남아 있었다. 훗날 엔테베 작전(1976년)의 지휘관이었던 단 쇼므론Dan Shomron 장군은 이렇게 말했다. "효과 기반 작전 바이러스가 이스라엘 방위군의 운용 체계에 주사되었다." 미국 기술의 무비판적 채택과 공군 우위에 기초한 교리는 이스라엘 지상군의 전문성 약화를 초래했다.

그럼에도 불구하고 임무형 지휘는 냉전 이후의 혼란과 미국 등 군사 선진국의 군사 혁신을 이끌어 왔다. 임무형 지휘는 21세기에 잘 맞도록 민주적이고 개인적인 가치들을 반영할 뿐만 아니라, 권한 부여, 평면 조직, 현대의 조직 및 전투 현장에서의 복잡성을 강조하는 시대적인 리더십 이론과도 맥을 같이하기 때문이다. 우리 한국군은 어떠한가? 한국군은 2018년 임무형 지휘를 공식 지휘철학으로 채택한 이후 실전 전투가 없었기 때문에 전투에서의 효과를 증명할 관련 자료를 구할 수는 없다. 그러나 군사 선진국이면서 같은 서구권의 문화를 바탕으로 하고 있는 미국, 영국, 이스라엘의 경우에서 보는 바와 같이 육군에서 적용하여 효과를 얻기에는 많은 노력이 뒷받침되어야 함을 알 수 있다.

특히 유교적 전통과 상명하복의 규율을 강조하는 한국적 정서에서 독일군에서와 같은 예하 지휘관의 자율성과 독단 활용성을 용인하기에는 많은 걸림돌과 부작용이 따를 것이다. 이와 관련하여 나는 이스라엘의 '샤이Hanan Shai'가 언급했던 '임무형 지휘를 실현 가능케 하는 네 개의 요소'에 주목하고 싶다. 첫 번째 요소는 전쟁의 혼돈과 특성에 책임지는 유연한 교리나 규칙보다는 원칙들, 두 번째는 예하 지휘관의 주도권과 창의성에 필요한 자유 재량권을 제공하는 지휘통제 절차, 세 번째는 지휘관을 효과적으로 지원할 수 있는 독일식 일반참모 제도, 그리고 마지막 네 번째 요소는 지적인 능력과 강인함을 겸비한 전문적인 장교이다. 샤이는 특히 네 번째를 언급하면서 장교는 상황을 구별하고 가정 및 가설을 창출하고 결정하기 위한 지적知的 인식 능력을 구비해야 하며, 이런 능력을 배양하기 위한 군사 교육과 훈련의 중요성을 강조했다. 그렇게 하여 탄생한 지휘관은 지성과 실천의 조화를 추구해야 한다고 말이다. 내가 사관학교 생도 시절에 늘 대두되던 화두가 있었다. 육군사관학교Korea Military Academy가 밀리터리인가, 아카데미인가? 결론은 하나다. 육군사관학교는 밀리터리도 아카데미도 아닌, 밀리터리 아카데미이다. 임무형 지휘는 밀리터리적 자질과 아카데미적 자질 모두를 요망한다.

왜 독일 민족은 히틀러에게
열광하였는가?

많은 사람들은 인류의 죄인인 히틀러가 무자비한 폭력 혹은 불법적인 방법을 통해 권력을 잡은 것으로 오해한다. 그러나 당시 히틀러는 독일 국민들의 지지를 기반으로 지극히 정상적이고 적법한 선거 절차를 통해 권력을 차지하였다. 그렇다면 그토록 철학적이면서도 합리적인 독일 국민들이 왜 히틀러에게 열광하였는지 궁금하지 않을 수 없다. 물론 이에 대한 답을 한마디 또는 한 가지 측면에서만 설명할 수는 없다. 나는 심리학자이자 교수로서 『소유냐 존재냐To Have or To Be?』라는 책으로도 유명한 에리히 프롬의 저서 『자유로부터의 도피Escape from Freedom』에 언급된 그의 말에 주목하고자 한다.

에리히 프롬은 중세 사회의 붕괴가 중산층을 위협하면서 사람들이 무력감과 고독감, 회의감을 느끼기 시작했다고 말한다. 그리고 이런 변화야말로 루터와 칼뱅의 교리가 사람들에게 호소력을 갖게 된 이유이고, 그 교리로 인해 사람들과 사회가 안정을 되찾음으로써 자본주의의 발전에도 기여했다고 전한다. 그리고 이런 흐름은 1차 대전 후 승전국에 의해 독일에 가해진 과도한 압력(베르사유 조약)[71]에 시달리던 독일 하류 중산층의 가학적이면서도 한편으로는 피학적인 충동에도 적용되는데, 바로 나치즘이 이런 특성에 잘 호소함으로써 독일 국민들의 전폭적인 지지와 함께 독일 제국주의가 확대될 수 있었다고 분석했다. 이를 인간에게 내재된 심리적 기제에 대한 이해를 바탕으로 설명을 하면, 자유는 근대인에게 독립성과 합리성을 가져다주는 한편으로는 개인을 고립시키면서 불안하고 무력한 존재로 만들었는데, 이를 극복하기 위해 개인은 특정 권위에 의존하여 안정을 찾고자 복종의 길을 선택하기도 하며, 독일의 경우가 바로 이에 해당한다는 것이다. 결국 인간에게는 자유를 갈망하는 본능도 있지만, 특정 권위에 의존하려는 '자유로부터의 도피' 본능도 있다는 것이 에리히 프롬의 주장이다.

나도 일상사를 통해서 종종 이런 경험을 한 적이 있다. 선택은 나에게 주어진 특별한 권한일 수도 있지만, 또한 그 선택에 따른 책임에서 자유로울 수 없다. 어떤 경우에는 그 책임이 무거워 선택 자체를 회피하고 싶은 욕망도 생긴다. 그럴 때는 차라리 어떤 절대적인 존재(부모님, 스승, 지인, 운세 등)의 결정에 따를 수밖에 없다고 생각하는 것이 심리적으로 편할 때가 있다. 결정을 미루고 어떤 것에 기대면 적어도 결정의 책임에서 벗어날 수 있기 때문이다. 인간의 이러한 심리적 특성은 나뿐만 아니라

---

71 1919년 6월 연합국과 독일 제국 사이에 맺어진 1차 대전의 평화 협정. 독일은 이 조약으로 신생국 폴란드에 15%의 영토와 10%의 국민을 떼어 줘야 했고, 알자스-로렌 지역을 프랑스에 반환해야 했으며, 군대는 육·해군을 합쳐서 10만 명으로 제한하고, 항공 전력은 보유할 수 없게 되었다. 또한 프랑스와 벨기에에 전쟁 보상금으로 당시 1,320억 마르크를 지불해야 했다. 이는 너무 과도한 금액이었다. 대부분의 독일 국민들이 이 보상금 지급을 반대했고, 히틀러가 집권하자 이에 대한 모든 것을 거부한다.

여러분의 상급자, 그리고 여러분의 부하들도 가지고 있다. 오늘날에도 독재 국가, 중앙 집권적 국가가 어엿하게 존재하는 이유 역시 일반 국민들의 이런 심리를 이용하는 것이라고 볼 수 있다. 쉽게 말하면 그런 국가의 국민들은 자유를 희생해서 안정을 얻고자 한 것이다.

에리히 프롬이 언급한 자유는 인간의 내면에 자리한 심리적 자유에 가깝다. 그러나 우리가 흔히 쓰는 "우리는 자유 대한민국의 국민이다."라는 표현에서의 자유는 정치적인 자유를 의미한다. 즉, 민주주의를 바탕으로 보편적이고 자유로운 선거를 통해 정치 지도자를 뽑고 시민들이 정치적 자유를 누리기를 바라는 모습에서의 자유이다. 에리히 프롬이 『자유로부터의 도피』를 저술한 것은 2차 대전의 초반에 해당하는 1941년이다. 그로부터 4년이 지난 1945년, 즉 2차 대전의 끝자락에 임해서 정치적, 철학적 자유와 관련된 글을 쓴 사람이 있으니 바로 칼 포퍼이다. 포퍼는 『열린 사회와 그 적들』에서 아테네 민주정의 혼란을 열린 사회를 위한 진통이라 생각했고, 플라톤의 정치 철학에는 인종 차별, 우생학 등 끔찍한 전체주의적 악몽이 내재해 있다고 비판하면서 이것이 독일의 나치즘, 이탈리아의 파시즘, 소련의 공산주의 등 전체주의의 기원이 되었음을 언급하였다. 포퍼에게 있어 플라톤주의는 열린 사회를 저해하는 적敵이었던 것이다. 또한 경제적 의미에서의 자유를 언급한 학자도 있었으니 그는 프리드리히 하이에크이다. 하이에크는 1944년 『노예의 길 The Road to Serfdom』에서 "누가 흑인을 인종 차별로부터 해방시켰는가?[72]

---

72 똑같은 질문을 여성을 대상으로 할 수도 있다. 누가 여성을 해방시켰는가? 역설적이게 도 전쟁이다. 제1차, 제2차 세계 대전이 발발하자 남성들은 전쟁터로 나갈 수밖에 없었

그것은 바로 시장Market이다. 소비자는 그 물건을 흑인이 만들건, 백인이 만들건 상관하지 않는다. 잘 만들었으면 구매할 뿐이다."라며 경제적 자유를 주장하였다.

이것은 아무리 중앙 정부에서 계산기를 잘 돌려도 국민들이 필요로 하는 수요需要와 국가에서 제공해야 하는 공급供給을 계산할 수 없다는 것으로 귀결되며, 이를 위해서는 애덤 스미스가 주장했듯이 자유방임주의로 가야 함을 강조하였다. 그러면서 "전체주의적 사고를 통하여 너희들이 아무리 유토피아Utopia를 만들려고 해도 현실 세계에서는 오히려 그렇게 노력할수록 더욱더 디스토피아Dystopia를 만들 뿐이다. 전체주의는 노예로 가는 길이다."라고 경고했다. 결국 그의 말대로 1991년 소련은 붕괴했다.

우리가 살고 있는 오늘날의 대한민국을 비롯하여 아무리 발전한 서구 민주 사회라고 해도 불의와 억압, 빈곤과 결핍은 있다. 얼마 전에 KBS에서 방영된 '특파원 보고 300회 특집'에서 시청자들이 가장 또 보고 싶은 기사 또는 후속취재가 궁금했던 기사 중 1위는 미국 필라델피아 마약 거리에서 마약에 취해 서성거리는 사람들의 모습이었다. 마약에 취해 있는 그들은 살아 있는 사람이라기보다는 마치 좀비처럼 행동했다. 중추 신경이 마비된 사람처럼 행동의 자유를 잃어버리고 기형적인 자세로 도로 한가운데에 서 있거나 앉아 있었다. 대낮에 마약을 서로 교환하는

고, 따라서 엄청난 군수 물자를 공급해야 하는 공장에서는 대규모의 여성 인력이 필요했다. 그러나 그들이 만든 군수 물자가 소비되는 것도 결국은 시장이었으니 하이에크가 말한 시장이 여성을 해방시켰다는 말도 틀린 말은 아니다.

사람들이 버젓이 활동하고 있었고, 경찰의 단속도 속수무책이었다. 21세기 최고의 부국이자 강대국인 미국의 대도시 한복판에서 이런 일이 벌어지고 있다는 것이 믿어지지 않았다.

그러나 그럼에도 불구하고 마약 퇴치 프로그램에 참여해 차츰차츰 정상인의 모습으로 변해 가는 사람들의 인터뷰를 통해서 나는 희망을 보았다. 전체주의 국가에서라면 필라델피아와 같은 마약 거리가 생기지도 않았겠지만, 만약 생기더라도 공권력에 의한 일방적 체포, 구금 등에 의해 처리되었을 것이다. 비록 시간이 걸리더라도 개인에게 최대한 선택의 자유를 주고 개인 스스로 올바른 길을 찾을 수 있도록 기회를 주는 사회, 이것이 진정한 자유 민주주의 사회인 것이다. 우리 사회는 앞서 보았던 전체주의적인 악과 싸우고 있다. 그리고 나는 우리가 살고 있는 이 사회가 가장 최선은 아닐지라도 그 어느 사회보다 불의와 억압, 빈곤과 결핍이 적다고 믿는다. 모든 정치 이념 가운데 가장 위험한 이념은 아마도 인간을 완전하고 행복하게 만들려는 희망일 것이다. 이 땅에 천국을 만들려는 시도는 언제나 지옥을 만들곤 했다. 칼 포퍼는 이렇게 말했다. "지옥으로 가는 길은 선의善意로 포장되어 있고, 이 세상을 천국으로 만들려는 시도는 결국 지옥을 만들고 말았다"

1920~1930년대에 루트비히 폰 미제스Ludwig von Mises, 프리드리히 하이에크 Friedrich Hayek, 오스카르 랑게Oskar Lange, 존 테일러John Taylor 등이 사회주의 사회에서도 경제 계산, 즉 합리적인 자원 배분이 가능한가를 둘러싸고 전개한 논쟁이다.

(1단계)

오토 노이라트Otto Neurath는 전시 공산주의 체제하에서는 시장에서 형성되는 가격이라는 척도 없이도 실물 형태의 계산으로 정확하게 계획 경제가 가능하다고 주장하였다.

(2단계)

루트비히 폰 미제스는 전시 상황에서는 경제 문제가 존재하지 않는 것을 인정했다. 그러나 전시 체제가 아닌 상황에서는 작동하지 않는다고 주장했다. 경제학의 공통 가치 척도에 대한 설명은 서로 경합하는 관계에서 선택이 주어지며 이에 따라 기회비용이 존재한다. 따라서 기회비용은 경제문제의 필요조건이자 충분조건이다. 따라서 사유 재산 제도가 시장 형성의 조건이며, 시장이 부재할 때 기회비용에 대한 산출이 불가능하며 이에 따라 자원 배분도 합리적으로 이루어지지 않는다고 주장했다. 또한 자유 시장 경제 체제 아래에서는 시장 가격이 수요와 공급을 조정하는 지표로서 자원을 합리적으로 배분하지만, 사회주의 사회에서는 생산재에 관한 경쟁 시장이 존재하지 않으므로 시장 가격이 성립하지 않으며, 따라서 합리적인 자원 배분을 위한 계산 수단이나 선택의 지표도 없다고 주장하였다.

(3단계)

오스카르 랑게는 소비재와 임금은 시장에서 결정되지만, 자본재는 시장에서 결정되지 않기 때문에 자본재의 자원 배분이 계획 당국에 의해 제대로 수행될 수 있다고 주장했다.

프리드리히 하이에크는 랑게의 주장에 대해 중앙계획국의 관리자가 기업 관리자보다 더 많이 알고 있다고 가정하는 것은 합산 오류라고 공격하였다. 지식에는 암묵지가 있고 이는 서면이나 기록으로 전달되는 것이 아닌 경험과 감각으로 전달되는 것이므로 실제 지식의 총합과 계획 당국이 보고받은 정보의 합은 일치하지 않을 것이라는 것이다. 따라서 자원의 효율적인 배분도 기대할 수 없다.

(4단계)

야노스 코르나이Janos Kornai는 연성 예산 제약론을 제시한다. 사회주의에서 중앙계획국은 기업 관리자들이 목적 달성에 실패하거나 도태되기 시작할 때 파산을 막기 위해 대출 이자나 세금을 줄여 주었다. 즉 중앙계획국 관료들은 기업의 실패에 따라 자신이 책임을 질 일을 피하기 위해 연성 이자, 연성 세금을 이용하여 은폐하는 것이다. 결국 기업 관리자는 목표 달성 기준이 언제든지 협의 가능하다는 것을 알게 되고, 목표 지시를 내린 계획국의 지시를 더 이상 진지하게 받아들이지 않게 된다. 기업의 적자를 중앙 정부가 계속 메워 주게 되면 방만한 기업 운용을 불러오고, 결국 이런 이유 때문에 소비에트 연방이 몰락했다고 주장했다.

※ 1920년에 루트비히 폰 미제스는 유명한 『사회주의 국가에서의 경제 계산 Economic Caculation in the Socialist Commonwealth』이라는 논문에서 사회주의 경제는

결코 가격 체계를 형성할 수 없다고 주장했다. 만약 오직 정부만이 생산 수단을 소유한다면 자본재에 대한 어떠한 가격도 있을 수 없기 때문이다. 사회주의 체제에서 자본재는 최종재와는 달리 결코 교환의 대상이 되지 않으며, 오직 상품의 내부 이전 대상으로만 간주된다. 자본재에 가격이 없다는 점에서 중앙 계획자는 가용 자원의 효율적 할당 방법을 알 수 없다. 따라서 시스템은 반드시 비효율적이게 된다. 이런 점에서 미제스는 "사회주의 국가에서의 합리적 경제 활동은 불가능하다(Rational economic activity is impossible in a socialist commonwealth)"고 선언했다.

만족한 삶, 가치 있는 삶, 당신의 선택은?

"저는 안락을 원하지 않습니다. 저는 신神을 원합니다. 시詩를 원합니다. 참다운 위험을 원합니다. 자유를 원합니다. 선善을 원합니다. 저는 죄罪를 원합니다."

올더스 헉슬리Aldous Huxley의 소설 『멋진 신세계Brave New World』에서 서유럽 주재 세계 총통 무스타파 몬드가 고통도, 분쟁도, 위험도 없는 신세계를 자랑할 때 주인공 미개인이 한 말이다. 소설 속의 신세계에서는 인간이 원하는 모든 것이 있다. 그래서 모든 사람이 만족한 삶을 살고 있다. 그리고 더 나아가서 혹시 누군가가 불만족스러울 수 있다는 점까지 대비하여 '소마'라는 약을 개발해 놓았고, 그 약을 복용하기만 하면 그 즉시 행복한 세상을 만나게 된다. 무스타파 몬드는 계속 이야기한다.

"만일의 경우 불행하게도 불쾌한 일이 일어날 때는 불쾌한 대상으로부터 도피하게끔 언제든지 '소마'가 주어져요. 화를 진정시키는 '소마', 적을 화해시키는 '소마', 참을성 있게 해 주고 지구력을 강화시키는 '소마'등

등이 항상 준비되어 있소. 옛날에는 이러한 일은 오직 대단한 노력과 장구한 세월 동안 격심한 도덕적 훈련을 쌓음으로써만 이룩할 수가 있었소. 지금은 반 그램짜리 '소마' 두세 개만 삼키면 그것으로 족하오. 누구든 지금은 도덕군자가 될 수 있소. 적어도 도덕의 반을 병 속에 집어넣고 다닐 수 있게 되었소. 눈물이 없는 그리스도교, 그것이 바로 소마요!"

그러나 주인공 미개인은 '자유'라는 이름으로 과감하게 그 '소마'를 창밖으로 내던진다.

여러분은 위 소설의 주인공 미개인의 행동에 대해서 어떻게 생각하는가? 왜 미개인은 모든 것이 풍족하고 만족한 삶이 보장되는 신세계를 거부하고 안락함 대신에 위험과 신神, 시詩, 자유, 선善, 심지어 죄罪까지도 원하는 것일까? 소설의 작가 올더스 헉슬리는 다음과 같은 대사를 통해 자신의 의도를 보여주고 있다. "당신은 좀 다른 방식으로 행복해지고 싶지 않은가요? 레니나? 이를테면 모든 사람과 똑같은 방식으로서가 아니라 자기 나름대로의 행복 말이에요!" 작가는 무엇을 이야기하는 것일까?

많은 사람들은 이 작품의 의미를 당시 포드주의로 대표되는 컨베이어 시스템의 등장으로 모든 것이 자동 생산되는 시대상을 반영하여 나중에는 인간마저도 자동화된 시스템에 의해 병 속에서 정자와 난자가 수정되어 길러지고 탄생하게 되는, 고도로 발달된 기계 문명의 세계를 당시 대두한 전체주의와 연결시켜 비인간적 미래를 경고한 것으로 알고 있다. 물론 틀린 말은 아니다. 그러나 나는 인간의 정체성에 더 초점을 맞추고 싶다. 다시 말하면 인간은 결코 만족함만을 추구하지는 않는 존재라는 것을 강조하고 싶다. 에리히 프롬은 그의 저서 『소유냐 존재냐』에서 인간이 소유적 삶보다는 존재론적 삶을 살아야 함을 설파했고, 군인들에게 많은 사랑을 받았던 『장군의 전역사』에서 저자 김영식 장군은 육군사관학교에 입교하면서 본능적으로 자신이 존재형 인간이 되어야 함을 깨달았다며 군인이란 소유형 인간이 아닌 존재형 인간이 되어야 한다고 강조했다. 나는 여기에 덧붙여 '만족 지향형' 인간과 '가치 지향형' 인간에 대해서 말하고자 한다.

전역을 얼마 남겨 놓지 않은 몇 년 전부터 또래 동기생들 그리고 비슷한 연배의 선배님, 후배들과 대화를 하다 보면 대부분의 관심이 '만족스러운 삶'이라는 것을 절실하게 느낀다. 특히 골프를 좋아하는 동기들을 보면 매주 라운딩하는 것을 지상과제로 삼고 있는 것을 볼 수 있고, 어쩌다 골프 일정이 없게 되면 긴긴 주말 동안 무엇을 해야 할지 고민이라는 이야기를 종종 듣는다. 어떤 후배 가족은 녹색 그린 위에서 라운딩을 하면 마치 세상을 모두 가진 것처럼 행복한 느낌을 받는다고도 한다. 누군가가 "왜 사느냐"고 묻는다면 대부분 "행복해지려고요!" 라는 대답을 할 것이고, 나 또한 당연히 행복한 삶을 추구한다고 답할 것이다. 그러나 나는 행복한 삶은 만족한 삶이 될 수 있지만, 만족한 삶이 행복한 삶은 될 수 없다고 생각한다. '행복'은 '만족' 그 이상이기 때문이다.

행복한 삶은 만족한 삶에 가치 있는 삶이 추가되어야 한다. 만약에 내가 군인으로서 한 가정의 가장이 아니고 독신 생활을 하고 있다면 만족한 삶보다는 가치 있는 삶을 택했을 것이다. 그러나 현재는 가정을 이루고 있기 때문에 만족한 삶과 가치 있는 삶이 똑같이 중요하다고 생각한다. 나의 가치를 위해서 가족의 삶을 무시할 수 없기 때문이다. 만족은 효용을 의미한다고도 볼 수 있다. 그래서 효용을 극대화하기 위해서 인류의 조상들은 만족의 공급을 늘리는 방향도 추구해 보았고, 반대로 수요를 줄이는 방향도 추구해 보았다. 그러나 만족이라는 것이 받아들이는 사람의 입장에 따라 체감이 다를 수밖에 없기에 측정하기가 대단히 어려울 뿐만 아니라, 인간이라는 존재는 필요로 하는 것을 아무리 공급해도 그 만족을 영원히 채울 수 없다는 것을 깨달았다. 그래서 결국 만족의 소요량을 줄이는 쪽을 택했다. 우리는 그리스의 에피쿠로스학파를 보통 쾌락주의자라고 부른다. 에피쿠로스의 철학은 쾌락과 고통이 선함과 악함의 궁극적인 기준이 된다고 보았기 때문에 기쁜 것은 좋은 것이고, 고통스러운 것은 나쁜 것이다. 따라서 에피쿠로스학파가 쾌락을 추구했던 것은 어쩌면 당연하다. 그러나 그들이 추구했던 쾌락은 우리가 상상하는 그런 방탕한 쾌락과 환락이 아니었다. 왜냐하면 방탕하고 육체적인 쾌락을 추구할 경우 그에 따른 대가代價가 너무 혹독함을 그들은 알고 있었기 때문이다. 그래서 그들은 순간적이고 육체적인 쾌락이 아닌, 지속적이고 정적인 쾌락을 추구했다. 따라서 그들에게 '아타락시아'란 마음이 동요되지 않고 평안한 상태를 의미한다.

에피쿠로스학파보다 욕망이라는 인간의 욕구를 더 줄이고자 했던 학파로 '견유학파'를 들 수 있다. 이들은 아무런 부족함도 없고 아무것도 필요로 하지 않는 것이 자연신의 특징으로, 필요한 것이 적을수록 그만큼 자연에 가까워지는 것이라고 생각했다. 견유학파犬儒學派라는 명칭 자체가 이 철학의 대표라 할 수 있는 디오게네스가 한 벌의 옷과 한 개의 지팡이와 자루를 메고 개처럼 통 속에서 살았다고 하여 붙여진 이름이라는 것은 대부분이 알고 있을 것이다. 알렉산드로스 대왕이 그를 찾아와 "원하는 것이 무엇인가?"라고 물었을 때, "아무것도 필요 없으니 그 햇빛이나 가리지 말고 비켜서 주시오!"라고 말했고, 이 말을 들은 알렉산드로스 대왕이 "내가 알렉산드로스가 아니었다면 디오게네스가 되었을 것이다"라고 한 일화는 유명하다. 세계 최고의 권력자가 옷 한 벌에 만족하며 살아가는 사람을 부러워했다는 이야기나, 쾌락을 추구하는 쾌락주의자들이 극단적 쾌락을 추구하지 않고 욕망을 줄이기로 했다는 것은 우리에게 인간이란 결코 외부에서 주어지는 무엇만으로는 자신이 추구하는 바를 다 이룰 수 없는 존재라는 것을 상징적으로 보여 주는 것이 아닐까?

그래서 어쩌면 요즘 우리에게 '소확행(작지만 확실한 행복)'이라는 말이 유행처럼 번지고 있는 것일지도 모르겠다. 행복도 만족도 주관적인 것이니, 각자가 자신의 취향에 맞게 만족을 추구하는 것을 나쁘다고 볼 수는 없다. 하지만 그 신분을 군인으로 한정한다면 마냥 만족만을 추구하는 것을 좋게만 볼 수는 없다. 나는 젊은 후배 군인들에게 늘 군인軍人은 일반 회사원이나 직장인과는 달라야 한다고 말한다. 매월 봉급을 받는다는 측면에서는 같을지 몰라도 우리는 군인으로 임관할 때 '국가와 국민을 위하여 충성'을 다하기로 선서했을 뿐만 아니라 전시에는 국가와 국민을 위해 목숨을 바칠 각오로 군복을 입고 있기 때문이다. 우리가 흔히 말하는 물질적 만족을 추구한다면 왜 국가와 국민에게 충성을 맹

세하고, 소중한 목숨을 바치려고 한 것이며 왜 힘든 군사 훈련을 참아낸 것일까? 일반 회사에 입사해서 더 많은 급여와 연봉, 더 좋은 문화적, 물질적 혜택을 받으면서 만족한 삶을 살아야지 왜 군복을 입고 열악한 전방에서 근무해야 하는 군인을 선택한 것인지 되묻고 싶다. 군인은 에리히 프롬이 말한 소유적 삶보다는 존재적 삶에 가까워야 한다. 더불어 만족한 삶보다는 가치 있는 삶을 살아야 한다. 푸른 잔디 위에서 멋진 샷을 날리면서 호쾌한 웃음을 짓는 것이 만족한 삶은 될 수 있다. 그러나 과연 그것이 어떤 가치를 지닌 삶인지 묻고 싶다. 국가와 국민에게 가치 있는 무언가를 창출하기 위해 노력하는 삶과 만족하는 삶이 함께 어우러질 때 군복을 입은 군인들로서는 비로소 진정으로 행복한 삶이 아닐까?

군인에게 행복한 삶이란?

"행복을 얻는 유일한 길은 행복이라는 것을 잊고, 그 이외의 목적을
인생의 목표로 삼는 데 있다." - 존 스튜어트 밀

"모두가 행복할 때까지는 아무도 완전히 행복할 수 없다."

– 허버트 스펜서

그리스의 철학자 아리스토텔레스가 『니코마코스 윤리학』에서 "언제
나 그 자체로 선택될 뿐 결코 다른 이유 때문에 선택되는 일이 없는 것을
단적으로 완전한 것이라고 하는데, 무엇보다도 행복幸福이 이렇게 단적
으로 완전한 것처럼 보인다"[73]라고 말한 이후, 서양 세계에서는 행복 추
구가 삶의 목표라는 가치관이 형성되어 왔다. 그리고 이러한 가치관은
근대를 거치면서 우리나라를 비롯한 동양 문화권에도 깊은 영향을 미치
고 있다. 그러나 아리스토텔레스가 말한 행복이라는 것은 현재 우리가
생각하는 행복과는 조금 다를 수 있다. 그는 당시 그리스에서 중요하게

---

73   아리스토텔레스, 『니코마코스 윤리학』, 도서출판 길, p.27

여겨지던 명예, 즐거움, 지성, 물질적 풍요 등은 스스로 완전성을 갖추지 못하기 때문에 진정한 행복이 아니며, 자족성을 갖추고 있는 행복만이 궁극적으로 추구해야 할 대상이라고 생각했다.

그리고 그가 말한 행복은 단순한 행위 하나하나가 아니라 그러한 구체적 행위가 연계되는 삶을 통해 구현되어야 했다. 예를 들면, 처벌이 두려워 법을 지키는 사람은 정의로운 행위를 한 것이지만, 정의로운 사람이라고는 할 수 없다. 이러한 구체적 행위가 쌓여 그 사람의 성격으로 대표될 때 진정으로 정의로운 사람이라 할 수 있는 것이다. 또한, 처벌이 두려워 법을 지키는 사람과 법을 지키는 것이 정의롭고 고귀한 일이라는 그 자체만의 이유로 법을 지키는 사람을 구별해야 한다는 것이 아리스토텔레스의 생각이었다. 이것은 '윤리학'의 어원 '에토스Ethos'[74]가 뜻하는 바처럼 성격 혹은 품성과 관련된 것으로, 그에게 있어 성격은 그 사람이 무엇을 행복의 내용으로, 혹은 삶의 목적으로 삼고 있는가를 보여 주는 것이었기 때문이다. 지금의 용어로 표현한다면 어떤 사람이 갖고 있는 '가치관' 또는 '정체성'이라고 할 수 있겠다. 어쨌든 아리스토텔레스가 말한 행복은 적어도 물질적인 것은 아니었고, 중용中庸 또는 관조觀照와 같은 정신적인 것이었다.

반면 동양의 기본 사상인 음양 사상에 따르면 행복과 불행은 번갈아 오며, 행복의 원인 자체도 시간이 지남에 따라 불행의 원인이 되기도 한다. 즉, 행복만 있는 삶은 없으며, 불행만 있는 삶도 없다. 행복 속에 불

---

74 영어에서 '윤리'를 뜻하는 'Ethics'이 이 단어에서 유래됐다.

행이 있고 불행 속에 행복이 있다는 것이 동양의 기본적인 생각인 셈이다. 우리가 흔히 알고 있는 사자성어에 '새옹지마塞翁之馬'라는 말이 있다. 중국의 북쪽 변방에 노인이 살고 있었는데 어느 날 노인이 기르던 말이 도망갔다. 주변 사람들이 위로를 하자 노인은 "이 일이 복이 될지 어찌 알겠소"라고 말했다. 얼마 후 도망갔던 말이 야생마들을 이끌고 돌아왔다. 사람들은 이를 축하했지만 노인은 "이 일이 재앙이 될지 모르죠"라고 하였다. 그 뒤 노인의 아들이 그 말들 중에서 좋은 말을 타다가 떨어져 다리가 부러져 불구가 되었다. 이번에는 사람들이 아들이 다치게 된 것을 위로하자, 노인은 "글쎄요, 이게 또 복이 될지 어찌 알겠습니까"라고 말했다. 얼마 후 오랑캐들이 쳐들어오자 마을의 건장한 청년들은 다 징집되어 전쟁터에 나가 죽었는데 그 노인의 아들은 화를 면할 수 있었다. 그래서 이 사자성어는 인생의 화不幸와 복幸福은 알 수 없으니 작은 일에 너무 기뻐하거나 슬퍼하지 말라는 의미로 쓰이고 있다. 불교에서도 부처는 행복을 추구하기보다는 불행을 최소화하는 방법으로 자비와 평정심 등을 강조했고, 유교에서도 수신修身, 즉 자신을 갈고닦으며, 사람들 간의 조화로운 관계에 초점을 맞춘 예禮를 중시했다.

이렇듯 서양에서 행복은 인간이 도달해야 할 목표이자 노력을 하면 언젠가는 도달할 수 있는 가능성의 세계이나, 동양에서의 행복은 인간이 통제할 수 없는 미지의 세계였다. 따라서 서양에서는 목적지에 도달하기 위한 목적론적 사고방식이 발달했고, 동양에서는 행복과 불행은 인간이 통제할 수 없는 것이기에 이것을 통제하려고 노력하기보다는 행복과 불행이 나에게 닥쳤을 때 어떻게 대처해야 할 것인가에 대한 자연

수용적 사고방식이 발달했다.

나는 개인적으로 행복이란 '부산물'이라고 생각한다. 이 글의 서두에 존 스튜어트 밀의 "행복을 얻는 유일한 길은 행복이라는 것을 잊고, 그 이외의 목적을 인생의 목표로 삼는 데 있다."라는 언급을 인용한 것도 그 말에 공감하기 때문이다. 내가 생각하고 있는 행복이 무엇이든 그 자체가 목적이 되어서는 결코 달성할 수 없고, 그 과정에서의 행복도 사라지기 때문이라고 나는 생각한다. 실례로, 군인에게 있어 삶의 목표 중 가장 대표적인 것이 진급이다. 그러나 진급 자체를 목표로 했을 경우 너무나 많은 것을 잃게 된다. 첫째, 진급에서 발탁되지 못했을 경우(진급되는 사람보다는 진급되지 못한 사람들이 더 많다는 현실을 고려할 때) 그 충격이 너무나 크게 느껴지고 지금까지의 삶이 갑자기 허무해지면서 삶의 기반이 흔들리게 되는 경우도 있다. 둘째, 진급 자체가 목표가 되면 삶의 과정에서의 행복을 맛볼 수 없다. 진급이라는 눈에 보이는 목표에 집착하게 될 때 그로 인해 눈에 보이지 않는 많은 것(전문성 함양, 취미 생활, 가족 관계, 다양한 경험 등)을 희생하게 된다. 그리고 위에서 언급한 것들은 설사 진급이 되었다고 하더라도 보상받거나 대체할 수 있는 것이 아니다. 셋째, 소신 있는 복무가 제한된다. 반드시 해야 하는 말 또는 해야 하는 행동을 진급이라는 사다리를 건너기 위해 움츠리고 숨고르기를 하는 사람들을 많이 봐 왔다. 만약 그 사람에게 진급보다 더 큰 목표가 있었다면 사다리 정도는 결정적 장애물로 여기지 않았을 것이다. 물론, 요즘에는 진급 자체보다 전문성 또는 다른 가치를 추구하는 후배들도 종종 만나게 된다.

나는 진급을 목표로 군 생활을 하지 않았다. 내가 생각하는 가치를 위해 노력했고, 그렇게 노력을 하다 보니 지금까지 군 생활을 하고 있다. 내가 생각하는 가치와 군의 환경이 부합하지 않는다고 생각했을 때는 상급자에게 정식으로 의사를 표명했고, 받아들여지지 않았을 때는 "전역지원서"를 제출했다(몇 번 제출하였으나 받아들여지지 않아서 지금까지 군 생활을 하고 있다). 나는 인사 병과(과거 부관 병과)로 임관했다. 생도 생활을 하면서 세계전쟁사와 한국전쟁사를 배웠다. 특히 제1, 2차 세계 대전의 전쟁사戰爭史 속에서 지휘관의 판단에 따라 수십만 명의 젊은이들의 삶과 죽음이 결정된다는 것을 알게 된 후, 군의 지휘관은 뭔가 특별함이 있어야 한다고 생각했고, 나같이 모든 면에서 부족한 사람은 지휘관이 되어서는 안 된다고 생각했으며, 될 자신도 없었다. 그래서 지휘관을 하지 않는 인사 병과를 선택했던 것이다. 대위 지휘참모과정 교육을 받으면서 인사 병과에 전문성이 없다고 판단하여 병과 전문성을 함양하고자 군軍 최초로 '기록물 관리Archive Management' 박사 학위를 취득했으며, 기록물 관리 전문가Archivist가 되었다. 당시에는 '기록물 관리'라는 학문 자체가 생소하여 군에서 지원하는 위탁 교육이 아니라 자비로 공부했다. 야전에서는 부대 전투력 발전을 위해 최선을 다했다. 그 과정에서 상급자와 생각이 달라 고충과 갈등도 많았다. 하지만 그 모든 것은 군軍과 부대를 위한 것이었다. 그게 다였다. 그러다 보니 인사병과장 직책도 역임했고 현재는 육군종합행정학교장이라는 과분한 직책을 수행하고 있다. 내가 현재까지 육군에 복무하고 있는 것은 나에게 너무나 과분하고 행복한 일이다. 그러나 나는 처음부터 이를 목표로 하지는 않았다. 이것은 나에게 주어진 부산물이라고 생각한다. 나는 부끄럽지 않은 군인이 되기 위해 노력했고, 진급과 보직은 부산물로 따라왔다고 생각한다.

육군종합행정학교장을 하면서 이 글을 쓰고 있는 지금, 나는 이 세상 누구보다 행복하다. 우선 지금 당장 몸이 불편한 곳이 없다. 주말에는 내가 좋아하는 사람들과 종종 학교 앞에 있는 남성대CC에서 라운딩도 한다. 직책이 학교장이기에 학교 도서관을 통해 내가 좋아하는 책을 마음껏 읽을 수도 있다. 연로하신 어머님이 계시지만 현재 큰 불편 없이 지내시고, 가족 모두 건강하다. 일단 행복을 위한 필요조건은 갖추었다고 생각한다. 그렇다면 내가 이토록 행복감을 느낄 수 있는 충분조건은 무엇일까? 그것은 내가 누구보다 자유로운 삶을 살고 있기 때문이라고 생각한다. 대통령도, 국방부장관도, 육군참모총장도 많은 현안 업무로 하루 24시간을 본인이 원하는 대로 사용하지 못한다. 그러나 나는 24시간을 온종일 내가 원하는 곳에, 원하는 방식으로 사용할 수 있다. 그렇다고 내가 국민의 세금을 통해 국가에서 주는 봉급을 받으면서 내가 할 일을 하지 않는 것은 아니다. 나는 역대 어느 학교장 못지않게 가치價値 있는 일을 했고, 지금도 하고 있다고 자부한다. 내 나름의 방법이 있다면, 업무의 주도권을 확보하려고 노력했다는 것이다. 상급자가 지시하기 전에 내가 먼저, 내가 좋아하는 분야를, 내가 좋아하는 방식으로 추진하려고 했다. 군사적 용어로 표현하면 '주도권主導權Initiative 확보'라 할 수 있다. 주도권은 계급이 높다고 해서 획득할 수 있는 것이 아니다. 물론, 계급이 높으면 유리한 점은 많다. 그러나 그것이 절대적인 조건은 아니다. 어떤 상황에서 주도권을 확보할 수 있느냐 없느냐 하는 것은 그 분야에 대해 얼마나 많이 알고 있으며, 그 일을 추진할 수 있는 능력을 누가 더 많이 갖고 있느냐에 달려 있다. 내가 하는 일이 조직에 도움이 되고, 다른 사람이 하는 것보다는 내가 하는 것이 더 유리하다고 판단한다면 상급자는 내가 하는 일을 중단시키지 않는다. 아니, 오히려 더 힘을 실어 준다. 어차피 해야 하는 일, 누가 시켜서 하는 것보다는 내가 먼저 알아서 하는 것, 바로 이것이 업무의 주도권을 갖는 방법이며, 내가 자유롭게 살아갈 수 있는 방법이고, 내가 행복한 이유이다.

우리 학교는 육군의 모든 학교기관 중 유일하게 주말이 있는 날을 시행하지 않고 육군의 표준 일과표만을 적용하고 있다. 2주차, 4주차마다 매번 일과표를 바꿔서 활용하는 것이 부대 운영에 부담이 되고, 무엇보다도 상시 대비 태세를 유지해야 하는 군軍의 존재 목적에도 맞지 않으며, 특히 그 제도를 시행하는 기본 바탕에는 부하들의 인기에 영합하고자 하는 '포퓰리즘Populism' 정서가 많이 개입되어 있다고 판단하기 때문이다. 나는 이렇게 결정한 것을 후회하지 않으며 앞으로도 후회하지 않을 자신이 있다. 상급 부대에서 한 가지의 일을 추가하면 말단 부대에서는 그보다 더 많은 여러 상황을 고려해야 하는 것이 현실이다. 부대 운영은 단순Simple해야 한다는 것이 나의 소신이다. 우리 학교는 전 간부가 매월 사격을 한다. 이것은 내가 처음 시작한 것은 아니고 전임 학교장이 시행해 오던 제도지만, 좋다고 생각해서 계속 시행하고 있다. 학교에 좋은 실내 사격장이 있고 여건이 가용하기 때문이다. 군인은 사격을 많이 하면 할수록 좋다고 생각한다. 학교의 모든 교관들로부터 연구 논문을 의무적으로 받아 심사를 통해 최우수자에게는 100만 원, 우수자에게는 50만 원을 지급했다. 모든 교관은 학술 논문을 작성할 줄 알아야 한다는 것이 나의 생각이다.

학교 창설 이래 처음으로 군종 '전투실험'을 했다. '회복 탄력성이 전투 스트레스에 미치는 영향'을 확인하려 공수 훈련을 하는 부사관 후보생을 대상으로 심장박동과 뇌파를 측정했고 유의미한 결과를 얻었다. 이 결과는 2023년 6월 9일 육군참모총장 주관으로 시행하는 '군종세미나'에서 발표되었고 현재는 야전에서 활용 방안을 모색 중이다. 아울러 후반기(9월경)에는 최근 초급간부들의 애로 사항을 고려한 '인권과 지휘권의 조화로운 발전을 통한 강한 군대 육성'이라는 제목으로 법무 세미나도 개최할 예정이다. 간부와 용사들의 복지를 위해서도 많은 일을 했지만, 다 언급하지는 않겠다. 그러나 그 모든 일 중에 상급자 또는 상급 부대에서 지시한 일은 단 한 건도 없다. 모든 일은 내가 생각하거나 부대원들이 건의한 일이었으며 최종 결정은 내가 했다. 따라서 지금까지 언급한 일 중에 혹여 부작용이 있다면 모두 나의 책임임을 분명히 밝힌다. 여하간 나는 그래서 자유로웠다. 내가 하고 싶은 일을 내가 결정하고 내가 했기 때문이다. 자유를 확보하는 일은 주도권을 확보하는 일과 비례한다.

많은 유럽인들에게 휴가는 쉬는 것이다. 그들에게 쉬는 것은 말 그대로 쉬는 것이다. 집에서 또는 휴양지에서 차 한 잔 마시면서 아무것도 하지 않고 그냥 있는 것이다. 그러나 우리나라 사람들에게 휴가는 평소에 못하는 무언가를 새롭게 경험하는 또 다른 삶이다. 그래서 우리나라에 유학을 온 많은 유럽 학생들은 휴가 때 무엇을 할 것인가를 계획하며 평상시보다 더 바쁘게 스케줄을 짜는 한국 학생들을 보고 이상하게 여긴다. 휴가를 평소보다 더 바쁘게 보내려면 애당초 휴가는 왜 가는 거지?

휴가는 쉬어야 하는 것 아닌가……? 하지만 이제는 유럽인들의 이런 시각도 많이 바뀌었다. 이제는 한국인들의 부지런한 휴가를 오히려 부러워한다. 생각해 보라! 한국 사람들에게 아무것도 하지 않고 휴가를 보내라고 해 보자! 아마 대부분은 3일이 채 지나지 못해서 따분함을 느끼고 뭔가 몸이 근질근질함을 느낄 것이다. 한국인은 아무것도 하지 않으면서 휴가를 보내면 불안하다. 뭔가 자기 발전을 위한 시간으로 활용하려 한다. 그것이 우리의 DNA 속에 녹아 있는 것이다. 다시 말해 유럽인들은 아무것도 하지 않으면서 만족감을 느낄지 모르겠지만, 한국인들은 무언가 가치 있는 일을 하면서 휴가를 보내야 만족할 수 있다. 애초부터 만족을 느끼는 요소가 다른 것이다. 그리고 그런 차이는 지난 50년간 아무런 변화가 없는 유럽과 달리, 대한민국을 세계 최빈국에서 오늘날 세계 10대 경제 대국, 개발 도상국에서 선진국으로 올라서게 만들었다. 우리가 서양인들이 보내는 방식의 휴가를 보내지 못한다고 해서 자책할 필요는 전혀 없다. 현재는 오히려 서양인들이 우리의 이런 휴가 방식을 부러워하고 있다. 우리는 우리 방식대로 만족과 행복을 느끼면 된다.

어땠을까 (내가 그때 널)

어땠을까 (잡았더라면)

어땠을까 (너와 나 지금보다 행복했을까)

어땠을까 (마지막에 널)

어땠을까 (안아 줬다면)

어땠을까 (너와 나 지금까지 함께했을까)

싸이와 박정현이 부른 '어땠을까'라는 노래의 후렴구이다. 만약 내가 그때 지금과 다른 선택을 했다면 어땠을까? 라는 질문이다. 프랑스의 철학자 장 폴 사르트르Jean-Paul Sartre는 "우리의 인생은 B(Birth)로 시작해서 D(Death)로 끝나지만, 그 사이에는 수많은 C(Choice)로 채워진다"고 했다. 당연히 어떤 C(Choice)를 선택하느냐에 따라 남은 인생과 D(Death)를 받아들이는 모습은 천차만별일 것이다. 여러분들도 어떤 선택을 하느냐에 따라 군 생활이 행복할 수도 있고 행복하지 않을 수도 있다. 여러분은 어떤 선택을 하겠는가?

나오며

어린 시절 비 개인 오후, 마을 동산 하늘에 높이 뜬 무지개를 본 적 있다. 그 시절 그런 무지개를 봤을 모든 사람은 다들 그 무지개가 어디에서 시작해 어디로 끝이 나는지 궁금했을 것이다. 그러나 나는 왜인지, 비가 오는 곳과 비가 오지 않는 곳의 경계선은 어디일까? 그리고 그 경계선에는 어떤 모습이 펼쳐질까? 마치 선을 긋듯이 한쪽에는 비에 적셔진 흙이 있고, 다른 한쪽에는 마른 흙이 있을까? 라는 생각을 했고, 언젠가는 그 경계선에 꼭 가 보고 싶었다. 하지만 나이를 한 살, 두 살 먹어가면서 그런 경계선은 존재하지 않는다는 것을 알게 되었다.

중학교에 입학하면서 우연히 어느 과학 잡지 속 제목인 '빛은 파동일까? 입자일까?'를 보고 정답을 궁금해하며 언젠가는 둘 중 하나로 밝혀지리라 기대했던 기억이 있다. 그러나 지금은 비가 내리는 곳과 내리지 않는 곳은 명확한 경계 없이 물방울이 흩날리는 형태로 분포하며 그 경계도 실시간으로 변한다는 사실을 알게 되었듯 빛 또한 파동의 성질과 입자의 성질을 동시에 지녔음을 알게 되었다. 그리고 더 나이를 먹어 가면서 세상에 존재하는 어떤 것도 좋다 나쁘다 확정적으로 말하기는 어렵다는 생각을 하게 되었다. 상황과 여건, 그리고 입장에 따라 좋은 것이 나쁠 수도 있고, 나쁜 것이 좋을 수도 있음을 알게 되면서 한동안은 지적, 심리적 방황을 해야만 했고 허무함을 느낀 적도 많았다. 그러나 그런 허무함으로 생각하기를 포기한다면 언젠가 나에게 닥칠 진정한 현실 앞에서 더 큰 허무함으로 후회하게 되리란 불안이 엄습했다. 그리고 그런 현실 속에서 더 좋은 판단을 하고, 선택을 하고, 책임을 질 수 있으려면 더 많이 생각해야 한다는 결론에 도달했다. 수많은 상황이 복잡하게 얽혀 다가오는 미래를 후회 없이 살 수 있는 비결은 모든 것을 열어 놓고 생각하기를 계속해야 한다는 것이 나의 결론이다.

전쟁은 수많은 사상자를 동반한다. 이 과정에서 군인은 최대의 가해자이자 피해자일 수 있다. 그 상황은 직접 겪지 못한 사람은 말할 수 없도록 잔인하고 두렵고 외로울 것이다. 하지만 그런 중에도 군인은 전투를 해야만 한다. 지휘관이라면 달성할 임무와 부하의 안전을 포함한 복잡한 상황을 판단하고 결심해야 하며, 개별 용사라 해도 혼자 남게 되면 임무와 생존 등 복잡한 상황에서 스스로 판단하고 행동해야 한다. 헨리 데이비드 소로Henry David Thoreau[75]는 태양은 새벽의 샛별에 지나지 않는다고 했고, 우리가 눈을 떠야만 비로소 새벽이 찾아온다고 표현했다. 이 책이 군인들의 눈을 뜨이는 데 작게나마 도움이 된다면 여한이 없겠다. 무지개도 비도 우리가 눈을 뜨지 않는다면 아무 의미가 없기 때문이다.

---

75 미국의 철학자, 시인, 수필가로 노예 제도와 멕시코 전쟁에 항의하기 위해 홀로 숲에서 작은 오두막을 짓고 살기도 했으며, 인두세 납부 거부로 투옥이 되기도 했다. 그의 정신은 간디의 인도 독립 운동과 킹 목사의 시민권 운동 등에 영향을 주었다.

참고문헌

단행본

『배틀, 전쟁의 문화사』 존 린 저 / 이내주, 박일송 역 (청어람미디어, 2006)

『만들어진 진실』 헥터 맥도널드 저 / 이지연 역 (흐름출판, 2019)

『군사교육과 지휘문화』 외르크 무트 저 / 진중근 역 (일조각, 2021)

『전쟁의 미래』 로렌스 프리드먼 저 / 조행복 역 (비즈니스북스, 2005)

『나는 왜 자유주의자가 되었나』 복거일 외21명 저 (FKI미디어, 2013)

『국가란 무엇인가』 유시민 저 (돌베게, 2017)

『진실의 조건』 오사 빅포르스 저 / 박세연 역 (도서출판 푸른숲, 2022)

『전체를 보는 방법』 존 H. 밀러 저 / 정형채·최화정 역 (에이도스, 2017)

『자유로부터의 도피』 에리히 프롬 저 / 김석희 역 (휴머니스트 출판그룹, 2012)

『니코마코스 윤리학』 아리스토텔레스 저 / 강상진 역 (도서출판 길, 2011)

『리바이어던』 토마스 홉스 저 / 최공웅·최진원 역 (동서문화사, 2016)

『군사고전의 지혜를 찾아서』 이종학 저 (충남대학교출판문화원, 2012)

『열린사회와 그 적들』 칼 포퍼 저 / 이한구 역 (민음사, 2014)

『모든 것의 역사』 켄 윌버 저 / 조효남 역 (김영사, 2015)

『수량화 혁명』 앨프리드 W. 크로스비 저 / 김병화 역 (심산출판사, 2005)

『동과 서』 EBS 동과 서 제작팀 (지식채널, 2012)

『전쟁과 과학, 그 야합의 역사』 어니스트 볼크먼 저 / 석기용 역 (이마고, 2003)

『살육과 문명』 빅터 데이비슨 핸슨 저 / 남경태 역 (푸른숲, 2002)

『지식의 미래』 데이비드 와인버거 저 / 이진원 역 (웅진싱크빅, 2013)

『창발의 시대』 패트릭 와이먼 저 / 장영재 역 (㈜로크미디어, 2022)

『열하일기』 박지원 저 / 고미숙 역 (북드라망, 2015)

『용병 2000년의 역사』 기쿠치 요시오 저 / 김숙이 역 (사과나무, 2011)

『월든』 헨리 데이비드 소로 저 / 오정환 역 (동서문화사, 2016)

『엔트로피 법칙』 제레미 리프킨 저 / 최현 역 (법우사, 1983)

『이성적 낙관주의자』 매트 리들리 / 조현욱 역 (김영사, 2010)

『감시와 처벌』 미셸 푸코 저 / 오생근 역 (나남신서, 2022)

『광기의 역사』 미셸 푸코 저 / 이규현 역 (나남신서, 2020)

『에드먼드 버크와 보수주의』 R. 니스벳, C. B. 맥퍼슨 저 (문학과지성사, 1997)

『1984』 조지 오웰 저 / 김병익 역 (신영출판사, 1994)

『훌륭한 신세계』 올더스 헉슬리 저 / 유종호 역 (신영출판사, 1994)

『왜 일본제국은 실패하였는가?』 노나까 이쿠지로 등 / 박철현 역 (주영사, 2009)

『호모데우스』 유발 하라리 저 / 김명주 역 (김영사, 2017)

『펠로폰네소스 전쟁사』 투키디데스 저 / 천병희 역 (숲, 2017)

『노예의 길』 프리드리히 A. 하이에크 저 / 김영청 역 (자유기업센터, 1999)

『장군의 전역사』 김영식 저 (지식노마드, 2018)

『군인과 국가』 새뮤얼 헌팅턴 저 / 이춘근, 허남성, 김국헌 역 (한국해양전략연구소, 2011)

『제국의 전략가』 앤드루 크레피네비치, 배리 와츠 저 / 이동훈 역 (살림, 2019)

기타 자료

『**2020 국방백서**』 (국방부, 2020)

『**위국헌신의 길**』 육군본부 (국군인쇄창, 2004)

『**전장윤리 결심수립절차**』 육군본부 (군종실, 2023)

『**미 육군개혁 Getting It Right**』 육군본부 (국군인쇄창, 2012)

『**지휘의 변혁**』 (스탠포드 안보연구소, 2020)

『**임무형 지휘**』 육군본부 (국군인쇄창, 2019)

『**육군의 도약적 변혁을 위한 여섯 가지 질문과 답**』 전계청 저 (군사혁신저널 제6호, 2021)